CAD/CAM 专业技能视频教程

UG NX 12 数控加工技能课训

云杰漫步科技 CAX 教研室

张云杰　郝利剑　编著

电子工业出版社

Publishing House of Electronics Industry

北京·BEIJING

内 容 简 介

NX 是当前三维设计和加工中应用广泛的软件，广泛应用于通用机械、模具、家电、汽车及航空航天领域，其数控加工功能非常强大。本书主要介绍 NX 12 的数控加工功能，内容包括数控加工基础、平面铣削加工、面铣削加工、型腔铣削加工、插铣削加工、轮廓铣加工、点位加工和车削加工及综合范例等；另外，本书还配备了交互式多媒体教学资源，便于读者学习。

本书结构严谨、内容翔实、知识全面、可读性强、设计实例专业性强、步骤明确，是广大读者快速掌握 NX 12 数控加工的自学指导书，也适合作为职业培训学校和大专院校相关专业课的教材。

未经许可，不得以任何方式复制或抄袭本书之部分或全部内容。
版权所有，侵权必究。

图书在版编目（CIP）数据

UG NX 12 数控加工技能课训 / 张云杰，郝利剑编著. —北京：电子工业出版社，2020.5
CAD/CAM 专业技能视频教程
ISBN 978-7-121-38802-6

Ⅰ. ①U… Ⅱ. ①张… ②郝… Ⅲ. ①数控机床－加工－计算机辅助设计－应用软件－教材 Ⅳ. ①TG659-39

中国版本图书馆 CIP 数据核字（2020）第 047044 号

责任编辑：许存权（QQ：76584717）
文字编辑：苏颖杰
印　　刷：三河市君旺印务有限公司
装　　订：三河市君旺印务有限公司
出版发行：电子工业出版社
　　　　　北京市海淀区万寿路 173 信箱　邮编：100036
开　　本：787×1 092　1/16　印张：29.5　字数：756 千字
版　　次：2020 年 5 月第 1 版
印　　次：2020 年 5 月第 1 次印刷
定　　价：79.00 元

凡所购买电子工业出版社图书有缺损问题，请向购买书店调换。若书店售缺，请与本社发行部联系，联系及邮购电话：(010) 88254888，88258888。
质量投诉请发邮件至 zlts@phei.com.cn，盗版侵权举报请发邮件至 dbqq@phei.com.cn。
本书咨询联系方式：(010) 88254484，xucq@phei.com.cn。

Preface/前 言

本书是"CAD/CAM 专业技能视频教程"丛书中的一本，本套丛书建立在云杰漫步科技 CAX 教研室与众多 CAD 软件公司长期密切合作的基础上，通过继承和发展各公司内部培训方法，并吸收和细化培训过程中的经典案例，从而推出的一套专业课训教材。丛书本着服务读者的理念，通过大量的内训经典实用案例对功能模块进行讲解，提高读者的应用水平，使读者全面地掌握所学知识。丛书拥有完善的知识体系和教学思路，采用阶梯式学习方法，对设计专业知识、软件构架、应用方向及命令操作都进行了详尽的讲解，循序渐进地提高读者的应用能力。

NX 是 Siemens 公司出品的一个产品工程解决方案，它为用户的产品设计及加工过程提供了数字化造型和验证手段。目前 Siemens 公司推出了其最新版本 NX 12，NX 由于其强大的设计和数控加工功能，现已逐渐成为当今世界应用广泛的 CAD/CAM/CAE 软件，同时更有利于用户在数控加工中使用，广泛应用于通用机械、模具、家电、汽车及航空航天领域。为了使读者能更好地学习和熟悉 NX 12 中文版的数控加工功能，作者根据多年的教学经验精心编写本书，按照合理的 NX 12 数控加工教学培训分类，采用阶梯式学习方法，对 NX 12 数控加工的构架、应用方向及命令操作都进行了详尽的讲解，循序渐进地提高读者的应用能力。全书共 10 章，主要内容包括：数控加工基础、平面铣削加工、面铣削加工、型腔铣削加工、插铣削加工、轮廓铣加工、点位加工、车削加工及后处理等，在每章中结合实例进行讲解，并在最后讲解了一个综合应用范例，以此来说明 NX 12 数控加工的实际应用，充分介绍 NX 12 的数控加工方法和职业知识。

云杰漫步科技 CAX 教研室长期从事 NX 的专业设计和教学，数年来承接了大量相关项目，参与 NX 数控加工的教学和培训工作，积累了丰富的实践经验。本书就像一位专业设计师，针对使用 NX 12 中文版的广大初中级用户，将数控加工项目的思路、流程、方法和技巧、操作步骤面对面地与读者交流，是广大读者快速掌握 NX 12 数控加工的实用指导书，同时也适合作为职业培训学校和大专院校相关专业课的教材。

本书还配备交互式多媒体教学视频，将案例操作过程制作成多媒体视频，有从教多年的专业讲师全程多媒体视频跟踪教学，以面对面的形式讲解，便于读者学习。同时，教学资源中还提供了所有实例的源文件，以便读者练习时使用。读者可以关注"云杰漫步科技"微信公众号，获取教学资源的使用方法和下载方法。本书还提供网络技术支持，欢迎读者登录云杰漫步多媒体科技网上技术论坛进行交流：http://www.yunjiework.com/bbs。论坛分为多个专业的设计板块，可以为读者提供实时的技术支持，解答读者的疑难问题。

本书由云杰漫步科技 CAX 教研室编写，参加编写工作的有张云杰、尚蕾、张云静、郝利剑等。书中的案例均由云杰漫步多媒体科技 CAX 教研室设计制作，多媒体资源由北京云杰漫步多媒体科技公司提供技术支持，同时要感谢电子工业出版社的编辑和老师们的大力协助。

由于编写时间紧张，编者的水平有限，因此书中难免有不足之处，在此，编者对读者表示歉意，望读者不吝赐教，对书中的不足之处给予指正。

编著者

（扫码获取资源）

Contents/目录

第 1 章　NX 12 数控加工基础 ……… 1
课程学习建议 ……………………… 2
1.1　加工界面 …………………………… 2
　　1.1.1　设计理论 ……………………… 3
　　1.1.2　课堂讲解 ……………………… 4
　　1.1.3　课堂练习——创建卡座零件
　　　　　并设置加工环境 ……………… 6
1.2　父参数组操作 …………………… 15
　　1.2.1　设计理论 …………………… 15
　　1.2.2　课堂讲解 …………………… 15
　　1.2.3　课堂练习——设置父参数 … 18
1.3　基本操作 ………………………… 23
　　1.3.1　设计理论 …………………… 23
　　1.3.2　课堂讲解 …………………… 24
　　1.3.3　课堂练习——工序基本操作 … 26
1.4　刀具管理 ………………………… 31
　　1.4.1　设计理论 …………………… 31
　　1.4.2　课堂讲解 …………………… 31
　　1.4.3　课堂练习——创建刀具 …… 34
1.5　加工过程 ………………………… 38
　　1.5.1　设计理论 …………………… 38
　　1.5.2　课堂讲解 …………………… 39
　　1.5.3　课堂练习——编辑加工过程 … 41
1.6　后处理和车间文档 ……………… 43
　　1.6.1　设计理论 …………………… 43
　　1.6.2　课堂讲解 …………………… 44
1.7　专家总结 ………………………… 45
1.8　课后习题 ………………………… 45
　　1.8.1　填空题 ……………………… 45
　　1.8.2　问答题 ……………………… 45
　　1.8.3　上机操作题 ………………… 45

第 2 章　平面铣削加工 ……………… 46
课程学习建议 …………………… 47
2.1　概述 ……………………………… 47
　　2.1.1　设计理论 …………………… 48
　　2.1.2　课堂讲解 …………………… 48
　　2.1.3　课堂练习——创建方盒零件
　　　　　并进入加工环境 ……………… 49
2.2　加工几何体 ……………………… 62
　　2.2.1　设计理论 …………………… 62
　　2.2.2　课堂讲解 …………………… 63
　　2.2.3　课堂练习——设置加工
　　　　　几何体 ………………………… 64
2.3　切削方法 ………………………… 70

2.3.1 设计理论 ·········· 70
2.3.2 课堂讲解 ·········· 71
2.3.3 课堂练习——设置刀具及切削
方法 ·········· 76
2.4 参数设置 ·········· 80
2.4.1 设计理论 ·········· 80
2.4.2 课堂讲解 ·········· 80
2.4.3 课堂练习——加工参数设置 ·· 87
2.5 专家总结 ·········· 94
2.6 课后习题 ·········· 94
2.6.1 填空题 ·········· 94
2.6.2 问答题 ·········· 95
2.6.3 上机操作题 ·········· 95

第3章 面铣削加工 ·········· 96
课程学习建议 ·········· 97
3.1 加工几何体 ·········· 97
3.1.1 设计理论 ·········· 98
3.1.2 课堂讲解 ·········· 98
3.1.3 课堂练习——设置管接头
几何体 ·········· 99
3.2 切削模式 ·········· 112
3.2.1 设计理论 ·········· 112
3.2.2 课堂讲解 ·········· 112
3.2.3 课堂练习——设置工序切削
参数 ·········· 115
3.3 参数设置 ·········· 122
3.3.1 设计理论 ·········· 122
3.3.2 课堂讲解 ·········· 122
3.3.3 课堂练习——设置加工
参数 ·········· 131
3.4 专家总结 ·········· 136
3.5 课后习题 ·········· 136
3.5.1 填空题 ·········· 136
3.5.2 问答题 ·········· 137
3.5.3 上机操作题 ·········· 137

第4章 型腔铣削加工 ·········· 138
课程学习建议 ·········· 139
4.1 创建操作 ·········· 139

4.1.1 设计理论 ·········· 140
4.1.2 课堂讲解 ·········· 140
4.1.3 课堂练习——创建装配模型
并进入加工 ·········· 141
4.2 加工几何体 ·········· 157
4.2.1 设计理论 ·········· 157
4.2.2 课堂讲解 ·········· 158
4.2.3 课堂练习——设置加工
几何体 ·········· 160
4.3 参数设置 ·········· 166
4.3.1 设计理论 ·········· 166
4.3.2 课堂讲解 ·········· 166
4.3.3 课堂练习——加工参数
设置 ·········· 171
4.4 专家总结 ·········· 178
4.5 课后习题 ·········· 178
4.5.1 填空题 ·········· 178
4.5.2 问答题 ·········· 179
4.5.3 上机操作题 ·········· 179

第5章 插铣削加工 ·········· 180
课程学习建议 ·········· 181
5.1 创建方法 ·········· 181
5.1.1 设计理论 ·········· 182
5.1.2 课堂讲解 ·········· 182
5.1.3 课堂练习——创建插铣
工序 ·········· 183
5.2 插铣层 ·········· 199
5.2.1 设计理论 ·········· 199
5.2.2 课堂讲解 ·········· 200
5.2.3 课堂练习——设置插铣层 ···· 203
5.3 参数设置 ·········· 210
5.3.1 设计理论 ·········· 210
5.3.2 课堂讲解 ·········· 210
5.3.3 课堂练习——设置插铣
参数 ·········· 216
5.4 专家总结 ·········· 221
5.5 课后习题 ·········· 221
5.5.1 填空题 ·········· 221

5.5.2　问答题 ……………………… 221
　　5.5.3　上机操作题 …………………… 221

第6章　等高曲面轮廓铣加工 …………… 222
　　课程学习建议 ………………………… 223
6.1　创建方法 ………………………………… 223
　　6.1.1　设计理论 ……………………… 224
　　6.1.2　课堂讲解 ……………………… 224
　　6.1.3　课堂练习——创建零件
　　　　　轮廓铣工序 ………………… 225
6.2　加工几何 ………………………………… 240
　　6.2.1　设计理论 ……………………… 240
　　6.2.2　课堂讲解 ……………………… 240
　　6.2.3　课堂练习——设置加工
　　　　　几何体 ……………………… 242
6.3　操作参数 ………………………………… 249
　　6.3.1　设计理论 ……………………… 249
　　6.3.2　课堂讲解 ……………………… 250
　　6.3.3　课堂练习——设置操作
　　　　　参数 ………………………… 252
6.4　专家总结 ………………………………… 261
6.5　课后习题 ………………………………… 261
　　6.5.1　填空题 ………………………… 261
　　6.5.2　问答题 ………………………… 261
　　6.5.3　上机操作题 …………………… 261

第7章　固定轴曲面轮廓铣加工 ………… 262
　　课程学习建议 ………………………… 263
7.1　创建方法 ………………………………… 263
　　7.1.1　设计理论 ……………………… 264
　　7.1.2　课堂讲解 ……………………… 264
　　7.1.3　课堂练习——创建半壳件 …… 265
7.2　加工几何 ………………………………… 277
　　7.2.1　设计理论 ……………………… 277
　　7.2.2　课堂讲解 ……………………… 278
　　7.2.3　课堂练习——设置加工
　　　　　几何 ………………………… 279
7.3　驱动方式 ………………………………… 284
　　7.3.1　设计理论 ……………………… 284
　　7.3.2　课堂讲解 ……………………… 285

　　7.3.3　课堂练习——设置驱动
　　　　　方式 ………………………… 293
7.4　投影矢量 ………………………………… 297
　　7.4.1　设计理论 ……………………… 297
　　7.4.2　课堂讲解 ……………………… 298
　　7.4.3　课堂练习——设置投影
　　　　　矢量 ………………………… 299
7.5　专家总结 ………………………………… 305
7.6　课后习题 ………………………………… 305
　　7.6.1　填空题 ………………………… 305
　　7.6.2　问答题 ………………………… 306
　　7.6.3　上机操作题 …………………… 306

第8章　点位加工 ………………………… 307
　　课程学习建议 ………………………… 308
8.1　加工几何 ………………………………… 308
　　8.1.1　设计理论 ……………………… 309
　　8.1.2　课堂讲解 ……………………… 309
　　8.1.3　课堂练习——设置钻孔
　　　　　加工几何 …………………… 311
8.2　固定循环 ………………………………… 325
　　8.2.1　设计理论 ……………………… 325
　　8.2.2　课堂讲解 ……………………… 326
　　8.2.3　课堂练习——设置钻孔
　　　　　固定循环 …………………… 330
8.3　切削参数 ………………………………… 333
　　8.3.1　设计理论 ……………………… 333
　　8.3.2　课堂讲解 ……………………… 334
　　8.3.3　课堂练习——设置切削
　　　　　参数 ………………………… 338
8.4　专家总结 ………………………………… 343
8.5　课后习题 ………………………………… 343
　　8.5.1　填空题 ………………………… 343
　　8.5.2　问答题 ………………………… 344
　　8.5.3　上机操作题 …………………… 344

第9章　数控车削加工 …………………… 345
　　课程学习建议 ………………………… 346
9.1　加工几何体 ……………………………… 346
　　9.1.1　设计理论 ……………………… 347

9.1.2 课堂讲解 ·················· 347
9.1.3 课堂练习——设置加工
      几何体 ················ 353
9.2 加工刀具 ···················· 362
   9.2.1 设计理论 ·············· 362
   9.2.2 课堂讲解 ·············· 363
   9.2.3 课堂练习——设置刀具 ····· 368
9.3 粗车操作 ···················· 372
   9.3.1 设计理论 ·············· 372
   9.3.2 课堂讲解 ·············· 372
   9.3.3 课堂练习——创建粗车
         工序 ················ 374
9.4 精车操作 ···················· 379
   9.4.1 设计理论 ·············· 379
   9.4.2 课堂讲解 ·············· 380
   9.4.3 课堂练习——创建精车
         工序 ················ 382
9.5 专家总结 ···················· 387
9.6 课后习题 ···················· 387
   9.6.1 填空题 ·············· 387
   9.6.2 问答题 ·············· 388
   9.6.3 上机操作题 ············ 388

第 10 章　后处理和车间文档 ········ 389

课程学习建议 ··················· 390
10.1 后处理 ···················· 391
   10.1.1 设计理论 ············· 391
   10.1.2 课堂讲解 ············· 391
   10.1.3 课堂练习——创建后处理 ··· 396
10.2 车间文档 ··················· 412
   10.2.1 设计理论 ············· 412
   10.2.2 课堂讲解 ············· 413
   10.2.3 课堂练习——创建车间
          文档 ··············· 414
10.3 综合范例 ··················· 418
   10.3.1 创建零件模型 ··········· 418
   10.3.2 创建型腔铣削加工 ········ 435
   10.3.3 创建平面铣削加工 ········ 450
   10.3.4 创建点位加工 ··········· 456
   10.3.5 后处理和车间加工 ········ 460
10.4 专家总结 ··················· 464
10.5 课后习题 ··················· 464
   10.5.1 填空题 ·············· 464
   10.5.2 问答题 ·············· 464
   10.5.3 上机操作题 ············ 464

第 1 章　NX 12 数控加工基础

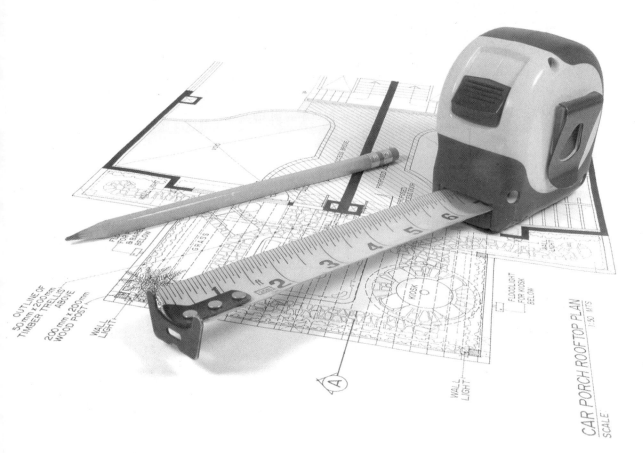

内　容	掌握程度	课　时
加工界面	了解	1
父参数组操作	熟练运用	2
基本操作	熟练运用	2
刀具管理	熟练运用	2
加工过程	熟练运用	2
后处理和车间文档	了解	1

课训目标

课程学习建议

当创建完成一个零件的模型后，就需要加工生成这个零件，如车加工、磨加工、铣加工、钻孔加工和线切割加工等。NX 提供了数控加工功能模块，可以满足各种加工要求并生成数控加工程序。数控加工功能模块可以供用户交互式编制数控程序，处理车加工、磨加工、铣加工、钻孔加工和线切割加工等刀具轨迹。

数控加工是数控技术中很重要的部分，本章将首先介绍 NX 软件的加工界面，之后介绍数控加工技术的基础知识。数控加工主要包括创建程序、创建刀具、创建几何体和创建工序的方法，通过课堂练习读者可以对概念及其操作方法有一个更深刻的理解和掌握。

本课程主要基于软件的数控加工模块进行讲解，其培训课程表如下。

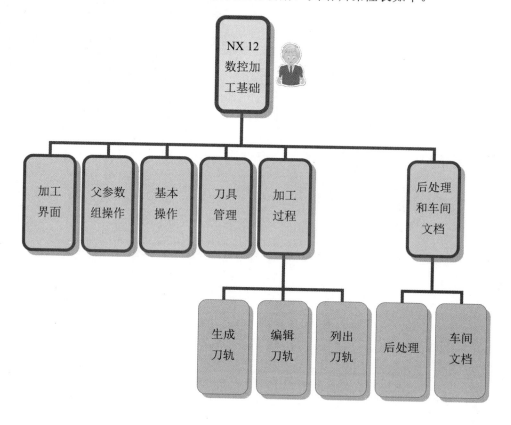

1.1 加工界面

NX 12 是 Siemens PLM Software 公司出品的一个产品工程解决方案，它为用户的产品

设计和加工过程提供了数字化造型和验证手段。NX 针对用户的虚拟产品设计和工艺设计的需求，提供了经过实践验证的解决方案。Siemens 公司在 2019 年 1 月最新版本 NX 12 发布时，软件命名不再使用按顺序的方法，而是命名为 NX 1847（使用 Siemens 公司具有纪念意义的年份作为软件版本号），Siemens 的 NX 12（NX 1847）具备多项新功能，能帮助用户提升产品开发的灵活性，并可大大提高生产效率。

课堂讲解课时：1 课时

 1.1.1 设计理论

本节首先介绍 NX 12 的工作界面及其各个构成元素的基本功能和作用，以及 NX 12 基本的文件操作。用户启动 NX 12 后，再新建一个文件或者打开一个文件后，将进入 NX 12 的基本操作界面，如图 1-1 所示。

从图 1-1 中可以看到，NX 12 的基本操作界面主要包括标题栏、菜单栏、工具选项卡、提示栏、绘图区和资源条等。

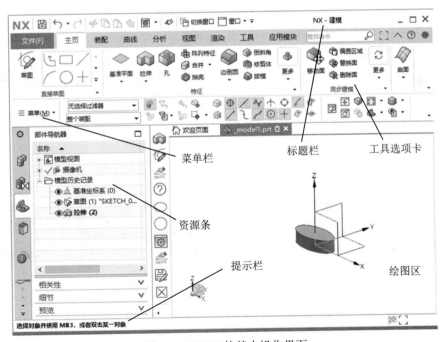

图 1-1　NX 12 的基本操作界面

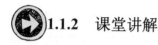

1.1.2 课堂讲解

1. 初始化加工环境

在 NX 12 中打开一个待加工零件，单击【开始】按钮，在其下拉菜单中选择【加工】命令，系统将弹出如图 1-2 所示的【加工环境】对话框，在此可以为加工对象选择不同的进程配置和指定相应的模板零件。

选择进程配置和模板零件后，单击【确定】按钮，系统可以调用指定的进程配置、相应的模板和相关的数据库，进行加工环境的初始化。

图 1-2 【加工环境】对话框

【加工环境】对话框的列表框中显示了要创建的 CAM 设置，不同的 CAM 进程配置，其加工设置也不相同。在列表中，相应的 CAM 设置为平面铣（mill_planar）、平面轮廓铣削（mill_contour）、多轴铣削（mill_multi_axis）、钻削（drill）、孔加工（hole_making）、车削（turning）和线切割（wire_edm）等。

> CAM 进程配置文件是一个文本文件，包含定制加工环境所需的模板集、文档模板、后置处理模板、用户定义事件、刀具库、切削用量库、材料库等相关参数。
>
> 模板零件是指包含多个可供用户选择的操作和组（程序组、刀具组、方法组和几何组）、已预定义参数及定制对话框的零件文件。

 名师点拨

2. 菜单

软件菜单包括【文件】、【编辑】、【视图】、【插入】、【工具】、【信息】等，主要是用于创建操作、程序、刀具等菜单命令，如图 1-3 所示。

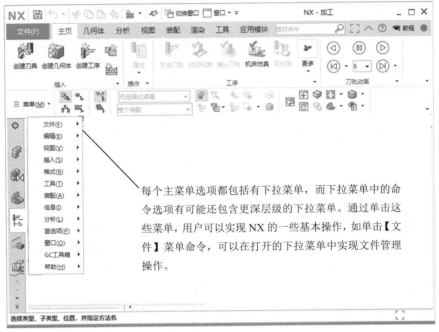

图 1-3　软件菜单

3. 工具选项卡

工具选项卡主要包括【插入】选项卡、【操作】选项卡和【工序】选项卡等，如图 1-4 所示。

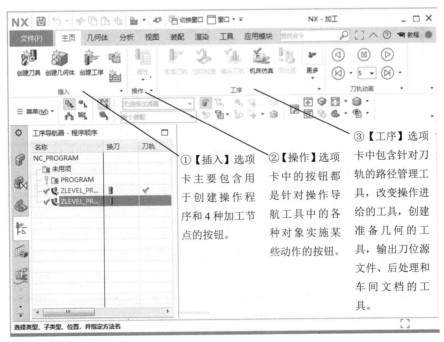

图 1-4　加工选项卡

4. 操作导航器

【导航器】工具包括【程序顺序视图】、【机床视图】、【几何视图】和【加工方法视图】等。在【导航器】工具中单击【工序导航器】按钮，可以打开如图 1-5 所示的窗口。

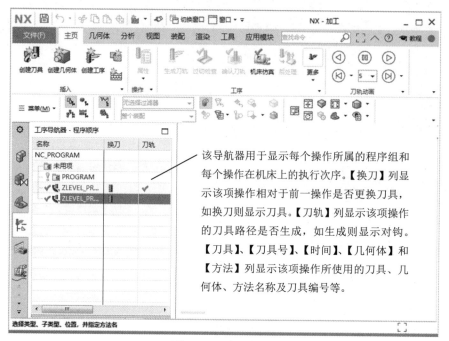

图 1-5 工序导航器

1.1.3 课堂练习——创建卡座零件并设置加工环境

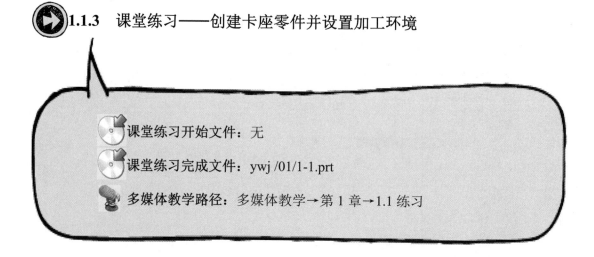

课堂练习开始文件：无

课堂练习完成文件：ywj /01/1-1.prt

多媒体教学路径：多媒体教学→第 1 章→1.1 练习

Step1 选择草绘面，如图 1-6 所示。

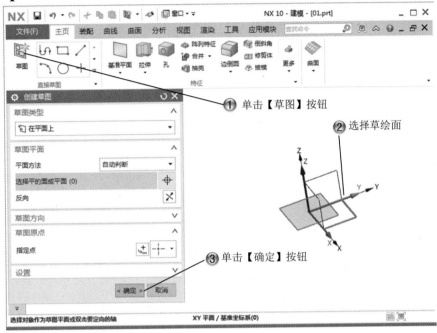

图 1-6　选择草绘面

Step2 绘制矩形，图 1-7 所示。

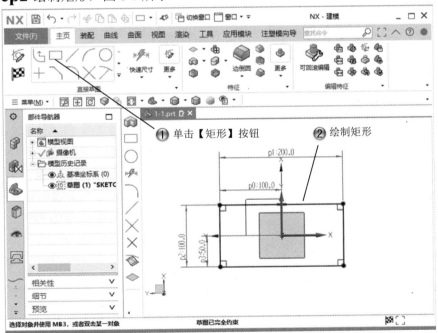

图 1-7　绘制矩形

Step3 创建拉伸特征，如图 1-8 所示。

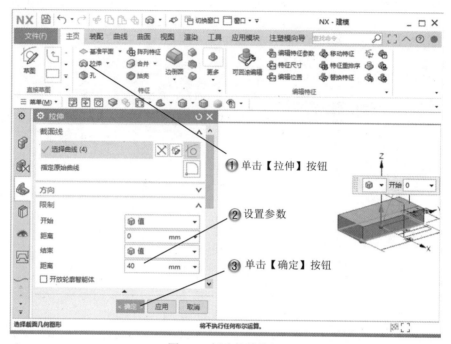

图 1-8　创建拉伸特征

Step4 创建倒角，如图 1-9 所示。

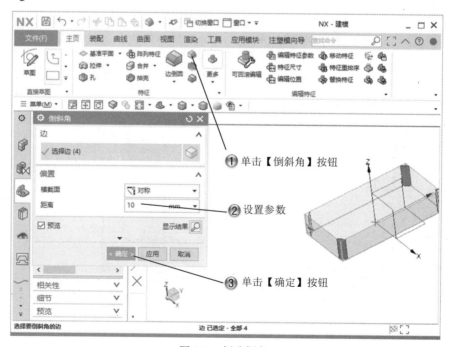

图 1-9　创建倒角

Step5 选择草绘面，如图 1-10 所示。

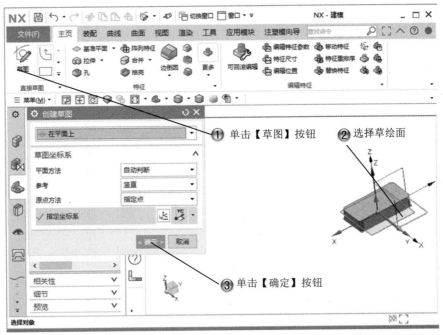

图 1-10　选择草绘面

Step6 绘制圆形，如图 1-11 所示。

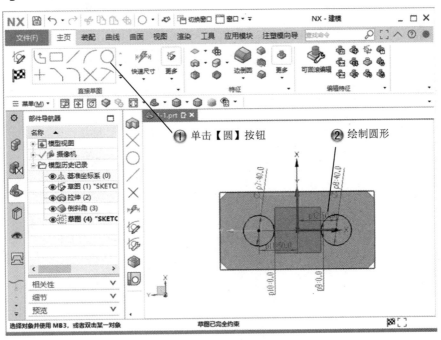

图 1-11　绘制圆形

Step7 创建拉伸特征，如图 1-12 所示。

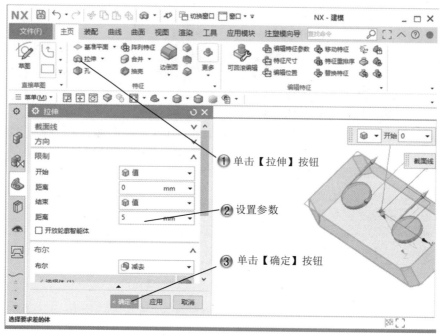

图 1-12　创建拉伸特征

Step8 选择草绘面，如图 1-13 所示。

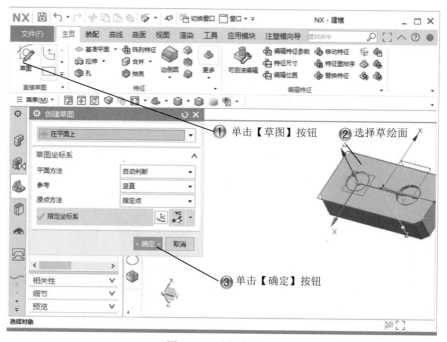

图 1-13　选择草绘面

Step9 绘制圆形，如图 1-14 所示。

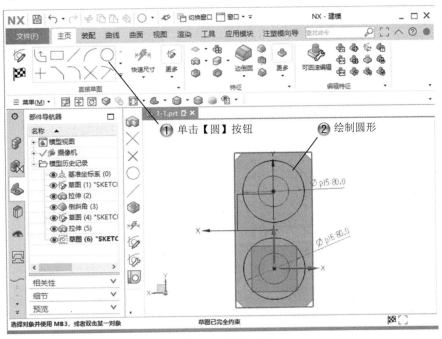

图 1-14　绘制圆形

Step10 创建拉伸特征，如图 1-15 所示。

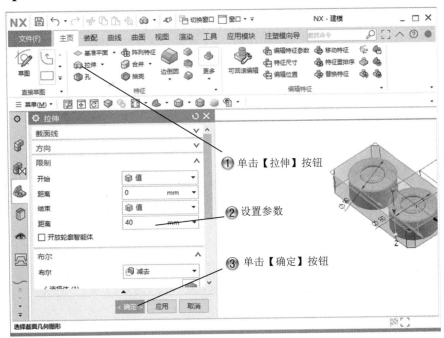

图 1-15　创建拉伸特征

Step11 创建孔特征，如图 1-16 所示。

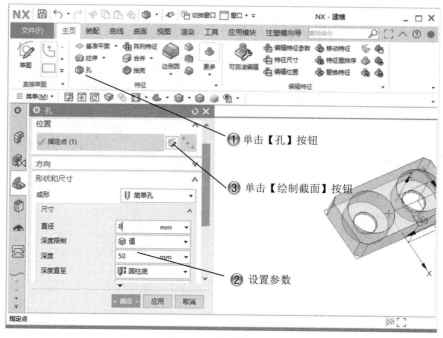

图 1-16　创建孔特征

Step12 选择孔的放置面，如图 1-17 所示。

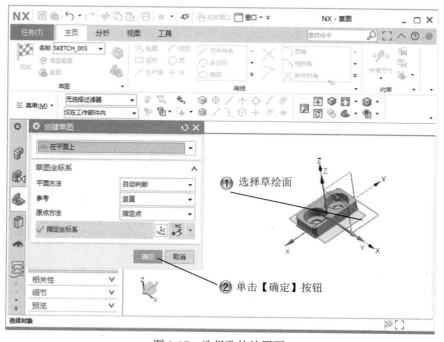

图 1-17　选择孔的放置面

Step13 绘制点，如图 1-18 所示。

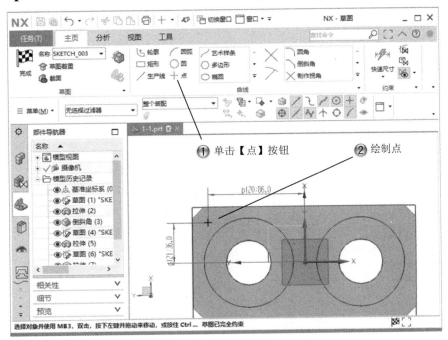

图 1-18　绘制点

Step14 创建阵列特征，如图 1-19 所示。

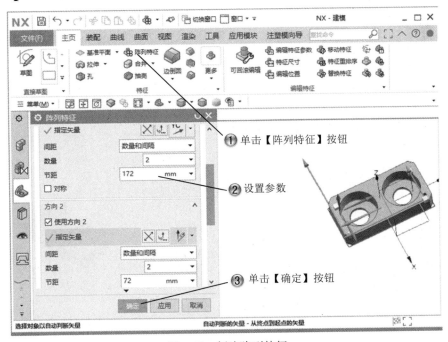

图 1-19　创建阵列特征

Step15 进入加工环境，如图 1-20 所示。

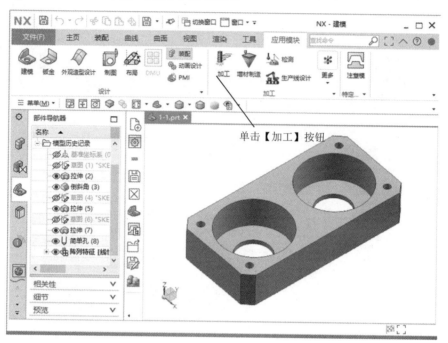

图 1-20　进入加工环境

Step16 设置加工环境，如图 1-21 所示。

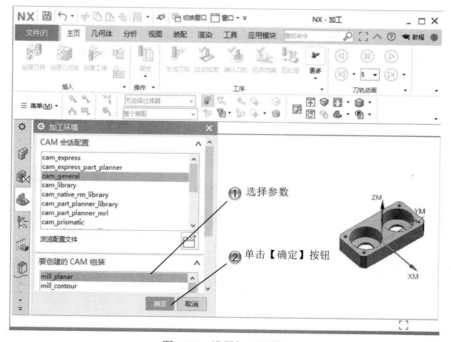

图 1-21　设置加工环境

1.2 父参数组操作

基本概念

父参数组的操作包括创建刀具、几何体、工序等加工属性，并设置其中的参数，以完成数控加工模拟。

课堂讲解课时：2课时

1.2.1 设计理论

在 NX 加工模块中，一般在进行具体加工操作之前会设置好所有加工的参数，以方便以后直接调用。如果遇到特殊的加工情况，在其后的操作进程中也可以进行余量、转速等参数修改。其中加工方法就是加工工艺方法，主要是指进行粗加工、半精加工和精加工时指定加工公差、加工余量、进给量等参数的过程。

1.2.2 课堂讲解

数控加工准备包括创建程序、创建刀具、创建几何体、创建加工方法、创建工序、刀具轨迹分析、后置处理和输出车间文档等内容。

程序组用于组织各加工操作和排列各操作在程序中的次序。例如，一个复杂的零件如果需要在不同的机床上完成各表面的加工，则应该把可以在同一机床上加工的操作组合成程序组，以便刀具路径的后置处理。合理地将各种操作组织成一个程序组，可以在一次后置处理中选择程序组的各程序输出多个操作。

名师点拨

NX 加工中有关机床的操作，就是创建加工方法和创建机床操作等相关的操作。

单击【插入】选项卡中的【创建方法】按钮，弹出【创建方法】对话框，如图 1-22 所示。

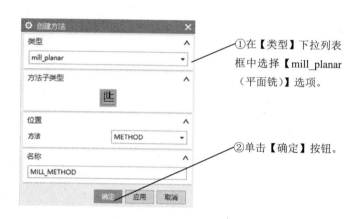

图 1-22　【创建方法】对话框

在弹出的【铣削方法】对话框中，单击【切削方法】按钮，将打开【搜索结果】对话框，可以从中指定一种加工方法，如图 1-23 所示。

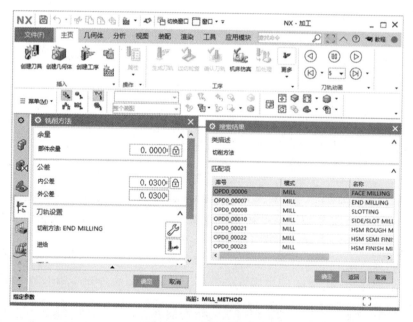

图 1-23　【铣削方法】和【搜索结果】对话框

在【铣削方法】对话框中，单击【进给】按钮，弹出【进给】对话框，如图 1-24 所示，在其中可以为各选项设定合适的切削参数。

⑥【退刀】：刀具切出零件时的进给速度，是指刀具从最终切削位置到退刀点间的刀具移动速度。

图 1-24　【进给】对话框

在【铣削方法】对话框中单击【编辑显示】按钮，会打开如图 1-25 所示的【显示选项】对话框。

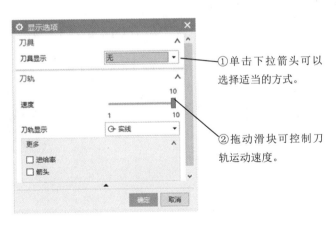

图 1-25　【显示选项】对话框

1.2.3 课堂练习——设置父参数

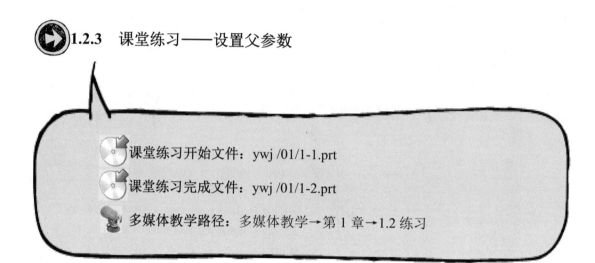

课堂练习开始文件：ywj /01/1-1.prt

课堂练习完成文件：ywj /01/1-2.prt

多媒体教学路径：多媒体教学→第 1 章→1.2 练习

Step1 创建方法，如图 1-26 所示。

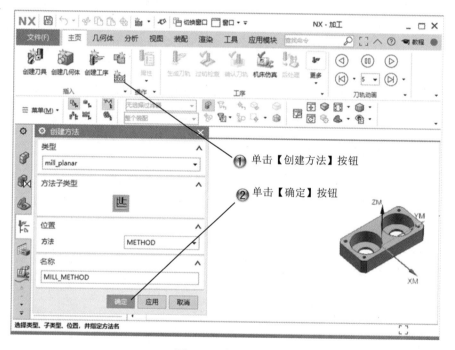

图 1-26　创建方法

Step2 设置铣削方法，如图 1-27 所示。

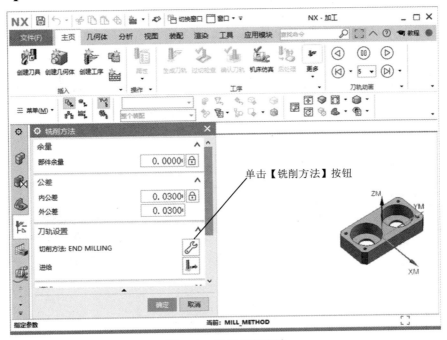

图 1-27 设置铣削方法

Step3 选择匹配项，如图 1-28 所示。

图 1-28 选择匹配项

Step4 选择【进给】命令，如图 1-29 所示。

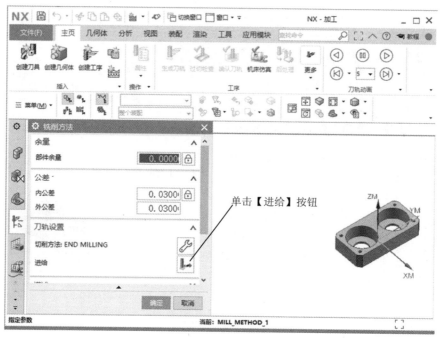

图 1-29　选择【进给】命令

Step5 设置进给参数，如图 1-30 所示。

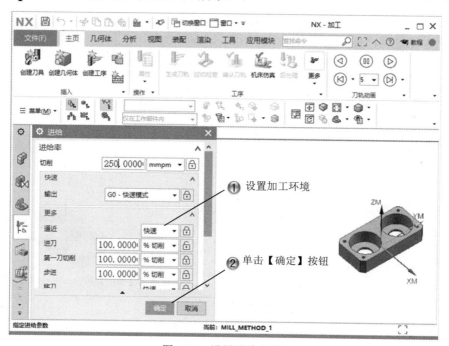

图 1-30　设置进给参数

Step6 选择【颜色】命令,如图 1-31 所示。

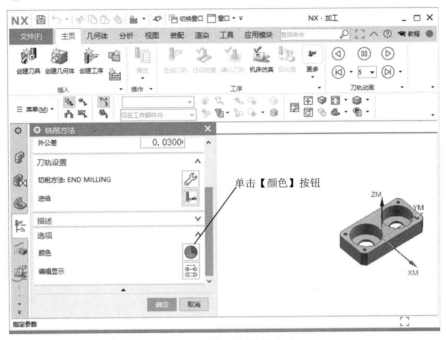

图 1-31　选择【颜色】命令

Step7 设置颜色,如图 1-32 所示。

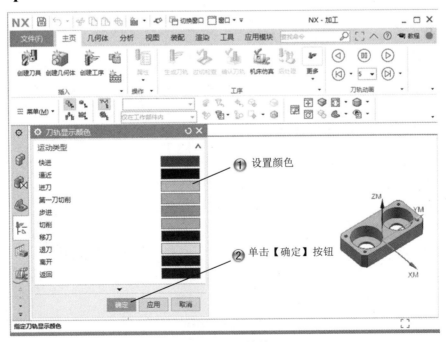

图 1-32　设置颜色

Step8 选择【编辑显示】命令，如图 1-33 所示。

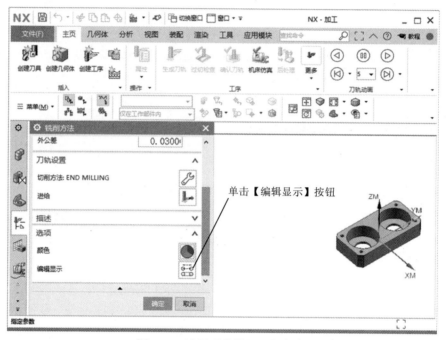

图 1-33　选择【编辑显示】命令

Step9 设置显示选项，如图 1-34 所示。

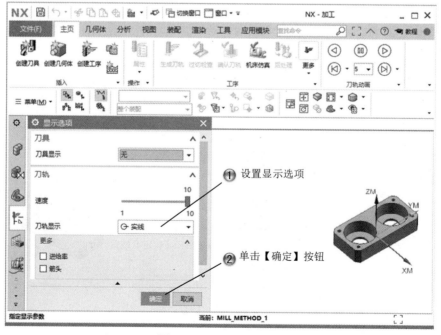

图 1-34　设置显示选项

Step10 完成父参数组操作,如图 1-35 所示。

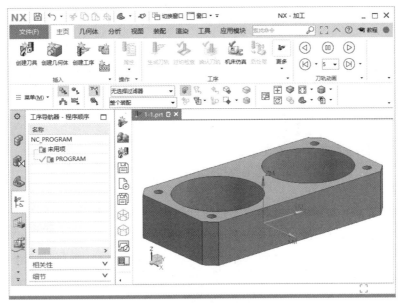

图 1-35 完成父参数组操作

1.3 基本操作

在完成了程序组、几何体、刀具组和加工方法的创建后,需要为被加工零件在指定的程序组中选择合适的刀具和加工方法。这个过程相当于编制零件加工工艺过程,在 NX 12 中称为创建操作。

1.3.1 设计理论

用户可以先引用模板提供的默认对象创建操作,再采用程序组、几何体、刀具组和加工方法的办法完成。在加工时,尤其是在粗加工中,对于不易测量的尺寸,如表面尺寸,应与可测量的尺寸精度较高的表面一起加工,依靠数控机床自身的精度来保证。从经验来看这种方法比较可靠,同时可节约大量测量工具,充分发挥数控车床的优势。根据编程方式决定需采用的对刀方式,即刀心对刀或刀尖对刀。一个有效的手段是加工前进一步消化和理解零件的加工内容。

1.3.2 课堂讲解

单击【主页】选项卡的【创建工序】按钮，弹出【创建工序】对话框,在【类型】选项组选择【mill_planar】铣削,即平面铣工序类型,其工序子类型如图1-36所示。

单击【创建工序】对话框的【确定】按钮后,可以打开设定的操作模板对话框,如图1-37所示的【面铣】对话框。该对话框中的选项参数主要用于选择、编辑显示几何体、切削方式和加工工艺参数,显示设定的方法、几何体和刀具,并进一步对这些设置进行编辑修改。

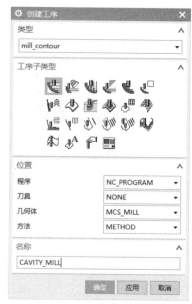

图1-36 【创建工序】对话框

① 【跟随部件】：也称为仿形零件,产生一系列跟随加工零件所有指定轮廓的刀轨,既跟随切削区的外周壁面,也跟随切削区中的岛屿,刀轨形状也是通过偏移切削区的外轮廓和岛屿轮廓获得的。
② 【跟随周边】：也称为仿形外轮廓铣,产生一系列同心封闭的环形刀轨,通过偏移切削区的外轮廓获得。
③ 【混合】：仅用于平面铣的表面铣（Face Mill）走刀方式。
④ 【轮廓】：产生一系列单一或指定数量的绕切削区轮廓的刀轨,可实现对侧面的精加工。
⑤ 【摆线】：产生一系列类似于轮廓的刀轨,但不允许自我交叉。
⑥ 【单向】：产生一系列单向的平行线性刀轨,回程是快速横越运动。
⑦ 【往复】：产生一系列平行连续的线性往复刀轨,切削效率较高。
⑧ 【单向轮廓】：产生一系列单向的平行线性刀轨,回程是快速横越运动,在两段连续刀轨之间跨越刀轨是切削壁面的刀轨,加工质量比往复切削和单向切削好。

图1-37 【面铣】对话框

单击【面铣】对话框【刀轨设置】选项组中的【非切削移动】按钮，可以打开【非切削移动】对话框,单击【起点/钻点】标签,切换到【起点/钻点】选项卡,如图1-38所示。

图 1-38 【起点/钻点】选项卡

在【面铣】对话框的【刀轨设置】选项组中单击【切削参数】按钮，可以打开如图 1-39 所示的【切削参数】对话框。

图 1-39 【切削参数】对话框

1.3.3 课堂练习——工序基本操作

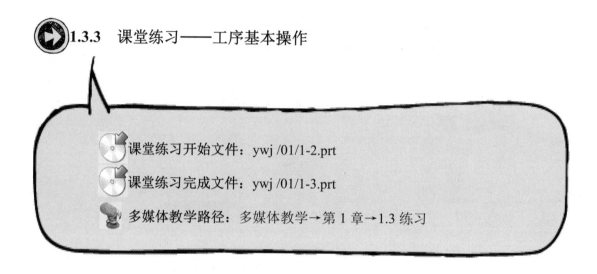

- 课堂练习开始文件：ywj /01/1-2.prt
- 课堂练习完成文件：ywj /01/1-3.prt
- 多媒体教学路径：多媒体教学→第 1 章→1.3 练习

Step1 选择【创建工序】命令，如图 1-40 所示。

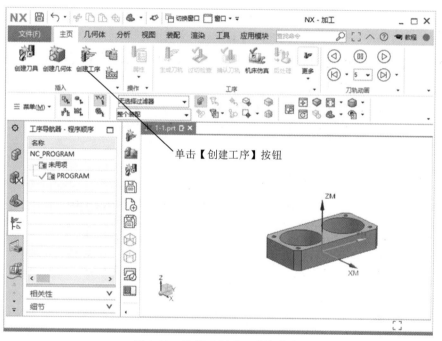

图 1-40　选择【创建工序】命令

Step2 设置工序，如图 1-41 所示。

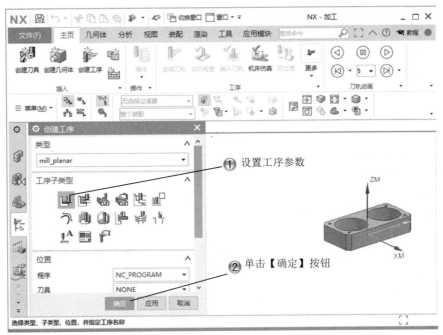

图 1-41　设置工序

Step3 选择指定部件命令，如图 1-42 所示。

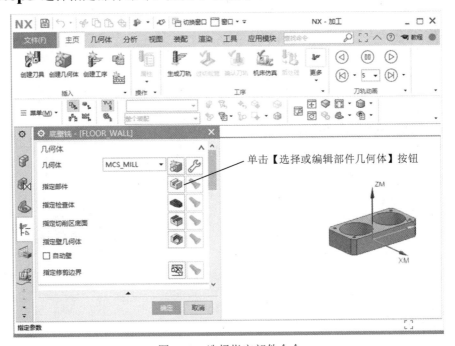

图 1-42　选择指定部件命令

Step4 选择部件几何体，如图 1-43 所示。

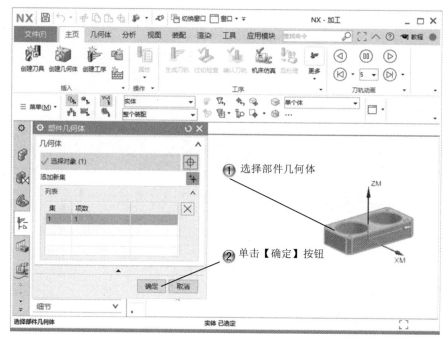

图 1-43　选择部件几何体

Step5 选择指定检查体命令，如图 1-44 所示。

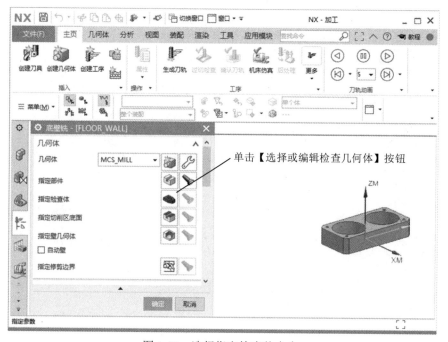

图 1-44　选择指定检查体命令

Step6 选择检查几何体，如图 1-45 所示。

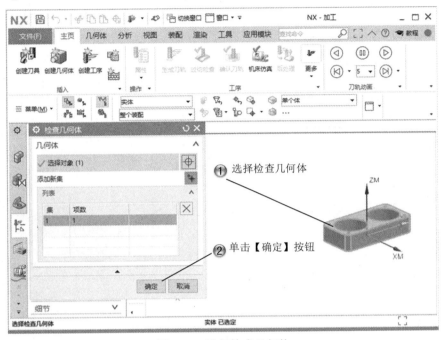

图 1-45　选择检查几何体

Step7 选择指定切削区底面命令，如图 1-46 所示。

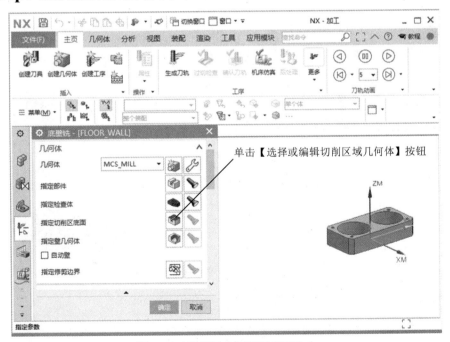

图 1-46　选择指定切削区底面命令

Step8 选择切削区域，如图1-47所示。

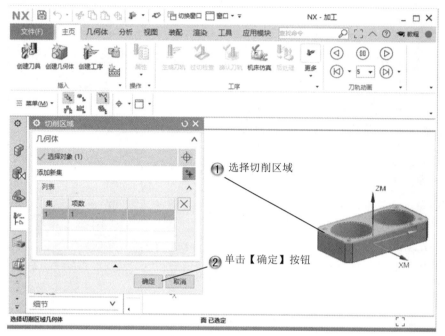

图1-47　选择切削区域

Step9 完成工序基本操作，如图1-48所示。

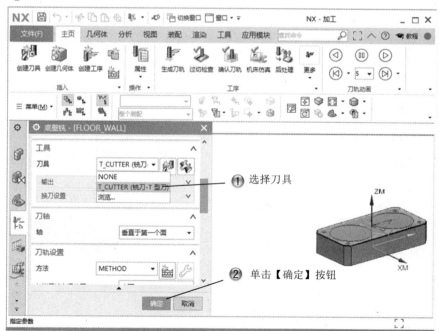

图1-48　完成工序基本操作

1.4 刀具管理

在加工过程中，刀具是从工件上切除材料的工具，在创建铣削、车削、点位加工操作时，必须创建刀具或者从刀具库中选择刀具。在创建和选择刀具时，应该考虑加工类型、加工表面形状和加工部位的尺寸大小等因素。

课堂讲解课时：2 课时

1.4.1 设计理论

关于内外公差参数，它们决定刀具可以偏离零件表面的允许距离，内外公差值会影响零件表面精度和粗糙度，也会影响生成导轨的时间和 NC 文件大小。在满足零件精度和表面粗糙度的前提下，尽量不设置太小的公差值。如果指定负的余量值，则切削到几何表面以下，但是刀具轮廓的最小圆弧半径应大于负值余量的绝对值。

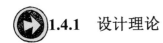 1.4.2 课堂讲解

在建模环境下设计好零件之后，单击【应用模块】选项卡上的【加工】按钮，进入加工模块。弹出【加工环境】对话框，在其中选择 CAM 加工设置。之后单击【插入】选项卡中的【创建工序】按钮，弹出【创建工序】对话框，如图 1-49 所示。

单击【插入】选项卡中的【创建刀具】按钮，弹出【创建刀具】对话框，刀具种类如图 1-50 所示。

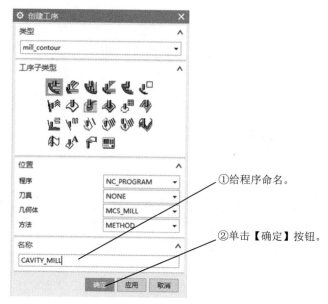

图 1-49 【创建工序】对话框

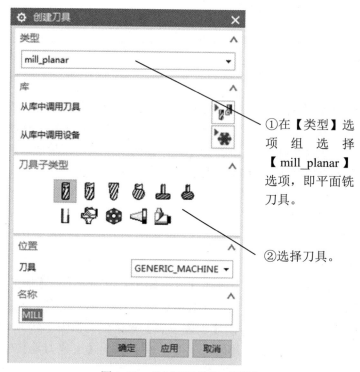

图 1-50 【创建刀具】对话框

如果刀具没有适合的类型,可以单击【创建刀具】对话框【库】选项组中的【从库中调用刀具】按钮，打开【库类选择】对话框，如图 1-51 所示，进行其他刀具的选择。

图 1-51 【库类选择】对话框

如果设置的是铣刀,将弹出【铣刀-5 参数】对话框,以设置刀具的参数,如图 1-52 所示。

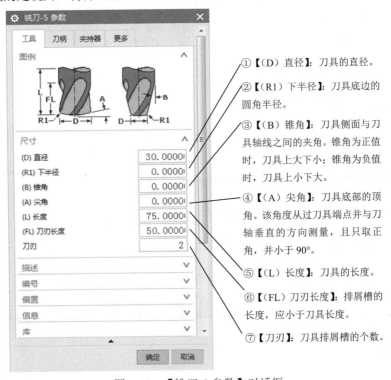

图 1-52 【铣刀-5 参数】对话框

在【铣刀-5 参数】对话框中打开【夹持器】选项卡,参数设置如图 1-53 所示。

① 【(LD) 下直径】:刀柄下部直径。

② 【(L) 长度】:刀柄长度,从刀柄的下端部开始计算,直到上部第一节的刀柄或机床的夹持位置。

③ 【(UD) 上直径】:刀柄上部直径。

④ 【(B) 锥角】:刀柄锥角,为主轴预测边所形成的角度。

⑤ 【(R1) 拐角半径】:刀柄上部的圆角半径。

图 1-53 【夹持器】选项卡

1.4.3 课堂练习——创建刀具

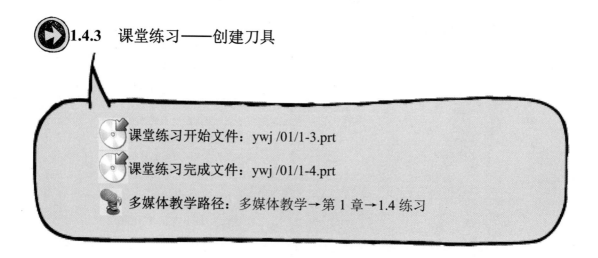

课堂练习开始文件:ywj /01/1-3.prt

课堂练习完成文件:ywj /01/1-4.prt

多媒体教学路径:多媒体教学→第 1 章→1.4 练习

Step1 选择【编辑】命令，如图 1-54 所示。

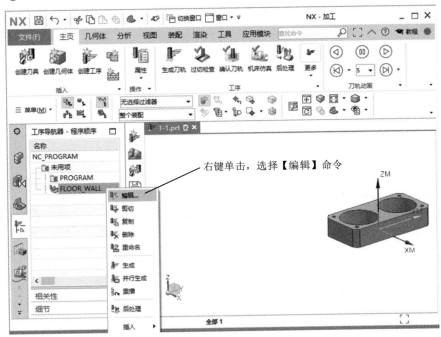

图 1-54　选择【编辑】命令

Step2 选择新建刀具命令，如图 1-55 所示。

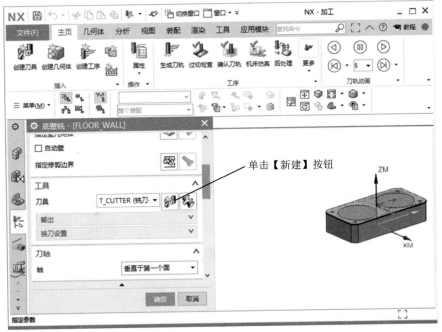

图 1-55　选择新建刀具命令

Step3 设置刀具子类型，如图 1-56 所示。

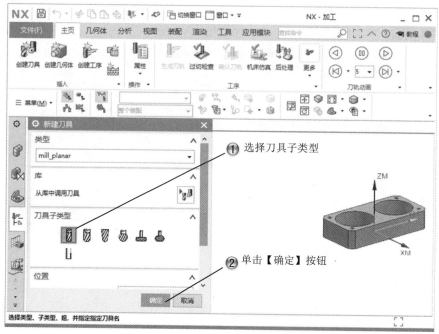

图 1-56　设置刀具子类型

Step4 设置刀具参数，如图 1-57 所示。

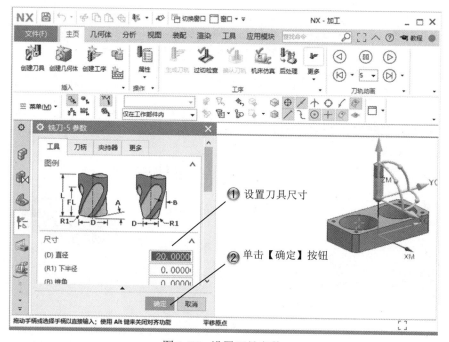

图 1-57　设置刀具参数

Step5 设置刀柄参数,如图 1-58 所示。

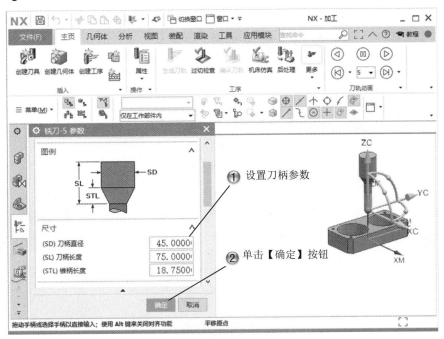

图 1-58　设置刀柄参数

Step6 设置工具参数,如图 1-59 所示。

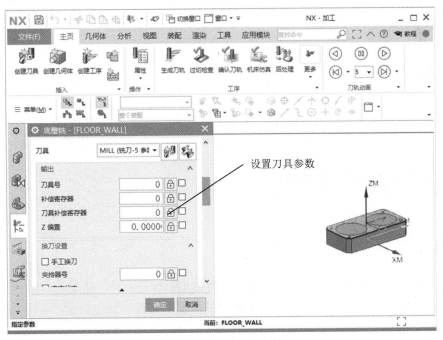

图 1-59　设置工具参数

Step7 生成刀轨，如图 1-60 所示。

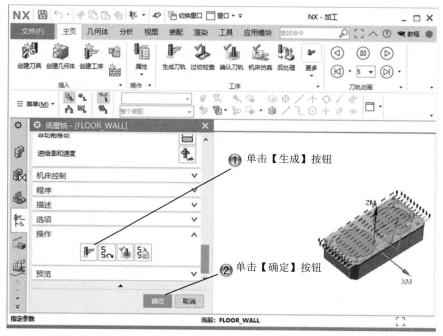

图 1-60 生成刀轨

1.5 加工过程

在加工工序完成之后即可生成加工过程，加工过程是指生成刀具的加工刀路。

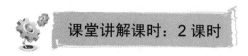

1.5.1 设计理论

在完成数控加工的操作设置之后，就可以生成刀具轨迹，并可使用刀具路径管理工具，对刀轨进行编辑、重显、模拟、输出及编辑刀具位置源文件等操作。

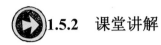1.5.2　课堂讲解

1. 生成刀轨

单击【工序】选项卡中的【生成刀轨】按钮，系统会生成并显示一个切削层的刀轨。

2. 编辑和删除刀轨

刀轨生成以后，在【工序导航器】上右键单击需要进行编辑的刀轨，打开快捷菜单，选择【刀轨】|【编辑】命令，如图 1-61 所示。

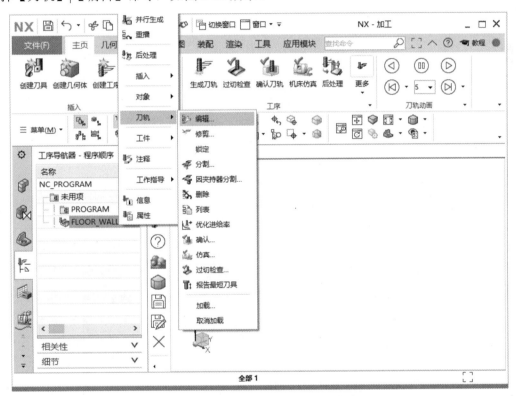

图 1-61　选择【刀轨】|【编辑】命令

这时候系统将打开如图 1-62 所示的【刀轨编辑器】对话框，在其中可以设置刀轨的生成参数。

3. 列出刀轨

对于已生成刀具路径的操作，可以查看各操作所包含的刀具路径信息。单击【工序】选项卡中的【列出刀轨】按钮，系统可以打开如图 1-63 所示的【信息】窗口，从中可以查看刀具路径信息。

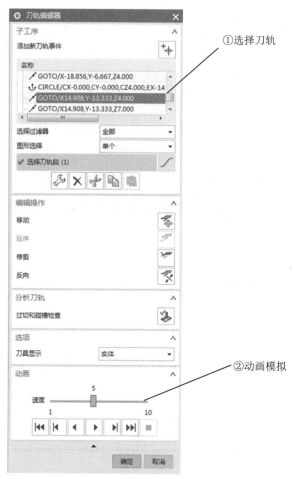

图 1-62 【刀轨编辑器】对话框

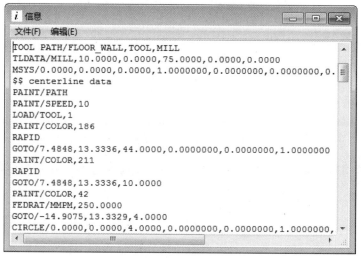

图 1-63 刀轨信息

1.5.3 课堂练习——编辑加工过程

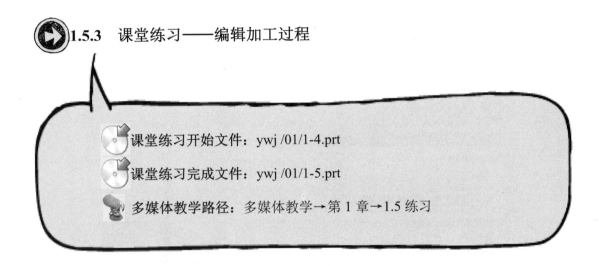

- 课堂练习开始文件：ywj /01/1-4.prt
- 课堂练习完成文件：ywj /01/1-5.prt
- 多媒体教学路径：多媒体教学→第 1 章→1.5 练习

Step1 选择刀轨编辑命令，如图 1-64 所示。

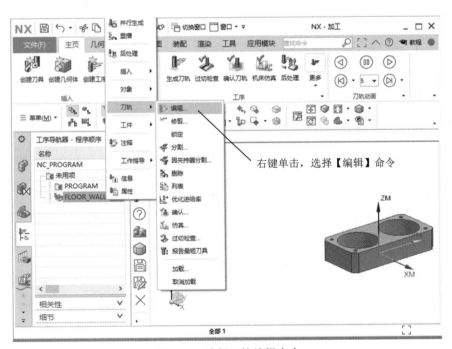

图 1-64　选择刀轨编辑命令

Step2 选择刀轨，如图 1-65 所示。

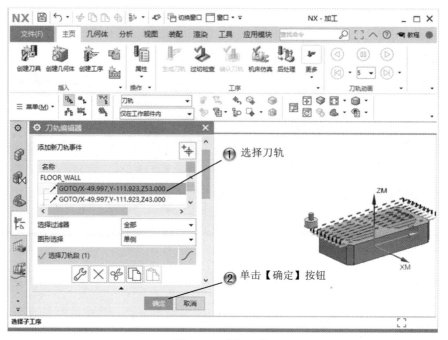

图 1-65　选择刀轨

Step3 移动刀轨点，如图 1-66 所示。

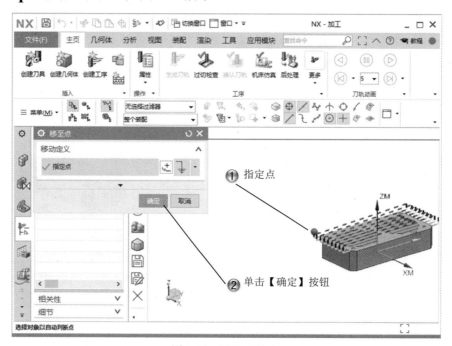

图 1-66　移动刀轨点

第 1 章
NX 12 数控加工基础

Step4 完成编辑加工过程，如图 1-67 所示。

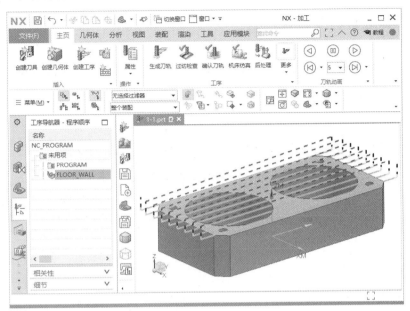

图 1-67　完成编辑加工过程

1.6　后处理和车间文档

通过后处理和车间文档可以输出机床加工语言，便于进行生产。

 1.6.1　设计理论

建立特定机床定义文件和事件处理文件后，可以进行后处理，从而将刀具路径生成适合指定机床的 NC 代码，然后可以在 NX 加工环境中进行后处理，也可以在操作系统环境下进行。车间文档可以自动生成车间工艺文档并以多种格式输出。NX 提供了一个车间文档生成器，它从部件文件中提取对加工车间有用的 CAM 文本和图形信息，包括数控程序中用到的刀具参数清单、操作次序、加工方法清单、切削参数清单。它们可以使用文本文件（.txt）或者超文本链接文件（.html）两种格式输出。

1.6.2 课堂讲解

在生成刀轨文件后，NC 加工的编程基本完成，下面需要进行一些后处理，从而进入加工的过程。

1. 后处理

在操作导航器中选中一个操作或者一个程序组，单击【工序】选项卡中的【后处理】按钮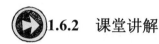，可以打开如图 1-68 所示的【后处理】对话框。

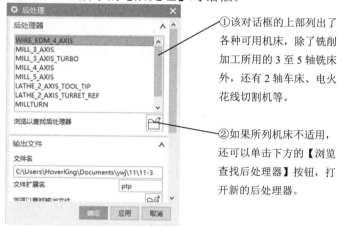

图 1-68 【后处理】对话框

2. 车间文档

单击【工序】选项卡中的【车间文档】按钮，打开【车间文档】对话框，参数设置如图 1-69 所示。

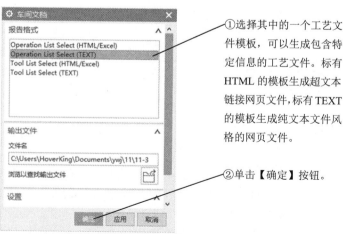

图 1-69 【车间文档】对话框

1.7 专家总结

本章主要介绍了软件加工界面和数控编程加工技术的基础知识，重点是 NC 加工基本操作，包括创建程序、刀具、几何体和工艺方法，最后创建一个工序来引用这些创建好的参数。在这些内容中，有些概念是用户初次接触的，如加工类型、切削方式、加工边界和切削区域等，了解这些概念还需要用户有一定的机械制造和机床等相关方面的知识。希望读者通过学习这些知识，了解数控技术和数控加工的特点，掌握数控加工工艺原理、数控编程基础知识等内容，为后面学习 NX 的数控加工奠定基础。

1.8 课后习题

1.8.1 填空题

（1）NX 12 的界面有_____部分组成。
（2）创建加工过程的关键是_____。
（3）创建加工工序的基本步骤是_____、_____、_____、_____。

1.8.2 问答题

（1）加工工序中刀具的创建方法有哪些？
（2）加工工序中的后处理和车间文档的作用有哪些？

1.8.3 上机操作题

如图 1-70 所示，使用本章学过的知识来创建螺母模型，并创建面加工工序。

操作步骤和方法：
（1）创建螺母模型。
（2）创建面加工工序。
（3）创建后处理和车间文档。

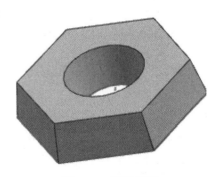

图 1-70　螺母模型

第 2 章　平面铣削加工

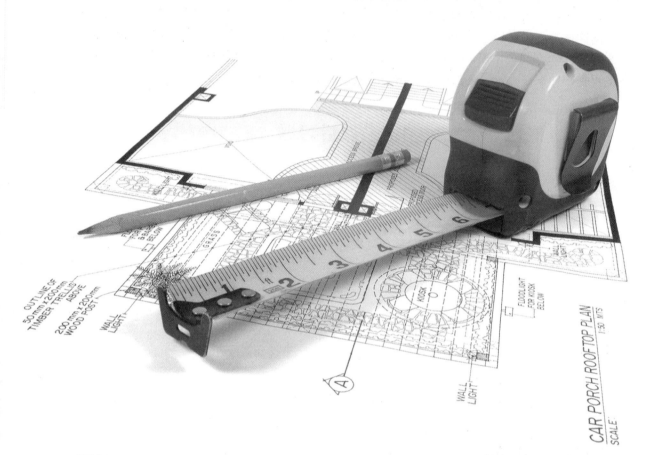

	内　容	掌握程度	课　时
课训目标	概述	熟练运用	1
	加工几何体	熟练运用	2
	切削方法	熟练运用	2
	参数设置	熟练运用	2

第 2 章
平面铣削加工

▶ 课程学习建议

平面铣削加工是铣削加工中最基本的加工类型，也是较为简单的加工类型，它一般用在精加工之前对某个零件进行粗加工。平面铣削属于固定轴铣，它的刀具轴线方向相对工件不发生变化，所以，它只能对侧面与底面垂直的加工部位进行加工，而不能加工侧面与底面不垂直的部位。本章将讲解铣削加工中最常见的加工类型，即平面铣削加工的各种参数的设置方法。

本课程主要基于软件的数控加工模块进行讲解，其培训课程表如下。

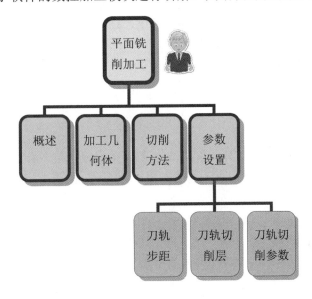

2.1 概　述

平面铣削加工创建的刀具路径可以在某个平面内切除材料，经常用在精加工之前对某个零件进行粗加工。适合于平面铣削加工的零件一般侧壁与底面垂直。零件中可以包含岛屿、腔槽和孔，但岛屿顶面和腔槽底面必须是平面。

课堂讲解课时：1 课时

2.1.1 设计理论

部件材料就是用户切削加工后的零件形状，它定义了刀具的走刀范围，用户可以通过曲线、边界、平面和点等几何来指定部件材料；底部面是刀具可以铣削加工的最大切削深度。还需要指定毛坯材料，毛坯材料就是最初还没有进行铣削加工的材料，可以是锻造件和铸造件等。指定毛坯材料后，用户还需要指定部件材料和底部面。此外，用户还可以指定切削加工中的检查几何体和修剪几何体。当用户指定底部面后，系统将根据指定的毛坯材料、部件材料、检查几何体和修剪几何体，沿着刀具的轴线方向切削到底部面，从而加工得到用户需要的零件形状。

2.1.2 课堂讲解

打开一个模型零件，选择【开始】|【加工】菜单命令，进入加工模块。弹出【加工环境】对话框，如图 2-1 所示，确认零件的加工面，进行平面的铣削操作。

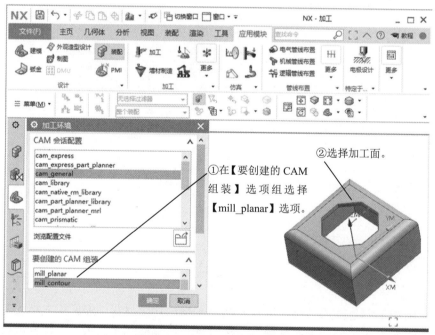

图 2-1 【加工环境】对话框

用户可以通过在【主页】选项卡中单击【创建工序】按钮，弹出【创建工序】对话框，如图 2-2 所示，在【类型】下拉列表框中选择【mill_planar】选项，创建一个

· 48 ·

平面铣削操作。

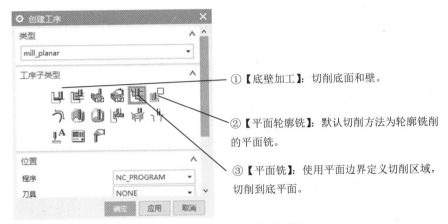

①【底壁加工】：切削底面和壁。

②【平面轮廓铣】：默认切削方法为轮廓铣削的平面铣。

③【平面铣】：使用平面边界定义切削区域，切削到底平面。

图 2-2 【创建工序】对话框

平面铣削操作的【程序】、【刀具】、【几何体】和【方法】等下拉列表框中的选项设置可以通过单击【插入】选项卡中的【创建程序】、【创建刀具】、【创建几何体】和【创建方法】等按钮来实现，也可以先选择系统默认的选项，然后在【创建操作】对话框中重新定义。

名师点拨

2.1.3 课堂练习——创建方盒零件并进入加工环境

课堂练习开始文件：无

课堂练习完成文件：ywj /02/2-1.prt

多媒体教学路径：多媒体教学→第 2 章→2.1 练习

Step1 选择草绘面，如图 2-3 所示。

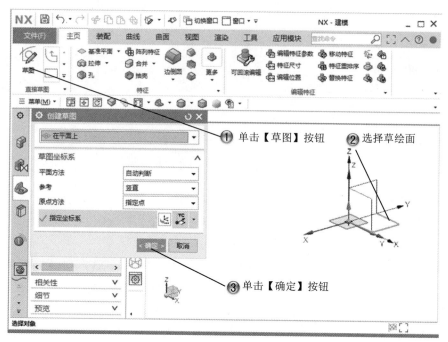

图 2-3　选择草绘面

Step2 绘制矩形，如图 2-4 所示。

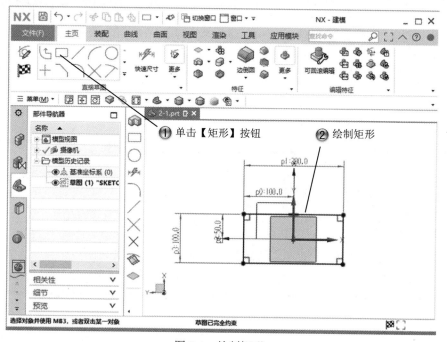

图 2-4　绘制矩形

Step3 绘制矩形2，如图2-5所示。

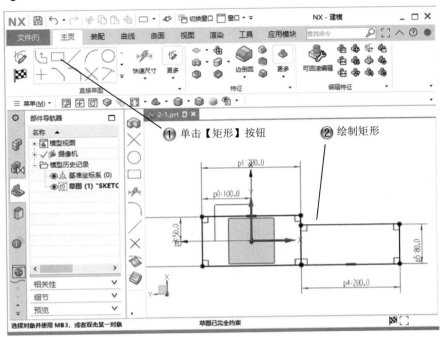

图2-5 绘制矩形2

Step4 修剪草图，如图2-6所示。

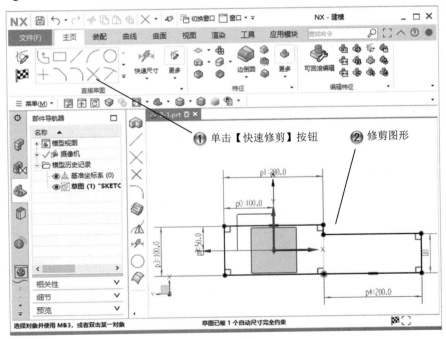

图2-6 修剪草图

Step5 创建拉伸特征，如图 2-7 所示。

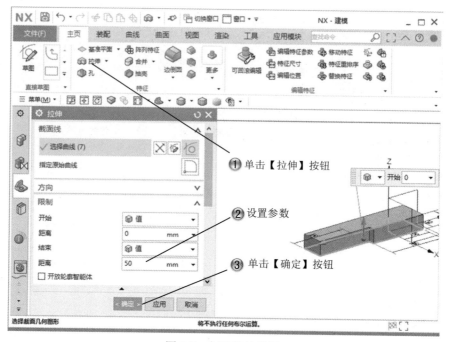

图 2-7　创建拉伸特征

Step6 选择草绘面，如图 2-8 所示。

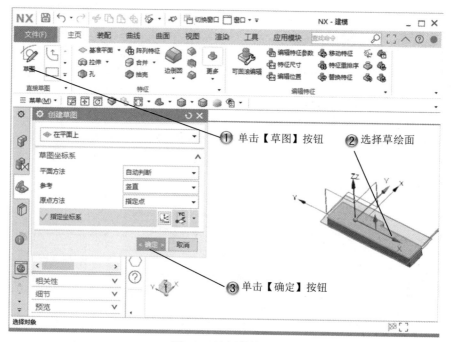

图 2-8　选择草绘面

Step7 绘制矩形，如图 2-9 所示。

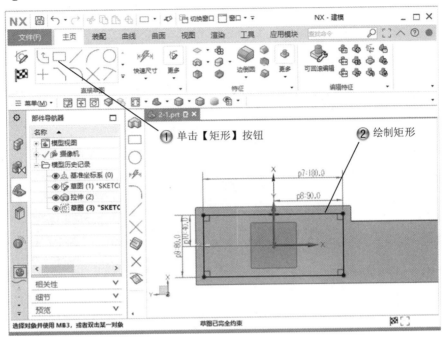

图 2-9　绘制矩形

Step8 绘制圆形，如图 2-10 所示。

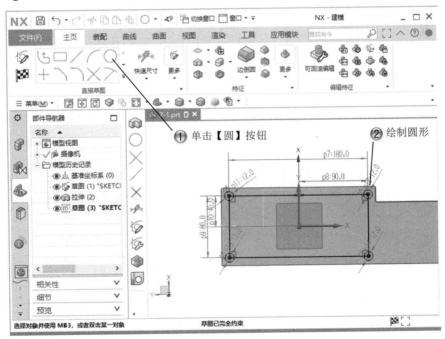

图 2-10　绘制圆形

Step9 修剪图形,如图 2-11 所示。

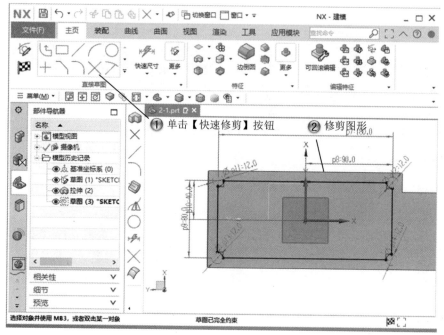

图 2-11　修剪图形

Step10 绘制矩形,如图 2-12 所示。

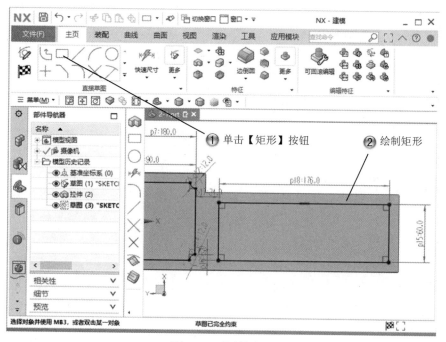

图 2-12　绘制矩形

Step11 创建拉伸特征，如图 2-13 所示。

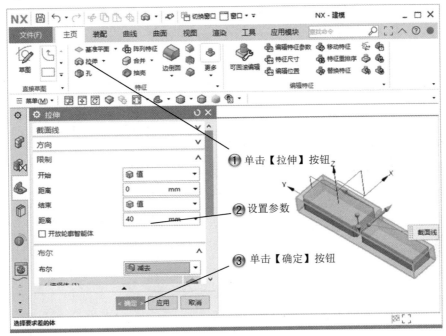

图 2-13 创建拉伸特征

Step12 选择草绘面，如图 2-14 所示。

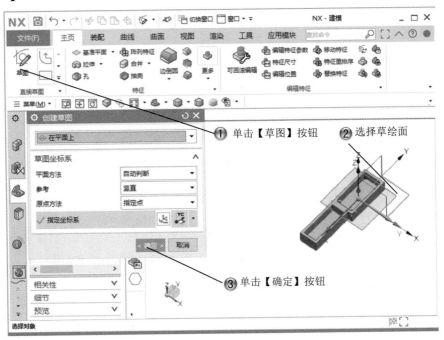

图 2-14 选择草绘面

Step13 绘制矩形,如图 2-15 所示。

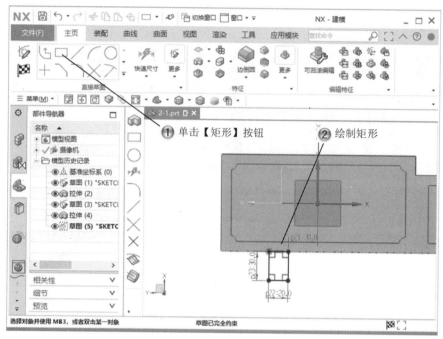

图 2-15　绘制矩形

Step14 绘制圆形,如图 2-16 所示。

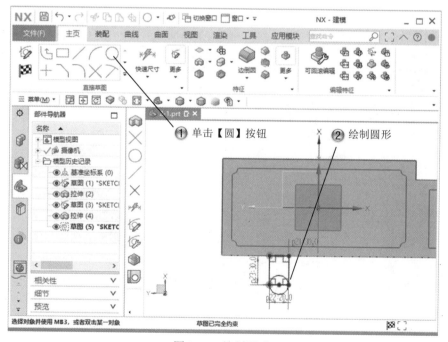

图 2-16　绘制圆形

Step15 修剪图形，如图 2-17 所示。

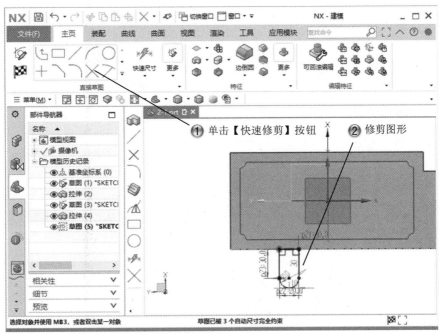

图 2-17　修剪图形

Step16 绘制圆形，如图 2-18 所示。

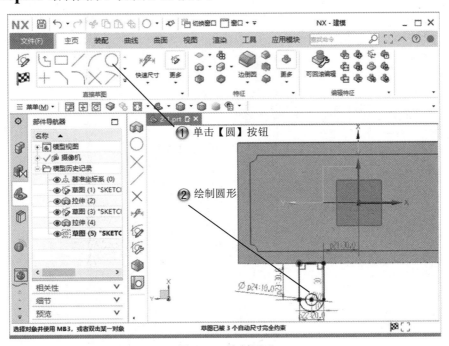

图 2-18　绘制圆形

Step17 创建拉伸特征,如图 2-19 所示。

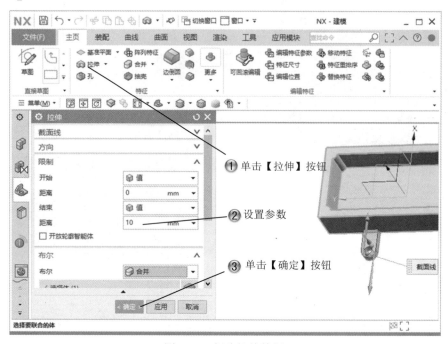

图 2-19　创建拉伸特征

Step18 创建镜像特征,如图 2-20 所示。

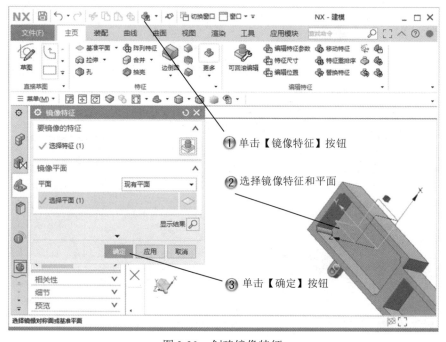

图 2-20　创建镜像特征

Step19 创建孔特征,如图 2-21 所示。

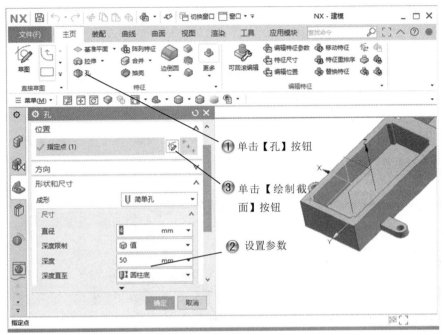

图 2-21　创建孔特征

Step20 选择草绘面,如图 2-22 所示。

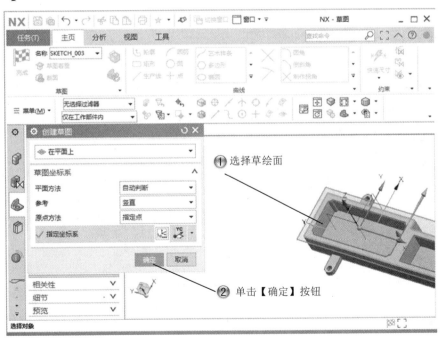

图 2-22　选择草绘面

Step21 绘制点，如图 2-23 所示。

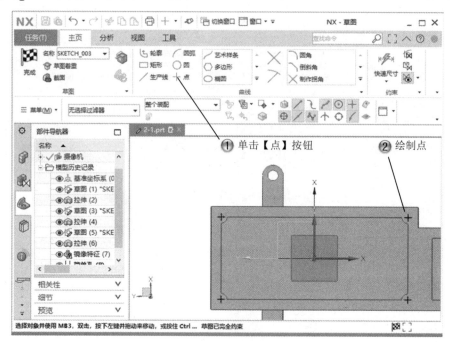

图 2-23　绘制点

Step22 选择草绘面，如图 2-24 所示。

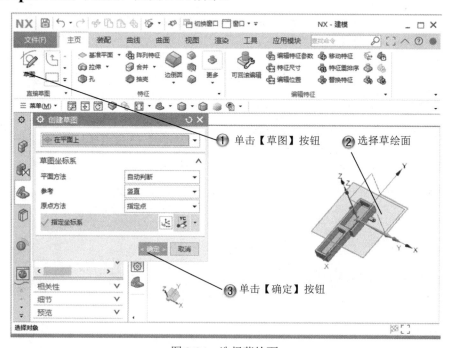

图 2-24　选择草绘面

Step23 绘制矩形,如图 2-25 所示。

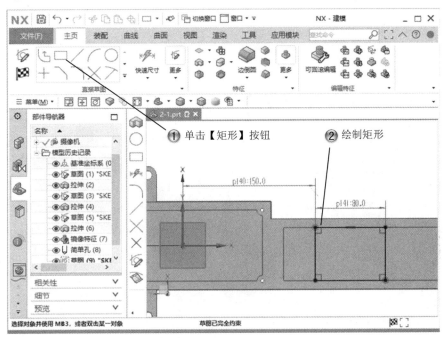

图 2-25 绘制矩形

Step24 创建拉伸特征,如图 2-26 所示。

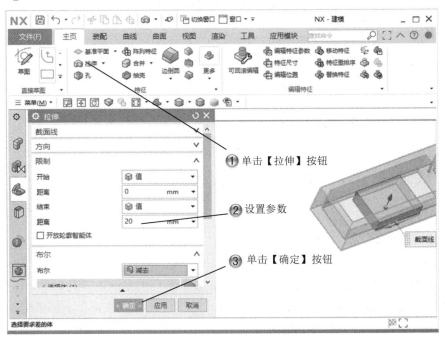

图 2-26 创建拉伸特征

Step25 进入加工环境，如图 2-27 所示。

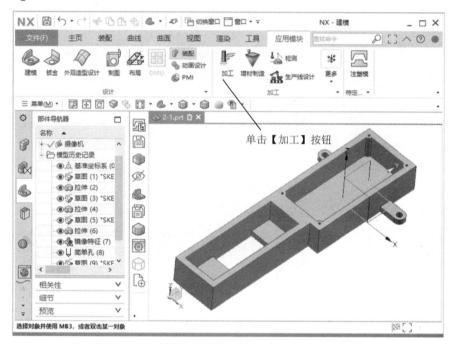

图 2-27　进入加工环境

2.2　加工几何体

加工几何体是指创建加工工序的部件、毛坯、加工区域和检查几何体等。

2.2.1　设计理论

用户在创建一个平面铣削操作时，需要指定 6 个不同类型的加工几何体，包括几何体、部件几何体、毛坯几何体、检查几何体、修剪几何体和底面。这 6 个不同类型的加工几何体可以指定系统在毛坯材料上，按照用户指定的部件边界、检查边界、修剪边界和底面等来加工几何体铣削零件，从而得到正确的刀具轨迹。

2.2.2 课堂讲解

单击【创建工序】按钮，创建平面铣削工序，弹出【平面铣】对话框，如图 2-28 所示。

几何体需要在创建铣削加工操作之前创建。用户可以通过在【插入】选项卡中单击【创建几何体】按钮，创建一个加工几何体。几何体是铣削加工的主要组成部分，一般包含加工坐标系、毛坯几何体和部件几何体等信息，如图 2-29 所示。

> **名师点拨**
> 在平面铣削加工中，用户可以指定毛坯几何体，也可以不指定毛坯几何体。如果用户定义了毛坯几何体，那么，毛坯几何体和部件几何体将共同决定刀具的走刀范围，系统根据它们的共同区域来计算刀具轨迹。

①部件几何体是毛坯材料铣削加工后得到的最终形状，用来指定平面铣削加工的几何对象，它定义了刀具的走刀范围。

②毛坯几何体是切削加工的材料块，即部件没有进行切削加工前的形状。

③检查几何体代表夹具或者其他一些不能铣削加工的区域。类似地，用户可以选择面、曲线、点和边界等来定义检查几何体。

④修剪几何体是指在某个加工过程中，不参与加工操作的区域。当用户定义部件几何体后，如果希望切削区域的某一个区域不被切削，即不产生刀具轨迹，那么可以将该区域定义为修剪几何体，系统将根据定义的部件几何体和修剪几何体来计算刀具轨迹，保证该区域不产生刀具轨迹。

⑤底面是铣削加工中，刀具可以铣削加工的最大切削深度。当用户指定底面后，系统将根据指定的部件几何体、毛坯几何体、检查几何体和修剪几何体，沿着刀具的轴线方向切削到底面，从而加工得到用户需要的零件形状。

图 2-28 【平面铣】对话框

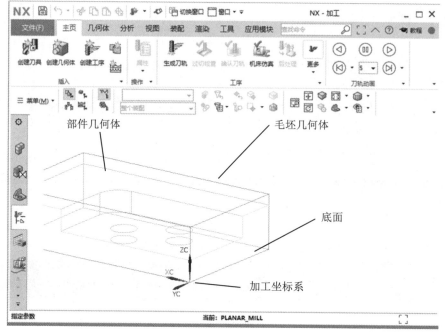

图 2-29　加工几何体

2.2.3　课堂练习——设置加工几何体

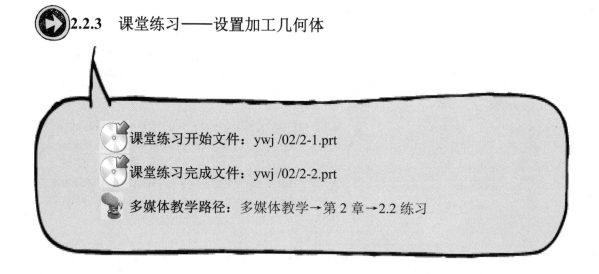

- 课堂练习开始文件：ywj /02/2-1.prt
- 课堂练习完成文件：ywj /02/2-2.prt
- 多媒体教学路径：多媒体教学→第 2 章→2.2 练习

Step1 打开上节练习的文件，设置加工环境，如图 2-30 所示。

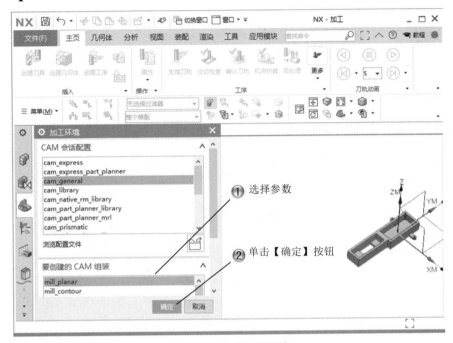

图 2-30　设置加工环境

Step2 创建工序，如图 2-31 所示。

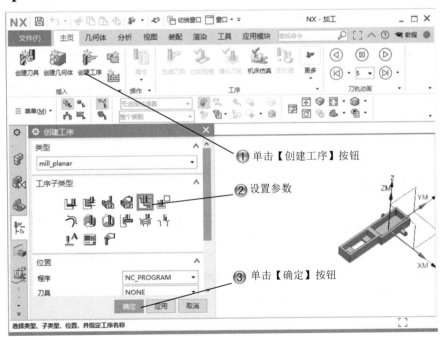

图 2-31　创建工序

Step3 选择几何体命令，如图 2-32 所示。

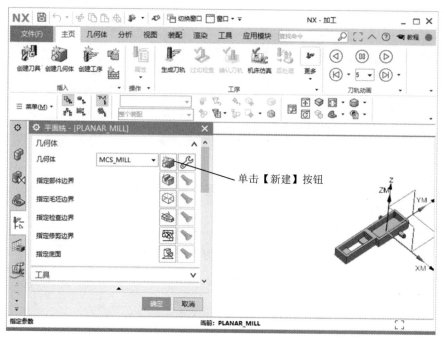

图 2-32　选择几何体命令

Step4 设置几何体类型，如图 2-33 所示。

图 2-33　设置几何体类型

Step5 设置安全距离参数，如图 2-34 所示。

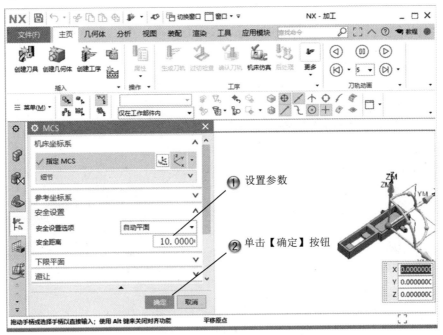

图 2-34 设置安全距离参数

Step6 选择指定部件边界命令，如图 2-35 所示。

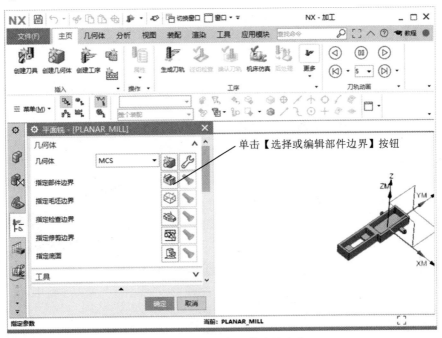

图 2-35 选择指定部件边界命令

Step7 选择加工平面,如图 2-36 所示。

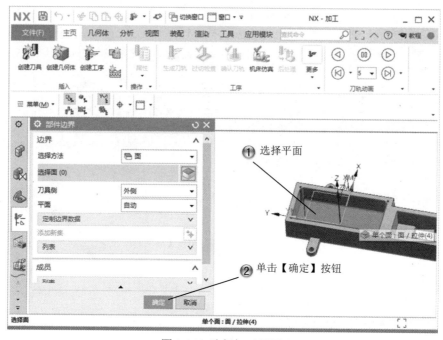

图 2-36 选择加工平面

Step8 设置部件边界,如图 2-37 所示。

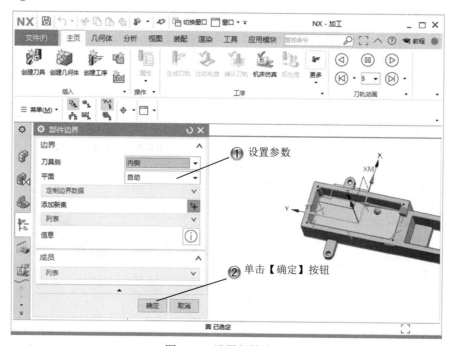

图 2-37 设置部件边界

Step9 选择指定底面命令，如图 2-38 所示。

图 2-38　选择指定底面命令

Step10 设置底面参数，如图 2-39 所示。

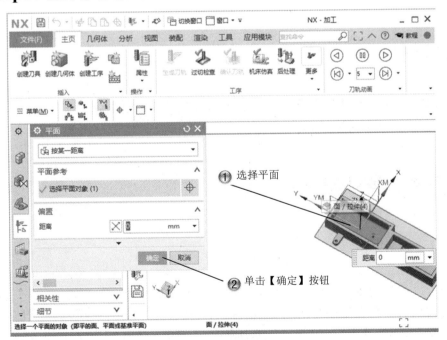

图 2-39　设置底面参数

Step11 完成加工几何体，如图 2-40 所示。

图 2-40　完成加工几何体

2.3　切削方法

【平面铣】对话框中【切削模式】下拉列表框的选项，用来控制刀具轨迹在加工切削区域时的走刀路线，也叫切削方法。

2.3.1　设计理论

用户可以根据切削区域的特征和切削的加工要求，选择不同的切削模式，控制刀具轨迹的走刀模式，从而切削得到满足加工要求的零件。如图 2-41 所示，在【刀轨设置】选项组的【切削模式】下拉列表框中，系统为用户提供了 8 种切削模式，它们分别是【跟随部件】、【跟随周边】、【轮廓】、【标准驱动】、【摆线】、【单向】、【往复】和【单向轮廓】。

图 2-41　切削模式

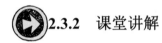

2.3.2　课堂讲解

1. 跟随周边

在【切削模式】下拉列表框中选择【跟随周边】选项，设置刀具轨迹的模式为跟随周边。【跟随周边】切削模式又叫沿轮廓切削模式，它能够产生一些与轮廓形状相似，而且同心的刀具轨迹，如图 2-42 所示。

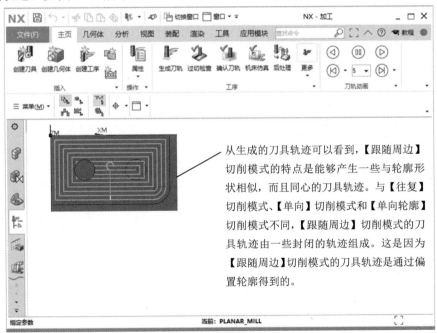

图 2-42　【跟随周边】切削模式

2. 跟随部件

在【切削模式】下拉列表框中选择【跟随部件】选项，设置刀具轨迹的模式为跟随部件。【跟随部件】切削模式又叫沿部件切削模式，它能够产生一些与部件形状相似的刀具轨迹，如图 2-43 所示。

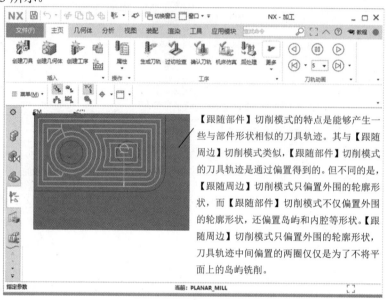

图 2-43　【跟随部件】切削模式

3. 轮廓加工

在【切削模式】下拉列表框中选择【轮廓】选项，设置刀具轨迹的模式为轮廓加工，即产生一条或者多条沿轮廓切削的刀具轨迹，如图 2-44 所示。

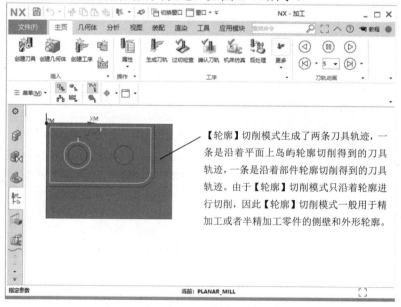

图 2-44　【轮廓】切削模式的刀具轨迹

4. 标准驱动

在【切削模式】下拉列表框中选择【标准驱动】选项，设置刀具轨迹的模式为标准驱动，即产生一条或者多条沿轮廓切削的刀具轨迹，如图 2-45 所示。

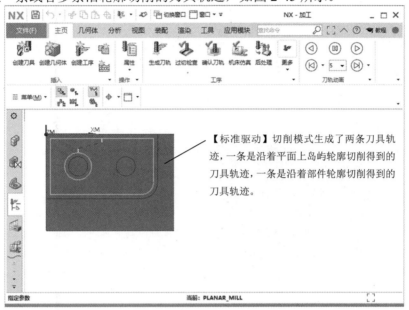

图 2-45　【标准驱动】切削模式

5. 摆线

在【切削模式】下拉列表框中选择【摆线】选项，设置刀具轨迹的模式为摆线，即产生一些回转的小圆圈刀具轨迹，如图 2-46 所示。

图 2-46　【摆线】切削模式

6. 单向

在【切削模式】下拉列表框中选择【单向】选项，设置刀具轨迹的模式为单向，即产生一些平行且单向的刀具轨迹，如图 2-47 所示。

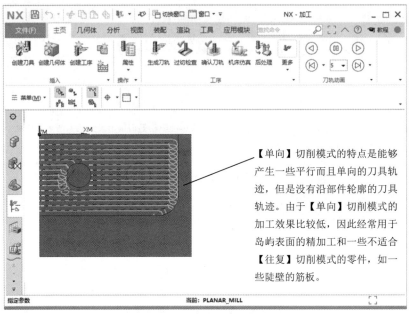

图 2-47 【单向】切削模式

从图 2-48 生成的刀具轨迹可以看到，【单向】切削模式生成的刀具轨迹在每一次铣削过程中都有抬刀运动，而在抬刀运动过程中，刀具是不切削材料的。

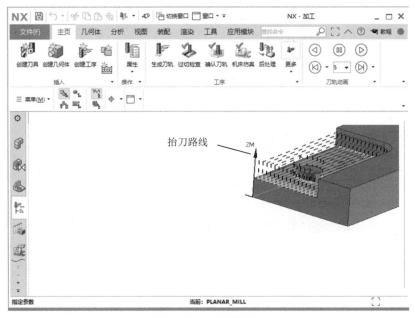

图 2-48 抬刀路线

7. 往复

在【切削模式】下拉列表框中选择【往复】选项，设置刀具轨迹的模式为往复，即产生一些平行往复式的刀具轨迹，如图 2-49 所示。

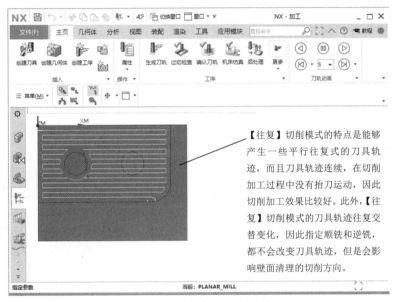

【往复】切削模式的特点是能够产生一些平行往复式的刀具轨迹，而且刀具轨迹连续，在切削加工过程中没有抬刀运动，因此切削加工效果比较好。此外，【往复】切削模式的刀具轨迹往复交替变化，因此指定顺铣和逆铣，都不会改变刀具轨迹，但是会影响壁面清理的切削方向。

图 2-49　【往复】切削模式

8. 单向轮廓

在【切削模式】下拉列表框中选择【单向轮廓】选项，设置刀具轨迹的模式为单向轮廓，即产生一些平行单向而且沿着加工区域轮廓的刀具轨迹，如图 2-50 所示。

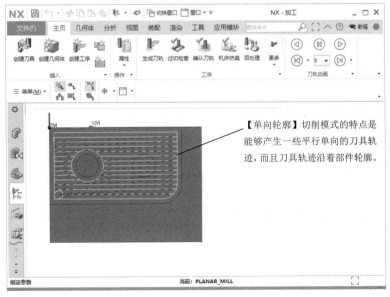

【单向轮廓】切削模式的特点是能够产生一些平行单向的刀具轨迹，而且刀具轨迹沿着部件轮廓。

图 2-50　【单向轮廓】切削

从图 2-51 生成的刀具轨迹可以看到,【单向轮廓】切削模式生成的刀具轨迹在每一次铣削过程中都有抬刀运动。

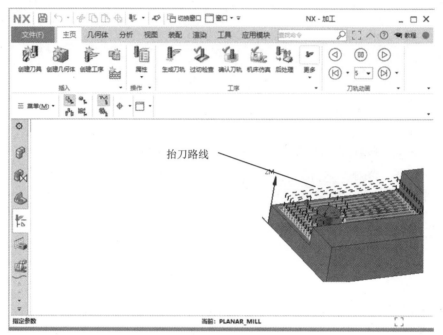

图 2-51 【单向轮廓】切削抬刀路线

2.3.3 课堂练习——设置刀具及切削方法

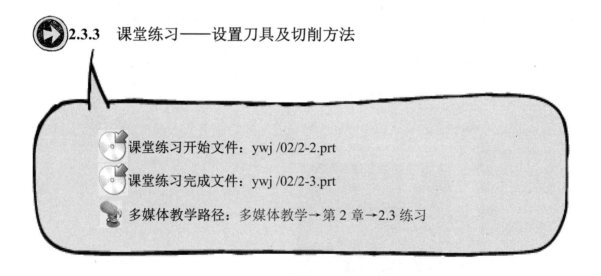

课堂练习开始文件:ywj /02/2-2.prt

课堂练习完成文件:ywj /02/2-3.prt

多媒体教学路径:多媒体教学→第 2 章→2.3 练习

Step1 打开上节练习的范例，选择【编辑】命令，如图 2-52 所示。

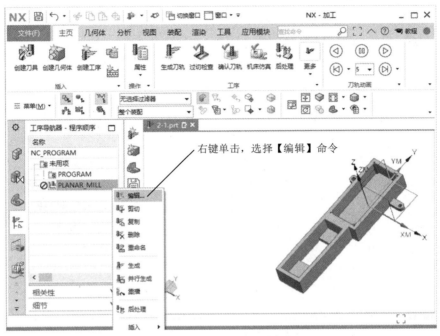

图 2-52 选择【编辑】命令

Step2 选择新建刀具命令，如图 2-53 所示。

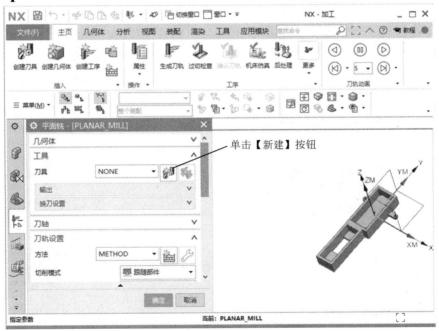

图 2-53 选择新建刀具命令

Step3 选择刀具子类型，如图 2-54 所示。

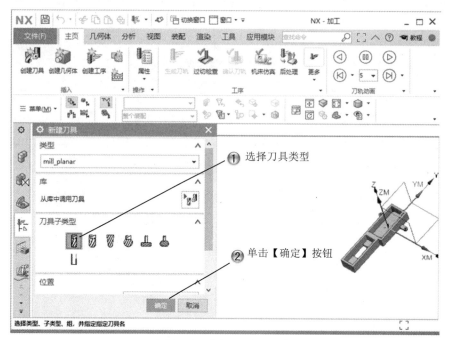

图 2-54　选择刀具子类型

Step4 设置刀具参数，如图 2-55 所示。

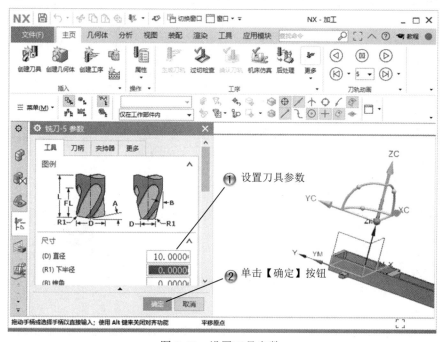

图 2-55　设置刀具参数

Step5 设置刀轨参数，如图 2-56 所示。

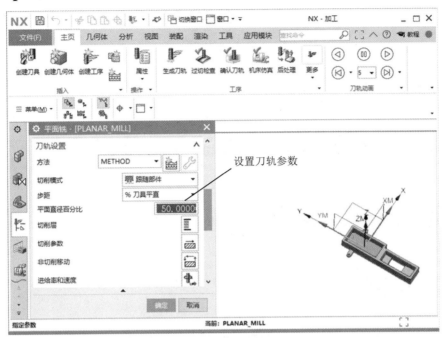

图 2-56　设置刀轨参数

Step6 生成刀轨，如图 2-57 所示，至此，范例制作完成。

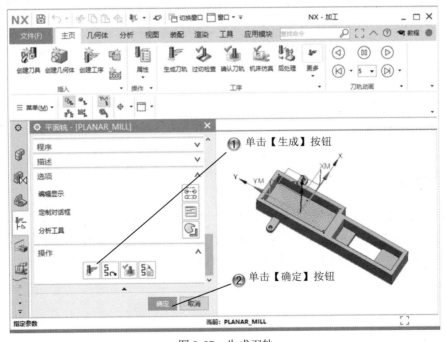

图 2-57　生成刀轨

2.4 参数设置

基本概念

平面铣削的主要参数设置包括刀轨设置、切削层和切削参数等的设置。

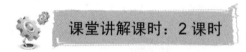
课堂讲解课时：2课时

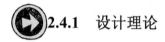
2.4.1 设计理论

刀轨步距是指两个刀具轨迹之间的间隔距离。当刀具轨迹为环形线时，步距距离为两条环形线之间的距离；当刀具轨迹为平行线时，步距距离为两条平行刀具轨迹之间的距离。残余高度是指刀具在切削工件过程中，残留在切削区域中的材料的最大高度。这是因为刀具在切削工件过程中，难免会在两个刀痕之间留下没有切削的材料，尤其是使用球头刀具时，时常会在两个刀痕之间留下未切削的材料。用户可以通过设置允许的最大残余高度来控制工件切削区域的粗糙度。指定允许的最大残余高度后，系统将自动计算得到刀具的步距距离。

2.4.2 课堂讲解

1. 刀轨设置

在【平面铣】对话框中展开【刀轨设置】选项组，此时【刀轨设置】选项组显示如图 2-58 所示。用户可以通过【步距】下拉列表框来设置刀具轨迹的步距距离。【步距】下拉列表框中有【恒定】、【残余高度】、【刀具平直百分比】及【多个】4 个选项。

图 2-58 【刀轨设置】选项组

（1）恒定

在【步距】下拉列表框中选择【恒定】选项，指定刀具的步距距离是一个恒定值。此时【步距】下拉列表框下方将显示一个【最大距离】文本框，如图 2-59 所示。用户可以在【距离】文本框中输入刀具的步距距离。

在【步距】下拉列表框中选择【恒定】选项，并且在【距离】文本框中输入步距距离后，如果步距距离不能均匀分割切削区域时，系统将自动调整步距距离，使步距距离能够均匀分割切削区域。

图 2-59 【恒定】选项

（2）残余高度

在【步距】下拉列表框中选择【残余高度】选项后，指定刀具的步距距离根据残余高度计算。此时【步距】下拉列表框下方将显示一个【最大残余高度】文本框，如图 2-60 所示。

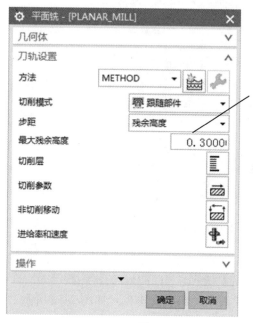

图 2-60 【残余高度】选项

用户可以在【最大残余高度】文本框中输入允许的最大残余高度。最大残余高度是在垂直于刀具轴线的平面内测量的。当用户加工的表面不平整或为斜面时，加工后实际的最大残余高度可能比用户指定的最大残余高度大，会影响加工工件的粗糙度。

（3）刀具平面直径百分比

在【步距】下拉列表框中选择【%刀具平直】选项，指定刀具的步距距离根据刀具直径计算。此时【步距】下拉列表框下方将显示一个【平面直径百分比】文本框，如图 2-61 所示。

用户可以在【平面直径百分比】文本框中输入百分比。

图 2-61 刀具【平面直径百分比】选项

(4) 多个

在【步距】下拉列表框中选择【多个】选项，指定刀具的步距距离是可变的，即刀具轨迹之间的间隔距离是不相同的，如图 2-62 所示。

图 2-62 【多个】选项

2. 刀轨切削层

在【刀轨设置】选项组中单击【切削层】按钮，系统将打开如图 2-63 所示的【切削层】对话框，系统提示用户"设置切削深度参数"。在【切削层】对话框中可以选择切削深度的类型和切削深度的数值。

3. 刀轨切削参数

在【刀轨设置】选项组中单击【切削参数】按钮，系统将打开【切削参数】对话框，系统提示用户"指定切削参数"。在【切削参数】对话框中可以设置切削策略、切削余量、切削拐角、切削连接、未切削和更多等参数，这些参数的含义及操作方法说明如下。

(1) 策略

在【切削参数】对话框中单击【策略】标签，切换到【策略】选项卡时，【切削参数】对话框显示如图 2-64 所示。用户可以在该对话框中设置切削方向、切削顺序和毛坯距离等。

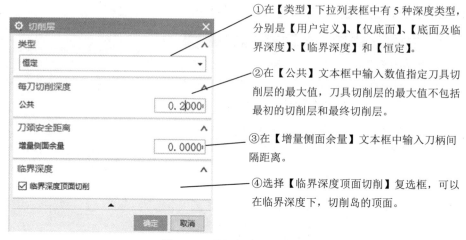

①在【类型】下拉列表框中有5种深度类型，分别是【用户定义】、【仅底面】、【底面及临界深度】、【临界深度】和【恒定】。

②在【公共】文本框中输入数值指定刀具切削层的最大值，刀具切削层的最大值不包括最初的切削层和最终切削层。

③在【增量侧面余量】文本框中输入刀柄间隔距离。

④选择【临界深度顶面切削】复选框，可以在临界深度下，切削岛的顶面。

图 2-63　【切削层】对话框

①在【切削方向】下拉列表框中包括【顺铣】、【逆铣】、【跟随边界】和【边界反向】四个选项。在【切削方向】下拉列表框中选择【顺铣】选项，指定刀具的切削方向为顺铣，即刀具的进给方向与刀具旋转方向的切线方向相同。

②在【切削顺序】下拉列表框中包括【层优先】和【深度优先】两个选项，【层优先】选项：指定刀具的切削顺序为层优先。【深度优先】：指定刀具的切削顺序为深度优先，即先完成同一个切削区域内所有切削深度内的材料加工，再转而切削下一个切削区域。

图 2-64　【策略】选项卡

（2）余量

在【切削参数】对话框中单击【余量】标签，切换到【余量】选项卡，如图2-65所示。用户可以在该选项卡中设置余量和公差。用户可以在【余量】选项卡中设置部件余量、最终底部面余量、毛坯余量、检查余量、修剪余量、内公差和外公差等，这些选项的含义说明如下。

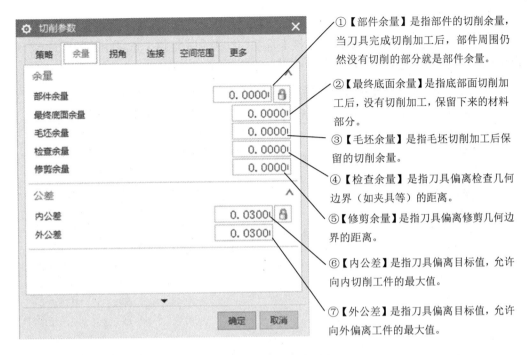

①【部件余量】是指部件的切削余量,当刀具完成切削加工后,部件周围仍然没有切削的部分就是部件余量。

②【最终底面余量】是指底部面切削加工后,没有切削加工,保留下来的材料部分。

③【毛坯余量】是指毛坯切削加工后保留的切削余量。

④【检查余量】是指刀具偏离检查几何边界(如夹具等)的距离。

⑤【修剪余量】是指刀具偏离修剪几何边界的距离。

⑥【内公差】是指刀具偏离目标值,允许向内切削工件的最大值。

⑦【外公差】是指刀具偏离目标值,允许向外偏离工件的最大值。

图 2-65　【余量】选项卡

(3) 拐角

在【切削参数】对话框中单击【拐角】标签,切换到【拐角】选项卡,如图 2-66 所示。用户可以在该对话框中设置拐角处的刀轨形状、圆弧上进给调整和拐角处进给减速。用户可以在【拐角】选项卡中设置凸角、光顺、调整进给率、减速距离等。

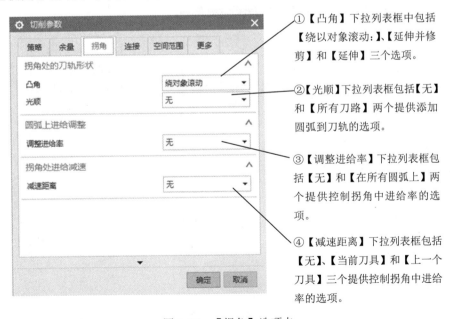

①【凸角】下拉列表框中包括【绕以对象滚动】、【延伸并修剪】和【延伸】三个选项。

②【光顺】下拉列表框包括【无】和【所有刀路】两个提供添加圆弧到刀轨的选项。

③【调整进给率】下拉列表框包括【无】和【在所有圆弧上】两个提供控制拐角中进给率的选项。

④【减速距离】下拉列表框包括【无】、【当前刀具】和【上一个刀具】三个提供控制拐角中进给率的选项。

图 2-66　【拐角】选项卡

（4）连接

在【切削参数】对话框中单击【连接】标签，切换到【连接】选项卡，如图2-67所示。用户可以在【连接】选项卡中设置切削顺序、优化区域连接等。

【区域排序】下拉列表框中包括【标准】、【优化】、【跟随起点】和【跟随预钻点】四种排序方法：【标准】选项，指定切削区域的顺序由系统自动排列；【优化】选项，指定切削区域的顺序由系统优化后得到；【跟随起点】选项，指定切削区域的顺序由起点来确定；【跟随预钻点】选项，指定切削区域的顺序由预钻点来确定。

【开放刀路】：在刀具轨迹的生成过程中，刀具由于遇到平面上的岛屿或者其他阻挡物，而被迫将刀具轨迹分割成为几个小区域。这几个小区域通过刀具的从一个区域退回运动和进入另一个区域的进刀运动连接起来。

图2-67　【连接】选项卡

（5）空间范围

在【切削参数】对话框中单击【空间范围】标签，切换到【空间范围】选项卡，如图2-68所示。

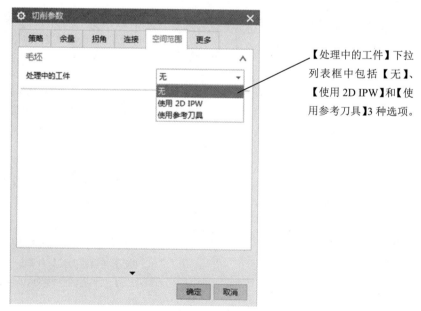

【处理中的工件】下拉列表框中包括【无】、【使用2D IPW】和【使用参考刀具】3种选项。

图2-68　【空间范围】选项卡

(6) 更多

在【切削参数】对话框中单击【更多】标签,切换到【更多】选项卡,如图 2-69 所示。在【更多】选项卡中可以设置部件安全距离、底切和下限平面等参数。

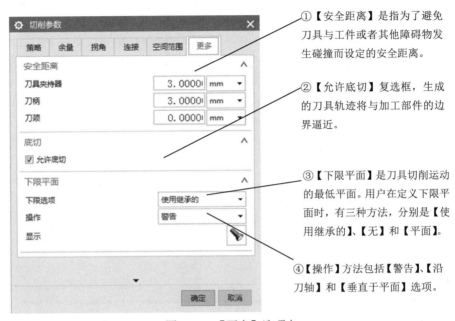

图 2-69 【更多】选项卡

① 【安全距离】是指为了避免刀具与工件或者其他障碍物发生碰撞而设定的安全距离。

② 【允许底切】复选框,生成的刀具轨迹将与加工部件的边界逼近。

③ 【下限平面】是刀具切削运动的最低平面。用户在定义下限平面时,有三种方法,分别是【使用继承的】、【无】和【平面】。

④ 【操作】方法包括【警告】、【沿刀轴】和【垂直于平面】选项。

2.4.3 课堂练习——加工参数设置

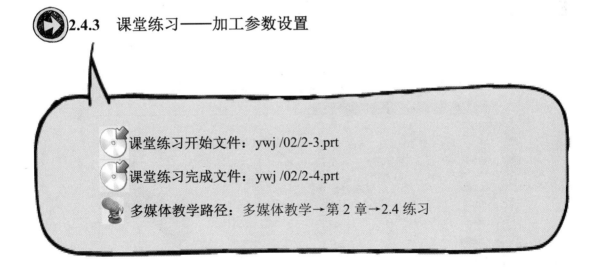

课堂练习开始文件:ywj /02/2-3.prt

课堂练习完成文件:ywj /02/2-4.prt

多媒体教学路径:多媒体教学→第 2 章→2.4 练习

Step1 选择【编辑】命令，如图 2-70 所示。

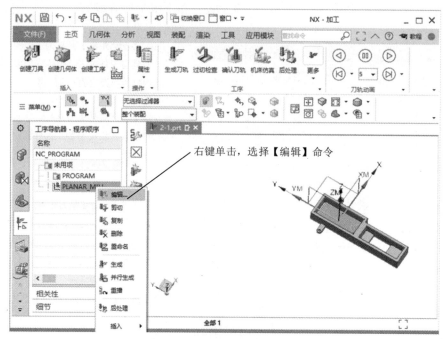

图 2-70　选择【编辑】命令

Step2 选择【切削层】命令，如图 2-71 所示。

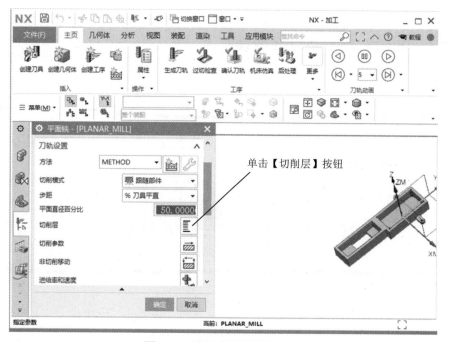

图 2-71　选择【切削层】命令

Step3 设置切削层参数，如图 2-72 所示。

图 2-72 设置切削层参数

Step4 选择【切削参数】命令，如图 2-73 所示。

图 2-73 选择【切削参数】命令

Step5 设置切削参数，如图 2-74 所示。

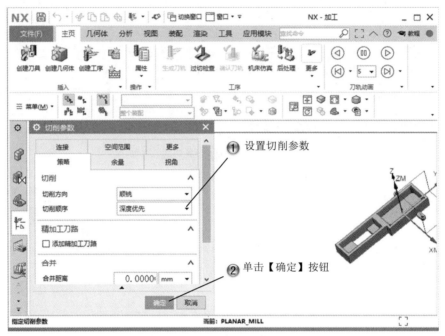

图 2-74　设置切削参数

Step6 生成刀轨，如图 2-75 所示。

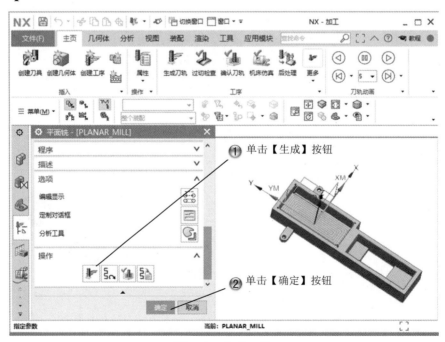

图 2-75　生成刀轨

Step7 选择【编辑】命令，如图 2-76 所示。

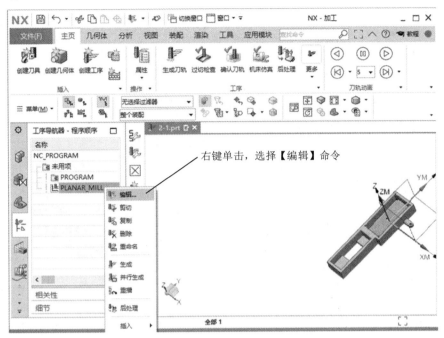

图 2-76　选择【编辑】命令

Step8 选择【非切削移动】命令，如图 2-77 所示。

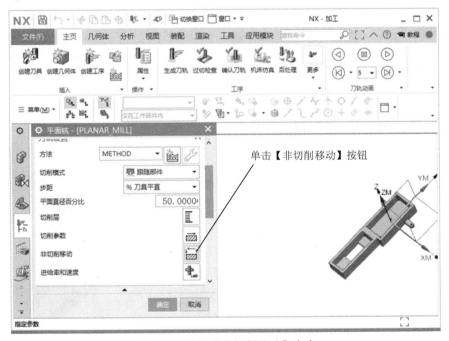

图 2-77　选择【非切削移动】命令

Step9 设置起点/钻点，如图 2-78 所示。

图 2-78　设置起点/钻点

Step10 设置点参数，如图 2-79 所示。

图 2-79　设置点参数

Step11 设置进刀参数，如图 2-80 所示。

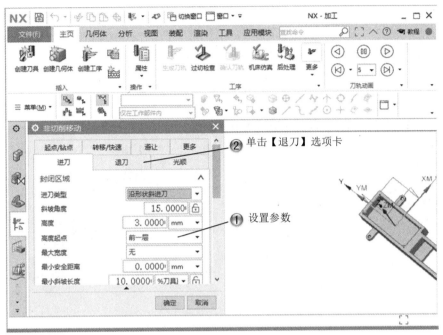

图 2-80　设置进刀参数

Step12 设置退刀参数，如图 2-81 所示。

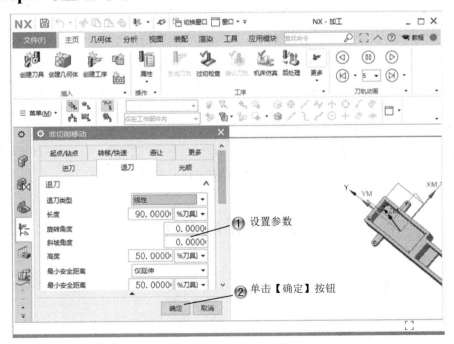

图 2-81　设置退刀参数

Step13 生成刀轨,如图 2-82 所示,至此,范例制作完成。

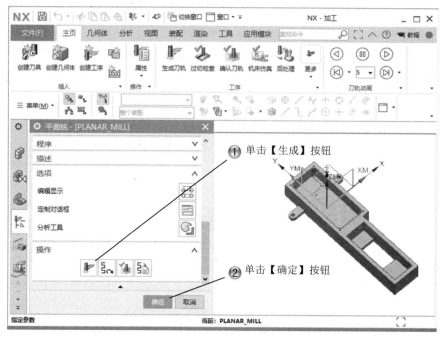

图 2-82 生成刀轨

2.5 专家总结

本章主要介绍了铣削加工中最常见的加工类型——平面铣削加工。首先简单介绍了平面铣削加工的概念和基本特点,在介绍铣削加工基本概念的基础上,接着又介绍了平面铣削操作的一般创建方法,并详细介绍了加工几何体的指定方法、平面铣削操作的切削模式和平面铣削操作的一些参数设置。本章的重点和难点是加工几何的定义方法。加工几何体包括几何体、部件几何、毛坯几何、检查几何、修剪几何和底面等。在这些几何体中,几何体、部件几何和底面是用户在创建一个平面铣削操作时必须定义的。

2.6 课后习题

2.6.1 填空题

(1)平面铣削加工的定义是_____。
(2)平面铣削加工几何体的组成_____。

（3）平面铣削的切削模式____、____、____、____、____、____、____、____。

2.6.2 问答题

（1）平面铣削的参数设置有哪些？
（2）创建平面铣削的步骤有哪些？

2.6.3 上机操作题

使用本章介绍的平面铣削创建方法，在如图 2-83 所示的零件上创建铣削加工工序。
操作步骤和方法：
（1）创建平面铣削工序。
（2）设置加工几何体。
（3）设置加工参数。
（4）生成加工刀轨。

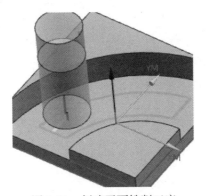

图 2-83　创建平面铣削工序

第 3 章 面铣削加工

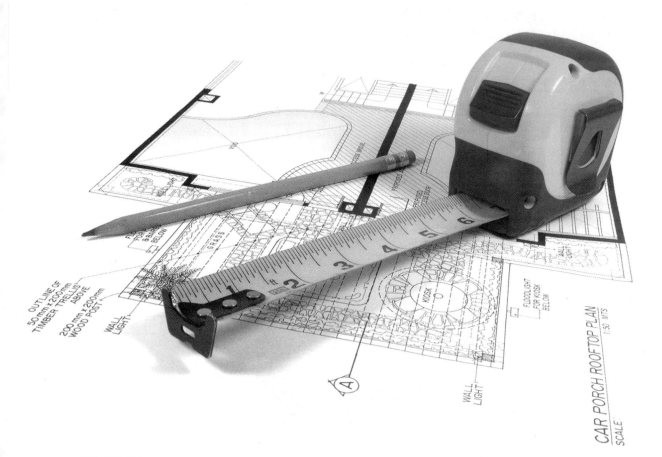

内　容	掌握程度	课　时
加工几何体	熟练运用	2
切削模式	熟练运用	2
参数设置	熟练运用	2

课训目标

第 3 章 面铣削加工

> 课程学习建议

平面铣（PLANAR_MILL）和面铣（FACE_MILLING）是 NX 12 提供的 2.5 轴加工的操作工序，平面铣通过定义的边界在 XY 平面创建刀位轨迹。面铣削是平面铣的特例，它基于平面的边界，在选择了工件几何体的情况下，可以自动防止过切。平面铣和面铣属于同一类型的操作，但它们有各自的特点和适用范围。

本课程主要基于软件的数控加工模块进行讲解，其培训课程表如下。

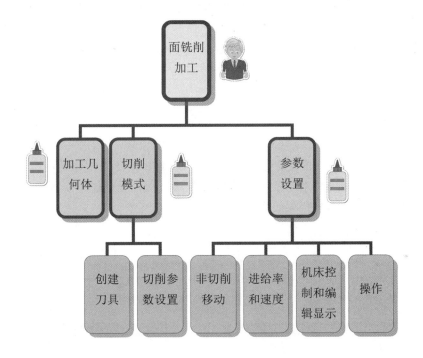

3.1 加工几何体

面铣削加工几何体的设置包括设置毛坯、部件、底部面和切削区域等内容。

课堂讲解课时：2 课时

3.1.1 设计理论

在进行平面铣削之前可以指定毛坯材料，毛坯材料就是最初还没有进行铣削加工的材料，可以是锻造件和铸造件等。指定毛坯材料后，用户还需要指定部件材料和底部面。部件材料就是用户切削加工后的零件形状，它定义了刀具的走刀范围，用户可以通过曲线、边界、平面和点等几何来指定部件材料；底部面是刀具可以铣削加工的最大切削深度之处。此外，用户还可以指定切削加工中的检查几何体和修剪几何体。当用户指定底部面后，系统将根据指定的毛坯材料、部件材料、检查几何体和修剪几何体，沿着刀具的轴线方向切削到底部面，从而加工得到用户需要的零件形状。

3.1.2 课堂讲解

单击【主页】选项卡中的【创建几何体】按钮，弹出【创建几何体】对话框；选择【MCS】按钮，单击【确定】按钮，弹出【MCS】对话框，确定模型坐标系，如图 3-1 所示，单击【确定】按钮，完成坐标系设置。

图 3-1 创建几何体

如果要创建新的工件几何体，则单击【主页】选项卡中的【创建几何体】按钮，弹出【创建几何体】对话框，选择【WORKPIECE】按钮，单击【确定】按钮，弹出【工件】对话框设置参数，如图 3-2 所示。

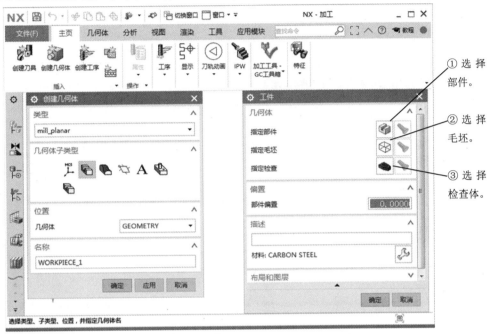

图 3-2 【工件】和【创建几何体】对话框

3.1.3 课堂练习——设置管接头几何体

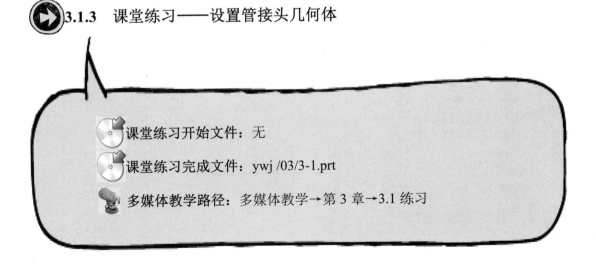

课堂练习开始文件：无

课堂练习完成文件：ywj /03/3-1.prt

多媒体教学路径：多媒体教学→第 3 章→3.1 练习

Step1 选择草绘面，如图 3-3 所示。

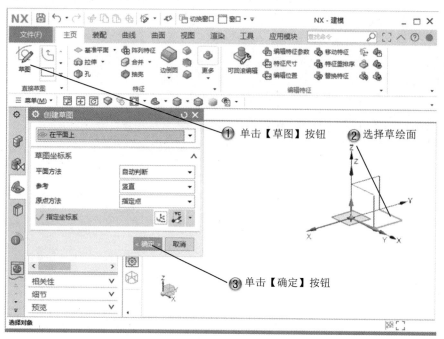

图 3-3　选择草绘面

Step2 绘制圆形，如图 3-4 所示。

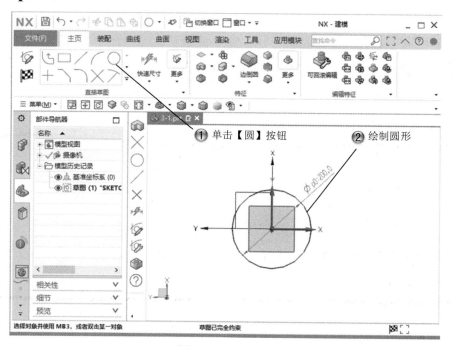

图 3-4　绘制圆形

第 3 章
面铣削加工

Step3 创建拉伸特征，如图 3-5 所示。

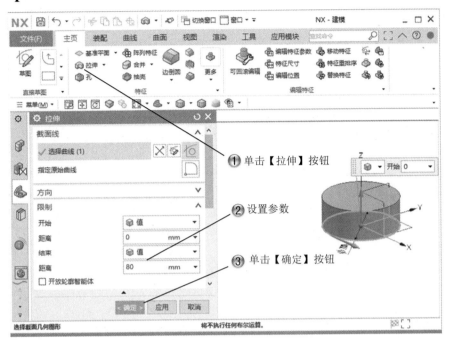

图 3-5　创建拉伸特征

Step4 选择草绘面，如图 3-6 所示。

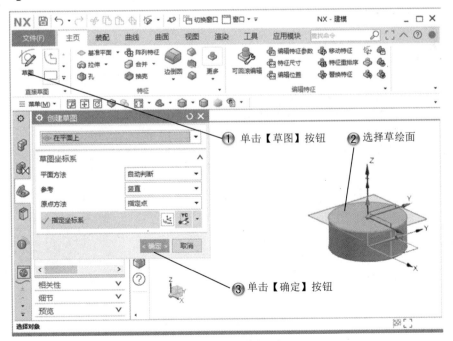

图 3-6　选择草绘面

· 101 ·

Step5 绘制圆形，如图 3-7 所示。

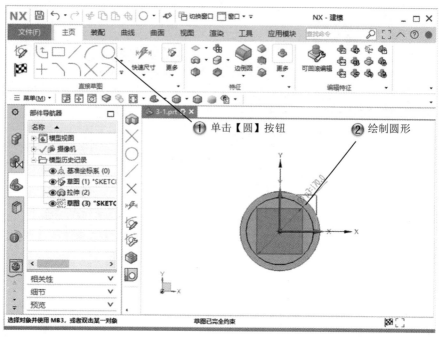

图 3-7　绘制圆形

Step6 创建拉伸特征，如图 3-8 所示。

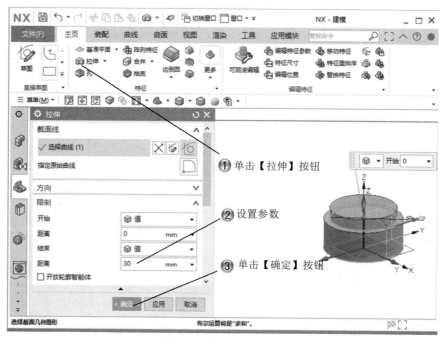

图 3-8　创建拉伸特征

Step7 选择草绘面，如图 3-9 所示。

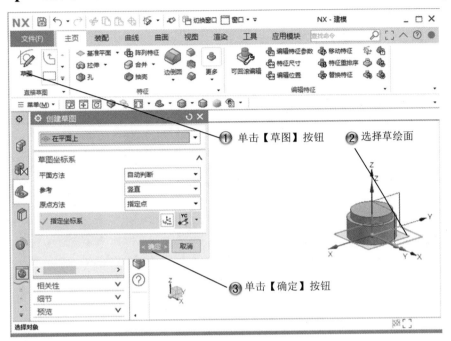

图 3-9　选择草绘面

Step8 创建基准面，如图 3-10 所示。

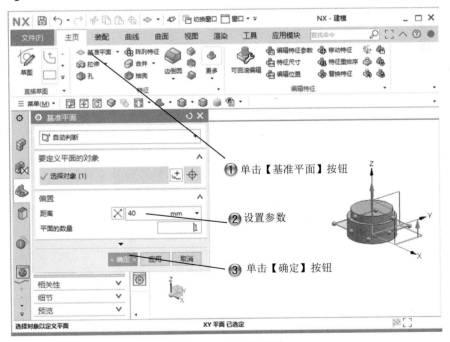

图 3-10　创建基准面

Step9 选择草绘面，如图 3-11 所示。

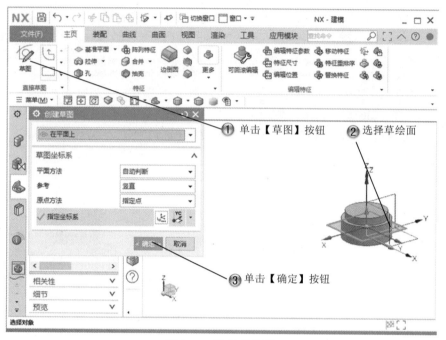

图 3-11 选择草绘面

Step10 绘制直线图形，如图 3-12 所示。

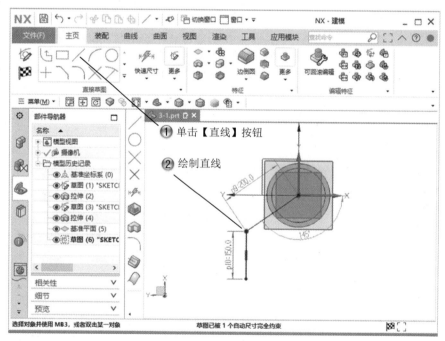

图 3-12 绘制直线图形

Step11 选择草绘面，如图 3-13 所示。

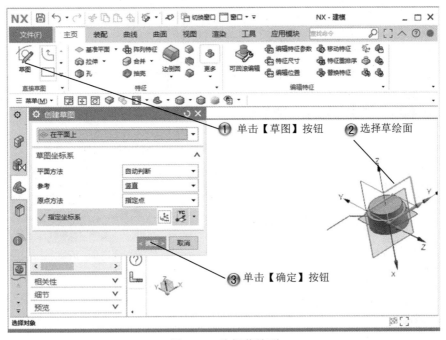

图 3-13　选择草绘面

Step12 绘制圆形，如图 3-14 所示。

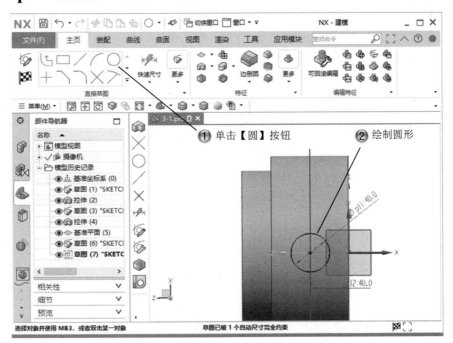

图 3-14　绘制圆形

Step13 创建扫掠特征，如图 3-15 所示。

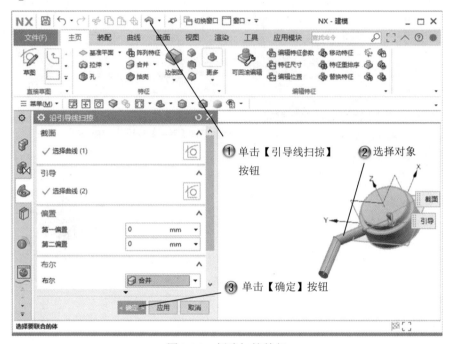

图 3-15　创建扫掠特征

Step14 创建镜像特征，如图 3-16 所示。

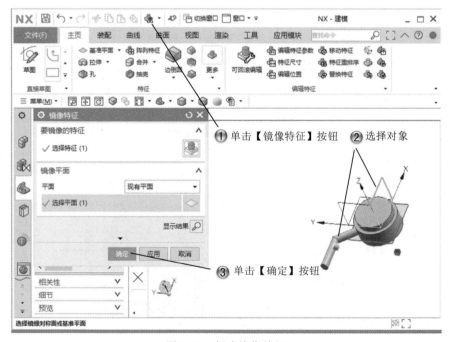

图 3-16　创建镜像特征

Step15 创建基准平面，如图 3-17 所示。

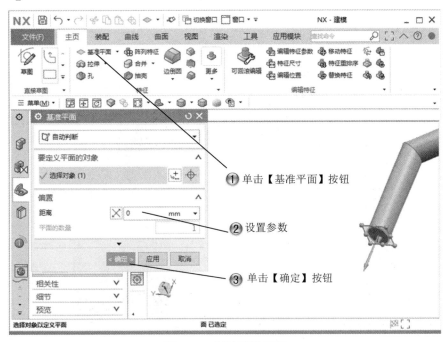

图 3-17　创建基准平面

Step16 选择草绘面，如图 3-18 所示。

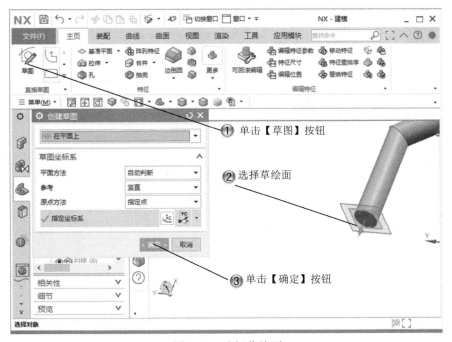

图 3-18　选择草绘面

Step17 绘制圆形，如图 3-19 所示。

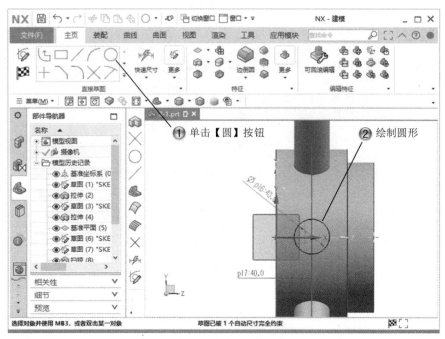

图 3-19　绘制圆形

Step18 创建拉伸特征，如图 3-20 所示。

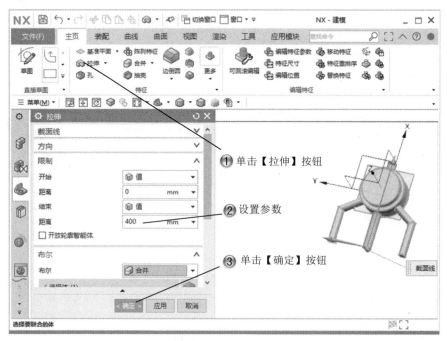

图 3-20　创建拉伸特征

Step19 创建抽壳特征，如图 3-21 所示。

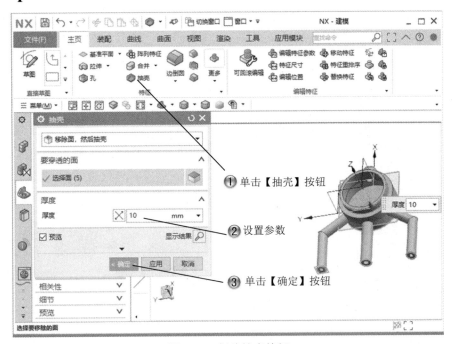

图 3-21　创建抽壳特征

Step20 选择【加工】命令，如图 3-22 所示。

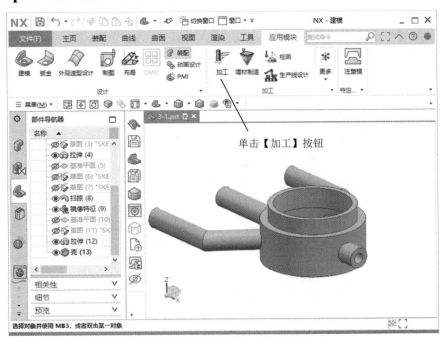

图 3-22　选择【加工】命令

Step21 设置加工环境,如图 3-23 所示。

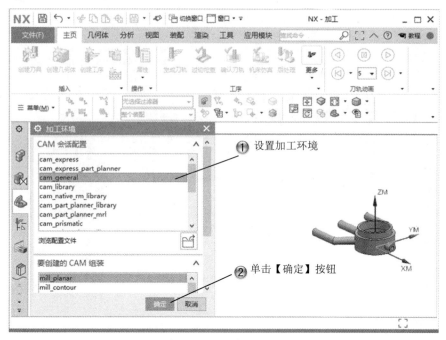

图 3-23　设置加工环境

Step22 选择【创建几何体】命令,如图 3-24 所示。

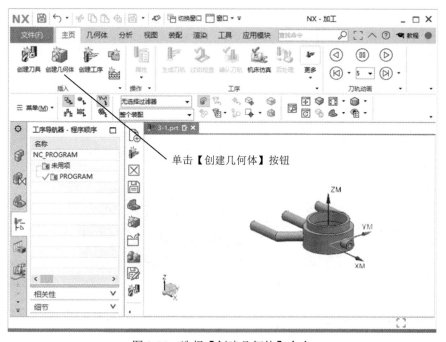

图 3-24　选择【创建几何体】命令

Step23 选择几何体子类型,如图 3-25 所示。

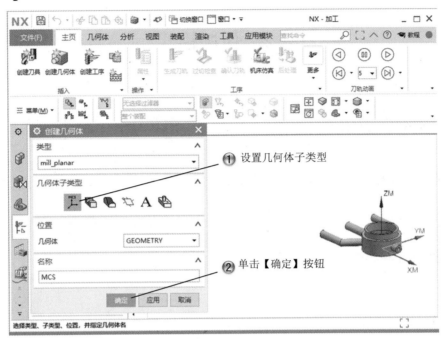

图 3-25　选择几何体子类型

Step24 设置安全距离参数,如图 3-26 所示。

图 3-26　设置安全距离参数

3.2 切削模式

基本概念

面铣削的切削模式包含刀具和切削参数设置等内容。

课堂讲解课时：2 课时

3.2.1 设计理论

面铣削常用于多个平面底面的精加工，也可用于粗加工和侧壁的精加工。所加工的工件侧壁可以是不垂直的，如复杂型芯和型腔上多个平面的精加工。

> 平面铣削和面铣削的相同点如下：
> （1）都是基于边界曲线来计算的，所以生成速度很快。
> （2）可以方便地确定边界及边界与道具之间的位置关系。
> （3）都属于平面二维刀轨。

3.2.2 课堂讲解

1. 创建刀具

单击【插入】选项卡中的【创建刀具】按钮，弹出【新建刀具】对话框，选择【T_CUTTER】按钮，单击【确定】按钮，弹出【铣刀-5 参数】对话框，如图 3-27 所示。

第 3 章
面铣削加工

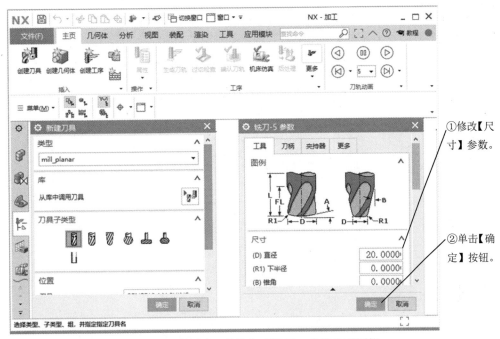

图 3-27　【新建刀具】和【铣刀-5 参数】对话框

2. 切削参数设置

单击【插入】选项卡中的【创建方法】按钮，弹出【铣削方法】对话框，单击其中的【进给】按钮，弹出【进给】对话框，如图 3-28 所示。

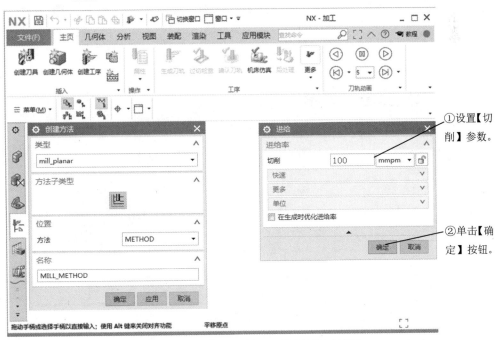

图 3-28　【创建方法】和【进给】对话框

· 113 ·

单击【插入】选项卡中的【创建工序】按钮，弹出【创建工序】对话框，如图 3-29 所示，选择【使用边界面铣削】按钮，单击【确定】按钮。

图 3-29　【创建工序】对话框

在弹出的【面铣】对话框中进行参数设置，如图 3-30 所示。

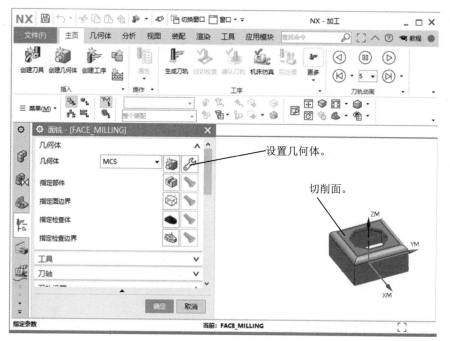

图 3-30　选择切削面

单击【面铣】对话框【刀轨设置】选项组中的【进给率和速度】按钮，弹出【进给和速度】对话框,如图 3-31 所示。在【面铣】对话框中单击【生成】按钮 ,即可生成平面铣削的走刀轨迹。

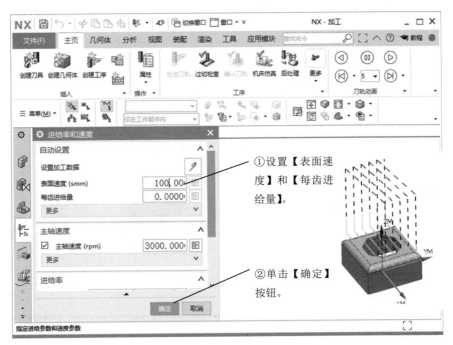

图 3-31 【进给和速度】对话框和走刀轨迹

3.2.3 课堂练习——设置工序切削参数

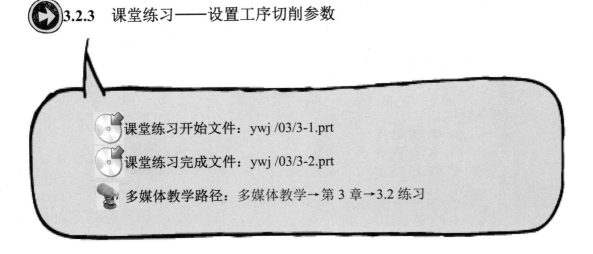

课堂练习开始文件:ywj /03/3-1.prt

课堂练习完成文件:ywj /03/3-2.prt

多媒体教学路径:多媒体教学→第 3 章→3.2 练习

Step1 选择【创建工序】命令，如图3-32所示。

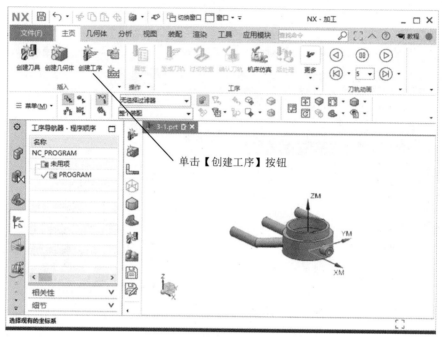

图3-32　选择【创建工序】命令

Step2 设置工序参数，如图3-33所示。

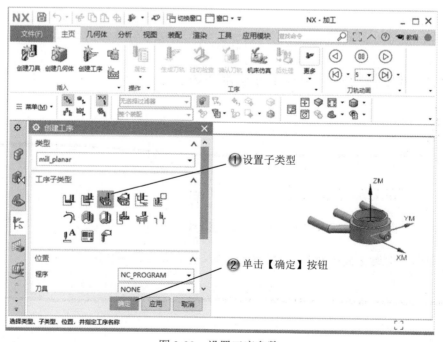

图3-33　设置工序参数

Step3 选择指定部件命令，如图 3-34 所示。

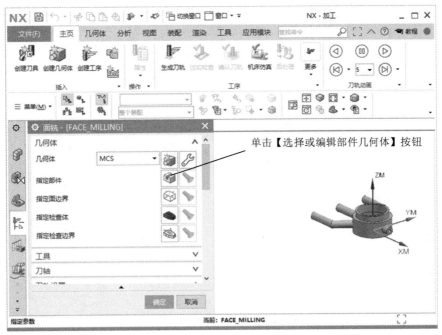

图 3-34 选择指定部件命令

Step4 选择部件几何体，如图 3-35 所示。

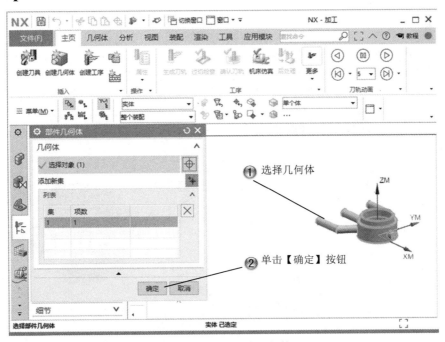

图 3-35 选择部件几何体

Step5 选择指定面边界命令，如图 3-36 所示。

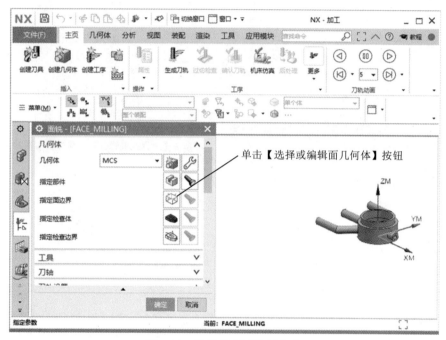

图 3-36　选择指定面边界命令

Step6 选择毛坯边界，如图 3-37 所示。

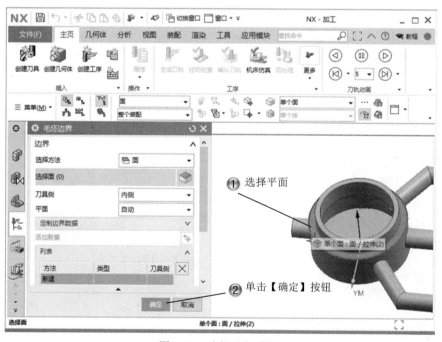

图 3-37　选择毛坯边界

Step7 设置毛坯边界,如图 3-38 所示。

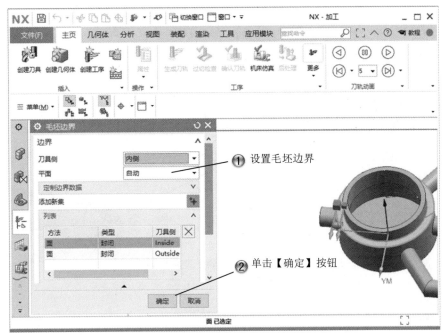

图 3-38 设置毛坯边界

Step8 选择指定检查体命令,如图 3-39 所示。

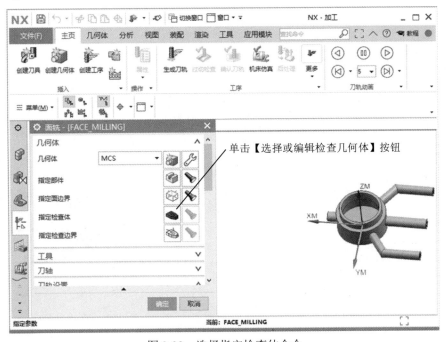

图 3-39 选择指定检查体命令

Step9 选择检查几何体,如图 3-40 所示。

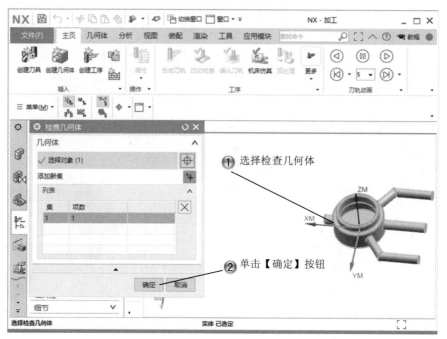

图 3-40　选择检查几何体

Step10 选择新建刀具命令,如图 3-41 所示。

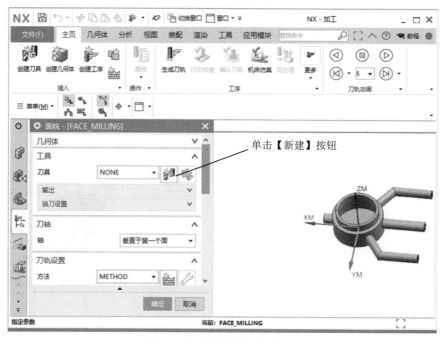

图 3-41　选择新建刀具命令

Step11 选择刀具类型，如图3-42所示。

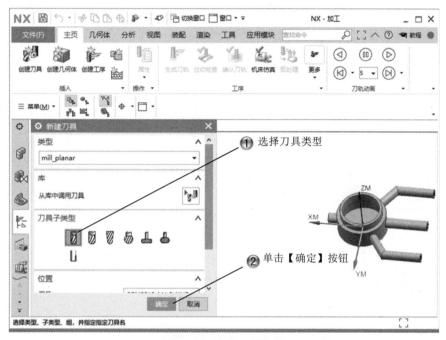

图3-42 选择刀具类型

Step12 设置刀具参数，如图3-43所示。

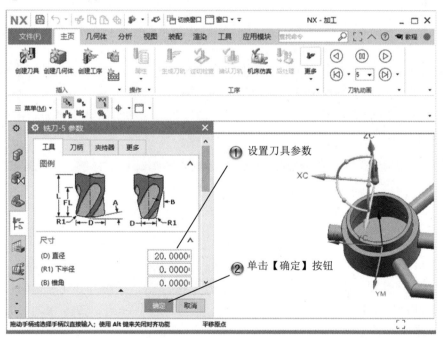

图3-43 设置刀具参数

3.3 参数设置

基本概念

面铣削工序的参数设置包括非切削移动、进给率和速度、机床控制和刀轨生成等内容。

课堂讲解课时：2课时

3.3.1 设计理论

平面铣削和面铣削参数设置的区别有以下几点。

（1）平面铣通过边界和底面的高度差来定义切削深度，而面铣切削深度参照定义平面的相对深度，所以只要设定相对值即可。

（2）平面铣的毛坯和检查体只能是边界，而面铣可以选择实体、片体或边界。

（3）平面铣必须定义底面，而面铣不用定义底面，因为选择的平面就是底面。平面铣适用于侧壁垂直底面或顶面为平面的工件加工，如型芯和型腔的基准面、台阶平面、底平面、轮廓外形等。通常粗加工用平面铣，精加工也用平面铣。

3.3.2 课堂讲解

1. 非切削移动

在【刀轨设置】选项组中单击【非切削移动】按钮，系统打开【非切削移动】对话框。在【非切削移动】对话框中可以设置进刀、退刀、起点/钻点、转移/快速、避让和更多等参数，这些参数的含义及其操作方法说明如下。

（1）进刀

在【非切削移动】对话框中单击【进刀】标签，切换到【进刀】选项卡，如图3-44所示。用户可以在该对话框中设置【封闭区域】、【开放区域】、【初始封闭区域】和【初始开放区域】的进刀运动参数。

在【开放区域】选项组中，需要设置进刀类型、长度、旋转角度、斜坡角、高度、最小安全距离和修剪至最小安全距离，如图3-45所示。

在【封闭区域】选项组中，需要设置进刀类型、直径、倾斜角、高度、高度起点、最小安全距离和最小倾斜长度。【进刀类型】下拉列表框中包括5种不同的选项。

图3-44　【进刀类型】下拉列表框

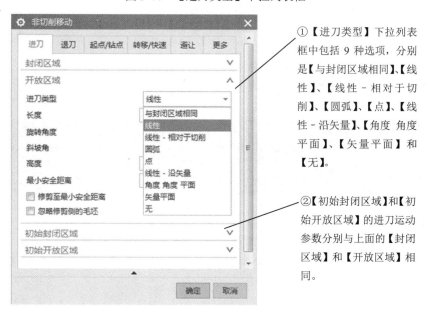

①【进刀类型】下拉列表框中包括9种选项，分别是【与封闭区域相同】、【线性】、【线性-相对于切削】、【圆弧】、【点】、【线性-沿矢量】、【角度 角度 平面】、【矢量平面】和【无】。

②【初始封闭区域】和【初始开放区域】的进刀运动参数分别与上面的【封闭区域】和【开放区域】相同。

图3-45　【开放区域】选项组

（2）退刀

在【非切削移动】对话框中单击【退刀】标签，切换到【退刀】选项卡，如图 3-46 所示，用户可以在该选项卡中设置退刀类型。

在【退刀类型】下拉列表框中，用户可以设置的类型包括【与进刀相同】、【线性】、【线性-相对于切削】、【圆弧】、【点】、【抬刀】、【线性-沿矢量】、【角度 角度 平面】、【矢量平面】和【无】，其中几个选项的含义与【最终】选项卡中【退刀类型】进刀的含义相同。

图 3-46 【退刀】选项卡

> 下面仅对【与进刀相同】和【抬刀】两个选项的含义进行说明。
> （1）【与进刀相同】选项，指定刀具的退刀类型与用户设置的进刀类型相同。此时，【退刀类型】下拉列表框下方不显示任何选项，用户也不需要设置退刀参数。
> （2）【抬刀】选项，指定刀具的退刀类型为抬刀方式。此时，【退刀类型】下拉列表框下方显示【高度】文本框，用户可以在【高度】文本框中输入抬刀的高度。

名师点拨

（3）起点/钻点

在【非切削移动】对话框中单击【起点/钻点】标签，切换到【起点/钻点】选项卡，如图 3-47 所示。用户可以在该选项卡中设置【重叠距离】、【区域起点】和【预钻孔点】等参数。

（4）转移/快速

在【非切削移动】对话框中单击【转移/快速】标签，切换到【转移/快速】选项卡，如

图 3-48 所示。用户可以在该选项卡中设置【安全设置】、【区域之间】、【区域内】和【初始的和最终的】等选项组中的参数。

① 【重叠距离】是指进刀或者退刀运动与刀具轨迹之间的重叠距离。

② 【区域起点】是刀具轨迹在每个切削区域中的起点，即刀具在切削加工该区域时的起点。

③ 【预钻点】是指在正式切削加工工件之前，预先在工件上钻一个直径大于刀具直径的孔，这个孔就称为预钻孔。预钻孔是为了在粗加工中改善刀具的切削条件和受力情况。

图 3-47 【起点/钻点】选项卡

① 【安全设置选项】下拉列表框中包括【使用继承的】、【无】、【自动】和【平面】等。

② 【区域之间】的传递类型包括【安全距离】、【前一平面】、【直接】、【最小安全值 Z】和【毛坯平面】等。

③ 【区域内】选项组可以设置刀具在切削区域内的传递方式和传递类型。

④ 【初始和最终】选项组中的【逼近类型】和【离开类型】下拉列表框都包括【安全距离】、【相对平面】、【毛坯平面】和【无】等选项。

图 3-48 【转移/快速】选项卡

（5）避让

在【非切削移动】对话框中单击【避让】标签，切换到【避让】选项卡，如图 3-49 所示。可以在该选项卡中设置【出发点】、【起点】、【返回点】和【回零点】等选项组中的参数。

①【出发点】是指刀具开始进行切削加工之前的最初位置,在【出发点】选项组的【点选项】下拉列表框中包括【无】和【指定】两个选项。

②【起点】是指刀具轨迹开始的位置。

③【返回点】是指刀具完成切削加工后,离开工件时的位置。

④【回零点】是指刀具完成切削加工后刀具的最终位置。

图 3-49　【避让】选项卡

（6）更多

在【非切削移动】对话框中单击【更多】标签,切换到【更多】选项卡,如图 3-50 所示,用户可以在该对话框中设置碰撞检查和刀具补偿的相关参数。

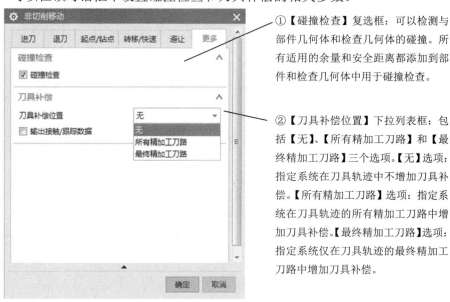

①【碰撞检查】复选框：可以检测与部件几何体和检查几何体的碰撞。所有适用的余量和安全距离都添加到部件和检查几何体中用于碰撞检查。

②【刀具补偿位置】下拉列表框：包括【无】、【所有精加工刀路】和【最终精加工刀路】三个选项。【无】选项：指定系统在刀具轨迹中不增加刀具补偿。【所有精加工刀路】选项：指定系统在刀具轨迹的所有精加工刀路中增加刀具补偿。【最终精加工刀路】选项：指定系统仅在刀具轨迹的最终精加工刀路中增加刀具补偿。

图 3-50　【更多】选项卡

2. 进给率和速度

在【刀轨设置】选项组中单击【进给率和速度】按钮，系统打开如图 3-51 所示的【进给率和速度】对话框。在【进给率和速度】对话框中可以设置【自动设置】、【主轴速度】和【进给率】等参数。

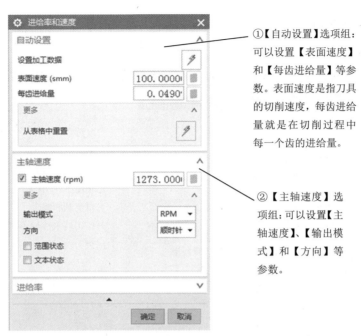

图 3-51 【进给率和速度】对话框

在【进给率】选项组中可以设置【切削】、【更多】和【单位】等参数,这些参数的含义及其操作方法如图 3-52 所示。

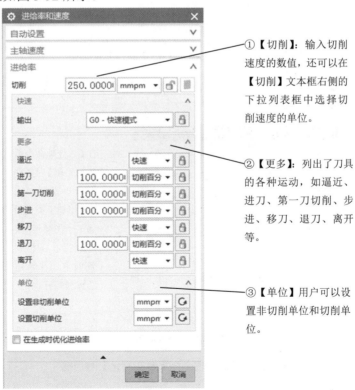

图 3-52 【进给率】选项组

3. 机床控制和选项

（1）机床控制

展开【面铣】对话框中的【机床控制】选项组和【选项】选项组，如图 3-53 所示。

在【机床控制】选项组中，用户可以复制和编辑开始刀轨事件与结束刀轨事件。

图 3-53　【机床控制】和【选项】选项组

在【机床控制】选项组中单击【复制自】按钮，系统打开如图 3-54 所示的【后处理命令重新初始化】对话框。

在【后处理命令重新初始化】对话框中可以设置加工模板、加工类型和加工子类型等，用户直接在下拉列表框中选择合适的选项即可。

图 3-54　【后处理命令重新初始化】对话框

在【机床控制】选项组中单击【编辑】按钮，系统打开如图 3-55 所示的【用户定义事件】对话框。

在【用户定义事件】对话框中可以定义事件,并且可以对定义事件进行【删除】、【切削】、【粘贴】、【编辑】和【列表】等操作。

图 3-55　【用户定义事件】对话框

(2) 选项

在【面铣】对话框【选项】选项组中单击【编辑显示】按钮，系统打开如图 3-56 所示的【显示选项】对话框。在【显示选项】对话框中可以指定刀具轨迹的颜色、刀具的显示形式、刀轨显示的形式、刀具运动的快慢及其他一些过程显示参数。

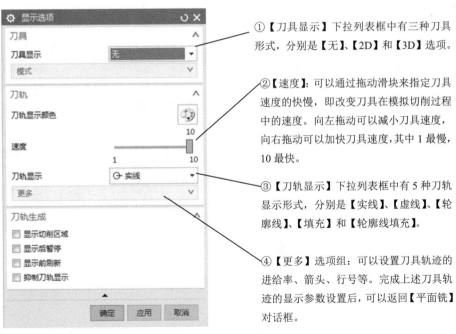

①【刀具显示】下拉列表框中有三种刀具形式,分别是【无】、【2D】和【3D】选项。

②【速度】:可以通过拖动滑块来指定刀具速度的快慢,即改变刀具在模拟切削过程中的速度。向左拖动可以减小刀具速度,向右拖动可以加快刀具速度,其中 1 最慢,10 最快。

③【刀轨显示】下拉列表框中有 5 种刀轨显示形式,分别是【实线】、【虚线】、【轮廓线】、【填充】和【轮廓线填充】。

④【更多】选项组:可以设置刀具轨迹的进给率、箭头、行号等。完成上述刀具轨迹的显示参数设置后,可以返回【平面铣】对话框。

图 3-56　【显示选项】对话框

在【显示选项】对话框中单击【刀轨显示颜色】按钮，系统打开如图 3-57 所示的【刀轨显示颜色】对话框。

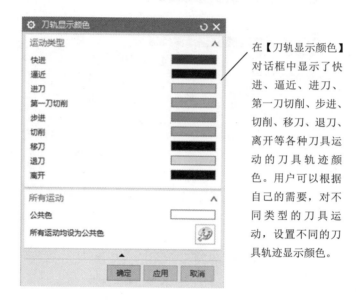

图 3-57　刀轨显示颜色设置

4. 操作

在【操作】选项组中用户可以对刀具轨迹进行生成、重播、确认和列表等操作，这些操作方法说明如图 3-58 所示。

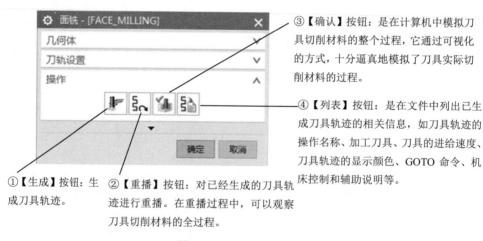

图 3-58　【操作】选项组

第 3 章
面铣削加工

3.3.3 课堂练习——设置加工参数

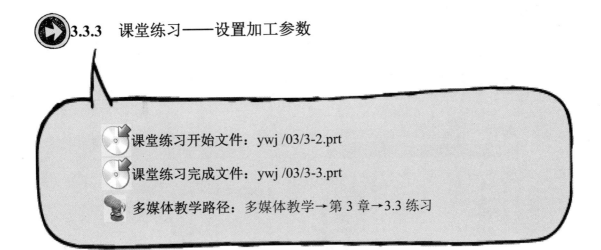

- 课堂练习开始文件：ywj /03/3-2.prt
- 课堂练习完成文件：ywj /03/3-3.prt
- 多媒体教学路径：多媒体教学→第 3 章→3.3 练习

Step1 选择【编辑】命令，如图 3-59 所示。

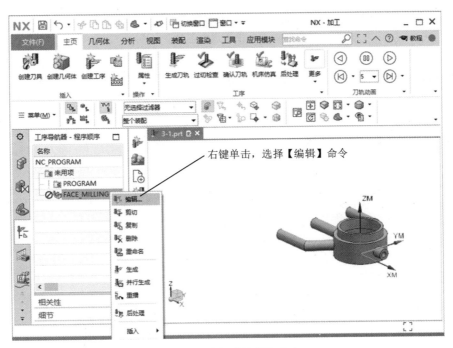

图 3-59 选择【编辑】命令

Step2 选择【切削参数】命令，如图 3-60 所示。

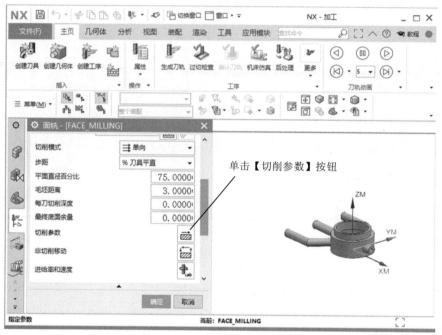

图 3-60　选择【切削参数】命令

Step3 设置切削参数，如图 3-61 所示。

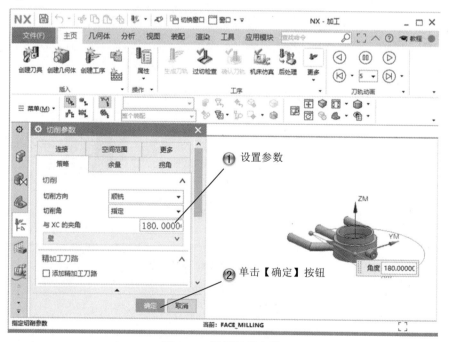

图 3-61　设置切削参数

Step4 选择【非切削移动】命令，如图 3-62 所示。

图 3-62　选择【非切削移动】命令

Step5 设置进刀参数，如图 3-63 所示。

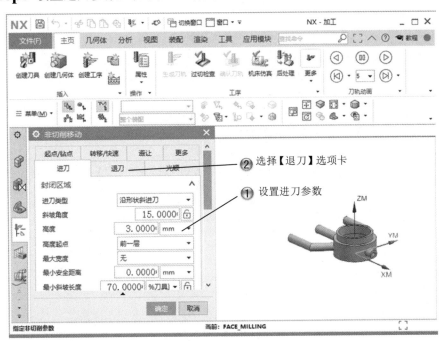

图 3-63　设置进刀参数

Step6 设置退刀参数，如图 3-64 所示。

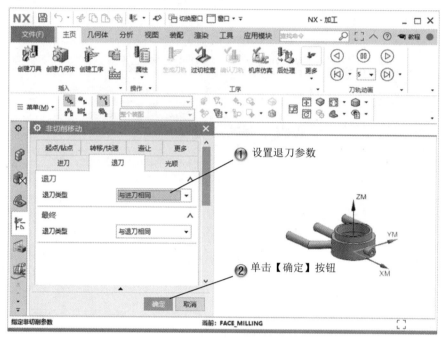

图 3-64　设置退刀参数

Step7 选择【进给率和速度】命令，如图 3-65 所示。

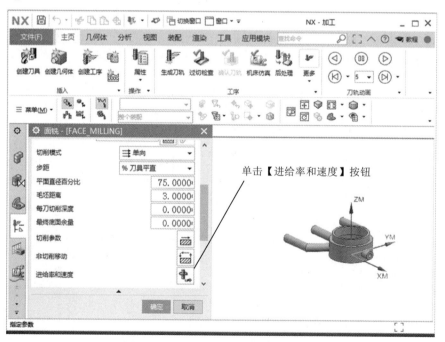

图 3-65　选择【进给率和速度】命令

Step8 设置进给率和速度参数,如图 3-66 所示。

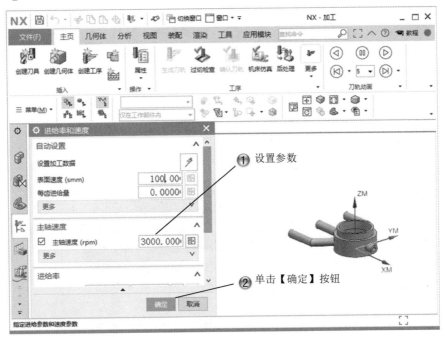

图 3-66 设置进给率和速度参数

Step9 生成刀轨,如图 3-67 所示。

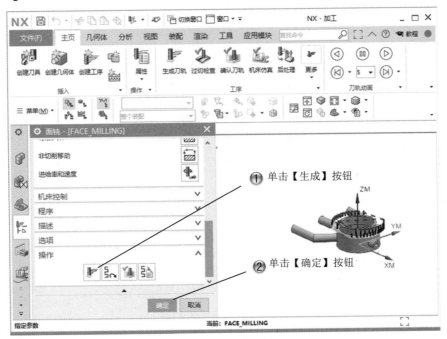

图 3-67 生成刀轨

Step10 完成刀路模拟，如图 3-68 所示。

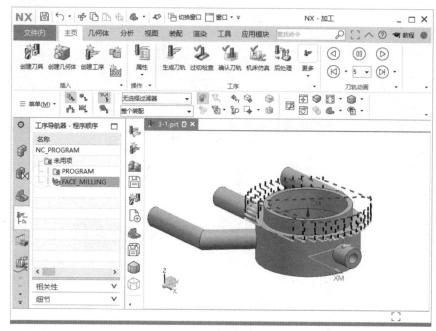

图 3-68　完成刀路模拟

3.4　专家总结

本章介绍了部件几何体的定义、加工刀具的创建、切削模式的选择、切削层的设置、刀具轨迹的显示设置和刀具轨迹的生成等内容，通过这些课堂练习，读者可以更加深刻地理解面铣削操作的创建方法及其参数设置方法。

3.5　课后习题

3.5.1　填空题

（1）面铣削加工的定义是_____。
（2）面铣削加工的切削参数有____、____、____、____。
（3）面铣削的参数设置有____、____、____、____。

3.5.2 问答题

(1) 面铣削加工几何体必须设置的项目是什么?
(2) 创建面铣削的步骤是什么?

3.5.3 上机操作题

如图 3-69 所示,使用本章学过的知识来创建平面模型的面铣削工序。
操作步骤和方法:
(1) 创建面铣削工序。
(2) 设置加工几何体。
(3) 设置面铣加工参数。
(4) 生成加工刀轨。

图 3-69　平面模型

第 4 章　型腔铣削加工

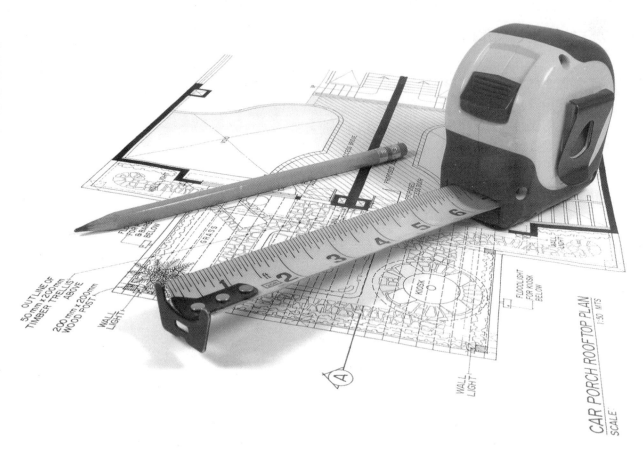

内　容	掌握程度	课　时
创建操作	熟练运用	2
加工几何体	熟练运用	2
参数设置	熟练运用	2

课训目标

第 4 章 型腔铣削加工

课程学习建议

与平面铣削加工不同，型腔铣削可以加工侧壁与底面不垂直的零件，还可以加工底面不是平面的零件。此外，型腔铣削还可以加工模具的型腔和型芯，它经常用在精加工之前对某个零件进行粗加工。

本章将讲解型腔铣削加工的创建方法和参数设置方法。依次介绍型腔铣削操作加工几何体的定义方法和参数设置方法。课堂练习包括部件几何体的定义、加工刀具的创建、切削模式的选择、步距、切削层的设置、刀具轨迹的生成和验证等内容，通过范例的讲解，用户可以更加深刻地理解型腔铣操作的创建方法及其参数设置方法，同时更加清晰地理解型腔铣操作与平面铣操作在创建过程和参数设置中的异同点。

本课程主要基于软件的数控加工模块进行讲解，其培训课程表如下。

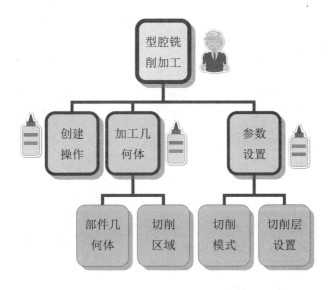

4.1 创建操作

型腔铣削加工可以在某个面内切除曲面零件的材料，特别是平面铣不能加工的型腔轮廓或区域内的材料。

课堂讲解课时：2 课时

 4.1.1　设计理论

型腔铣削加工经常用在精加工之前对某个零件进行粗加工，可以加工侧壁与底面不垂直的零件，还可以加工底面不是平面的零件。此外，型腔铣削还可以加工模具的型腔和型芯。适合于型腔铣削加工的零件的侧壁可以与底面不垂直，而且零件的底面也可以不是平面。虽然型腔铣削加工的刀具轴线方向相对工件也不发生变化，但因为它的刀轴只需要垂直于切削层，而不一定要垂直于零件底平面，所以可以加工侧面与底面不垂直的零件，而平面铣削加工却不能加工侧面与底面不垂直的零件。

 4.1.2　课堂讲解

在【插入】选项卡中单击【创建工序】按钮，打开如图 4-1 所示的【创建工序】对话框，系统提示用户"选择类型、子类型、位置，并指定工序名"。

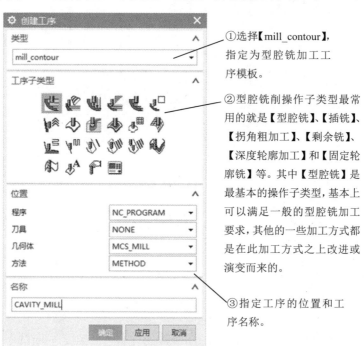

①选择【mill_contour】，指定为型腔铣加工工序模板。

②型腔铣削操作子类型最常用的就是【型腔铣】、【插铣】、【拐角粗加工】、【剩余铣】、【深度轮廓加工】和【固定轮廓铣】等。其中【型腔铣】是最基本的操作子类型，基本上可以满足一般的型腔铣加工要求，其他的一些加工方式都是在此加工方式之上改进或演变而来的。

③指定工序的位置和工序名称。

图 4-1　【创建工序】对话框

在【创建工序】对话框中单击【确定】按钮,打开如图 4-2 所示的【型腔铣】对话框,系统提示用户"指定参数"。

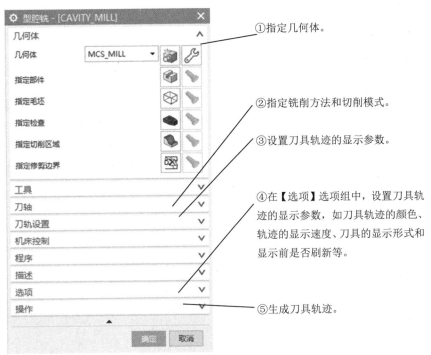

图 4-2 【型腔铣】对话框

4.1.3 课堂练习——创建装配模型并进入加工

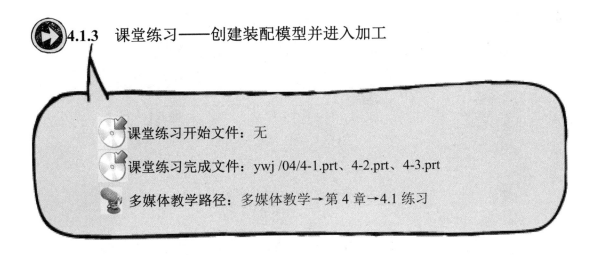

课堂练习开始文件:无

课堂练习完成文件:ywj /04/4-1.prt、4-2.prt、4-3.prt

多媒体教学路径:多媒体教学→第 4 章→4.1 练习

Step1 选择草绘面，如图 4-3 所示。

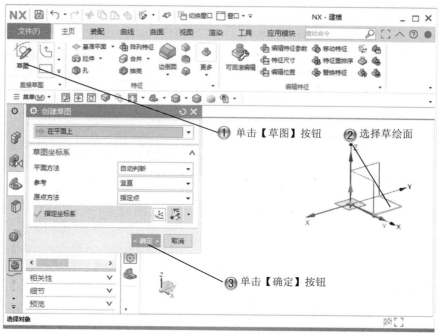

图 4-3　选择草绘面

Step2 绘制圆形，如图 4-4 所示。

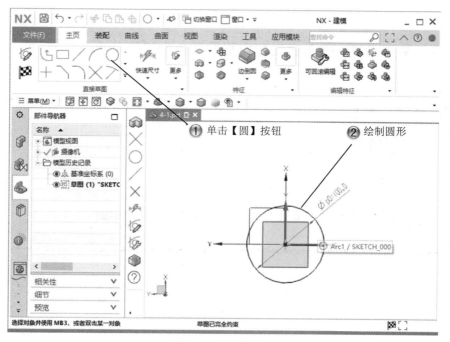

图 4-4　绘制圆形

第 4 章
型腔铣削加工

Step3 创建拉伸特征，如图 4-5 所示。

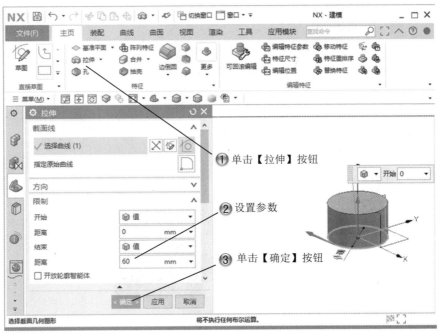

图 4-5　创建拉伸特征

Step4 选择草绘面，如图 4-6 所示。

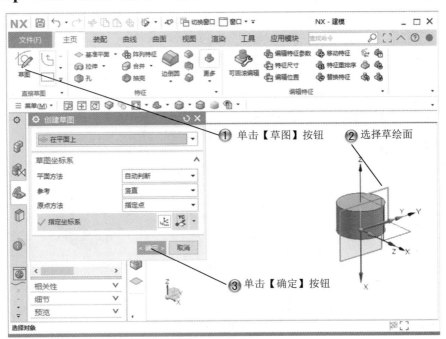

图 4-6　选择草绘面

Step5 绘制矩形，如图 4-7 所示。

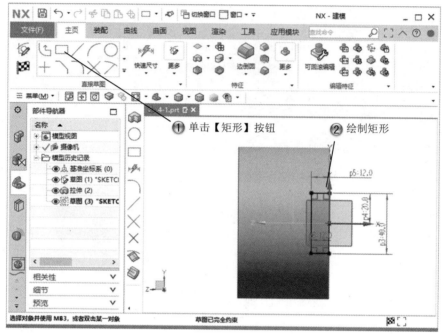

图 4-7　绘制矩形

Step6 创建拉伸特征，如图 4-8 所示。

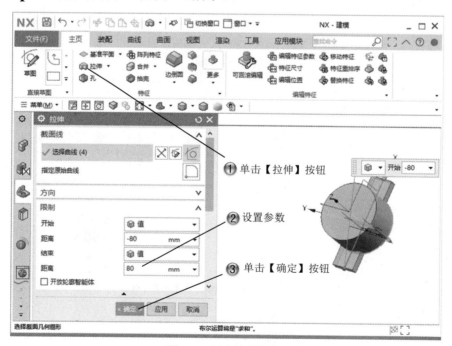

图 4-8　创建拉伸特征

Step7 创建边倒圆，如图 4-9 所示。

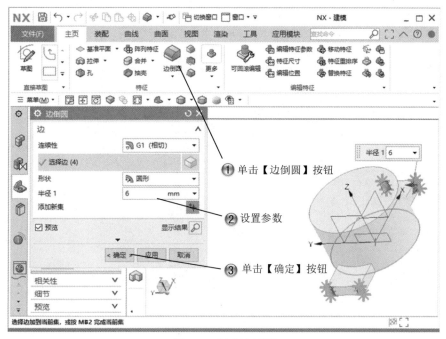

图 4-9　创建边倒圆

Step8 选择草绘面，如图 4-10 所示。

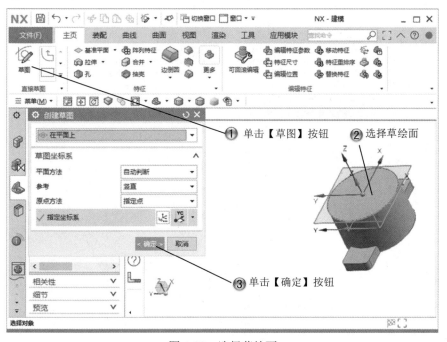

图 4-10　选择草绘面

Step9 绘制圆形，如图 4-11 所示。

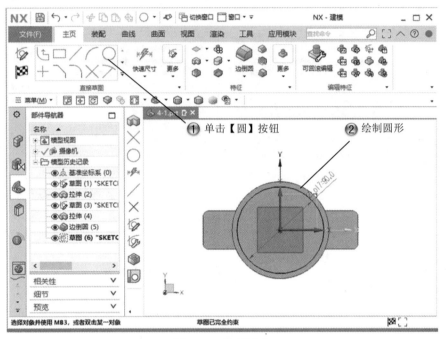

图 4-11　绘制圆形

Step10 创建拉伸特征，如图 4-12 所示。

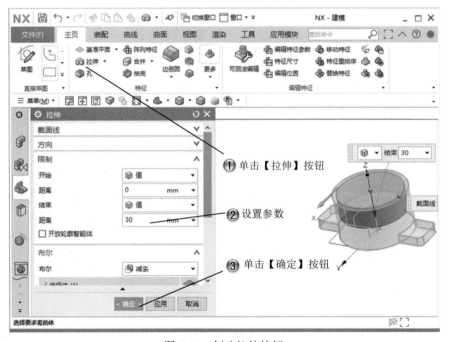

图 4-12　创建拉伸特征

Step11 选择草绘面，如图 4-13 所示。

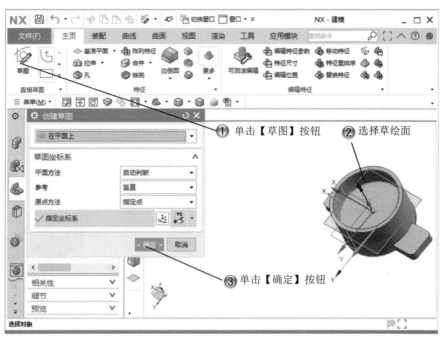

图 4-13　选择草绘面

Step12 绘制圆形，如图 4-14 所示。

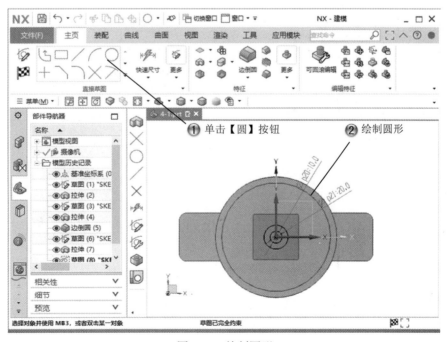

图 4-14　绘制圆形

Step13 创建拉伸特征，如图 4-15 所示。

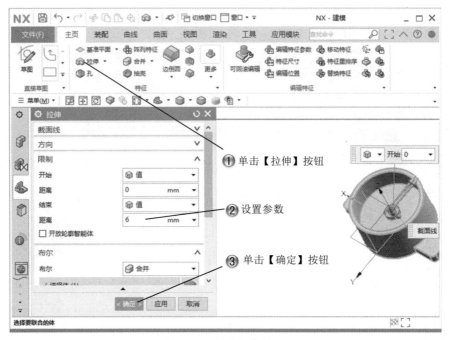

图 4-15　创建拉伸特征

Step14 选择草绘面，如图 4-16 所示。

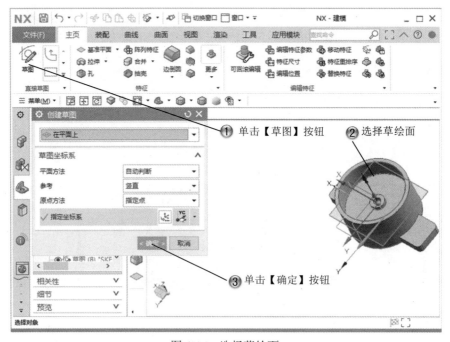

图 4-16　选择草绘面

Step15 绘制圆形，如图 4-17 所示。

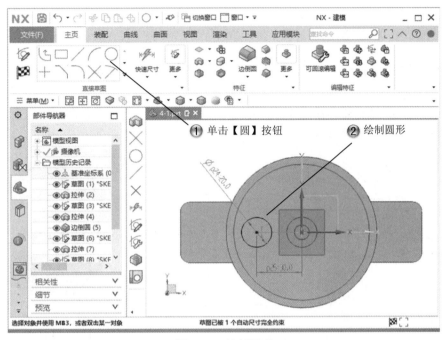

图 4-17　绘制圆形

Step16 创建拉伸特征，如图 4-18 所示。

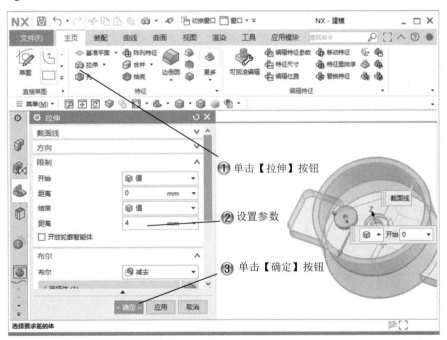

图 4-18　创建拉伸特征

Step17 选择草绘面，如图 4-19 所示。

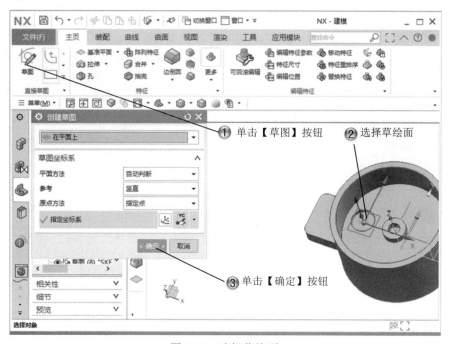

图 4-19　选择草绘面

Step18 绘制圆形，如图 4-20 所示。

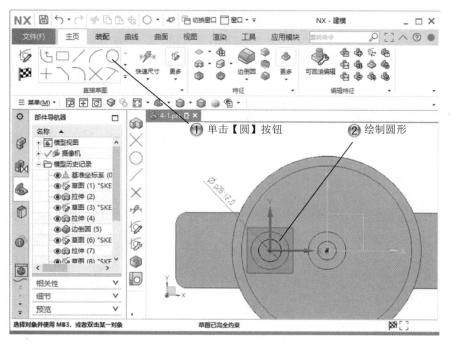

图 4-20　绘制圆形

Step19 创建拉伸特征,如图 4-21 所示。

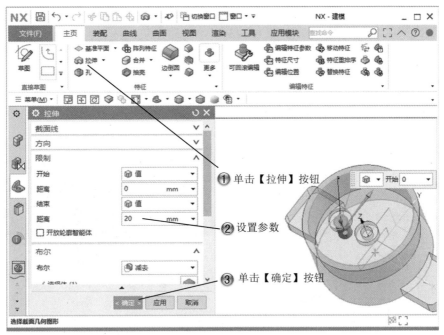

图 4-21　创建拉伸特征

Step20 创建边倒圆,如图 4-22 所示。

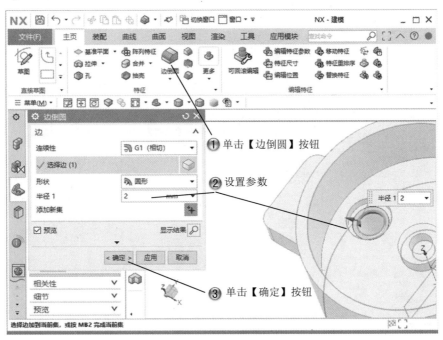

图 4-22　创建边倒圆

Step21 创建阵列特征,如图 4-23 所示。

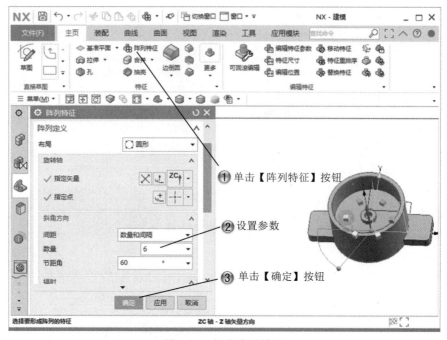

图 4-23 创建阵列特征

Step22 选择草绘面,如图 4-24 所示。

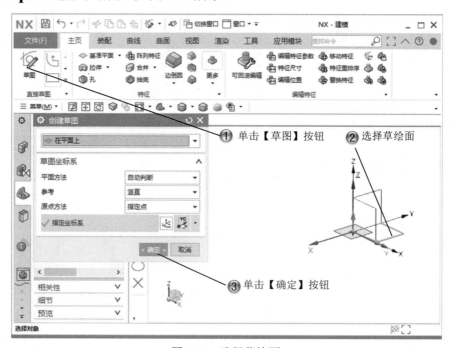

图 4-24 选择草绘面

Step23 绘制圆形，如图 4-25 所示。

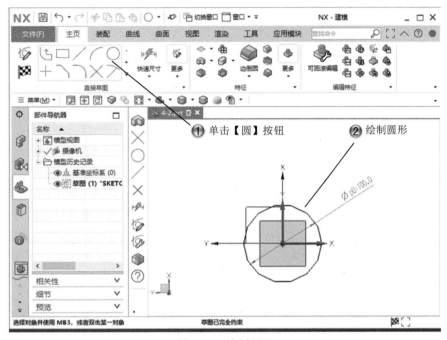

图 4-25　绘制圆形

Step24 创建拉伸特征，如图 4-26 所示。

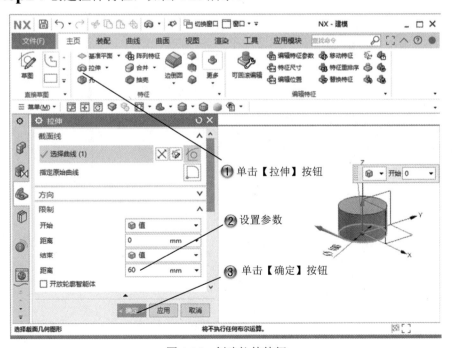

图 4-26　创建拉伸特征

Step25 创建装配模型，如图 4-27 所示。

图 4-27　创建装配模型

Step26 添加组件，如图 4-28 所示。

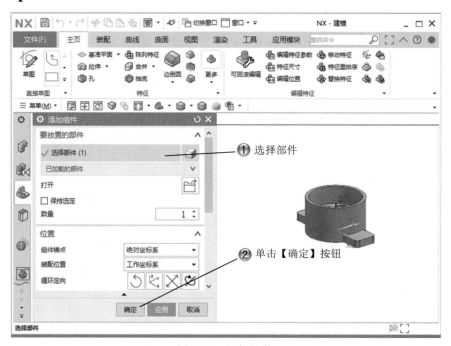

图 4-28　添加组件

Step27 添加组件 2，如图 4-29 所示。

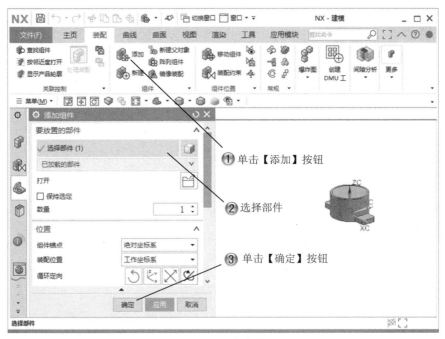

图 4-29　添加组件 2

Step28 选择【加工】命令，如图 4-30 所示。

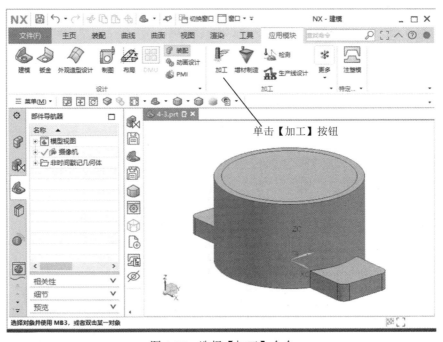

图 4-30　选择【加工】命令

Step29 设置加工环境,如图 4-31 所示。

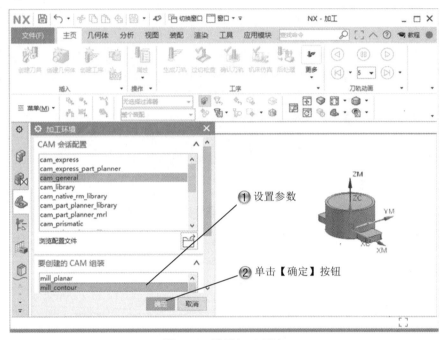

图 4-31　设置加工环境

Step30 完成装配模型,进入加工环境,如图 4-32 所示。

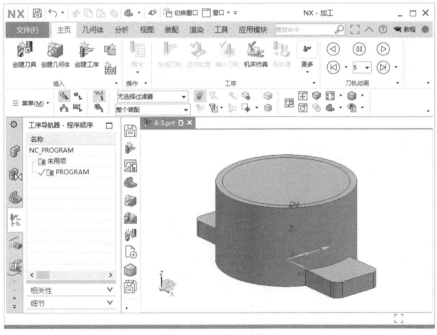

图 4-32　完成装配模型

4.2 加工几何体

基本概念

在创建一个型腔铣削操作时,需要指定 6 个不同类型的加工几何体,包括几何体、部件几何、毛坯几何、检查几何、切削区域和修剪几何等。

课堂讲解课时:2 课时

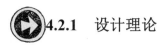
4.2.1 设计理论

型腔铣削加工和平面铣削加工的相同点主要有以下方面。

(1)型腔铣削加工和平面铣削加工的创建步骤基本相同,都需要在【创建工序】对话框中定义部件几何、指定加工刀具、设置刀轨参数和生成刀具轨迹。

(2)型腔铣削加工和平面铣削加工的刀具轴线都垂直于切削层平面,并且在该平面内生成刀具轨迹。

(3)型腔铣削加工和平面铣削加工的切削模式基本相同,都包括【往复】、【单向】、【轮廓】、【跟随周边】、【跟随部件】和【摆线】等切削模式。

(4)在创建型腔铣削操作和平面铣削操作时,定义几何体、指定加工刀具、设置【步距】、【切削参数】、【非切削移动】、【进给和速度】、【机床】和【显示选项】等参数的方法基本相同。

(5)完成参数设置后,型腔铣削操作和平面铣削操作的刀具轨迹的生成方法和验证方法基本相同。

4.2.2 课堂讲解

1. 部件几何体

与平面铣削操作相比，型腔铣削操作不需要用户指定部件底面，但是需要用户指定切削区域。此外，型腔铣削操作的部件几何、毛坯几何、检查几何和修剪几何等的指定方法基本相同。创建型腔铣削工序后，弹出【型腔铣】对话框，【几何体】选项组如图 4-33 所示。

图 4-33 【几何体】选项组

在【几何体】选项组中单击【选择或编辑部件几何体】按钮，系统打开如图 4-34 所示的【部件几何体】对话框，系统提示用户"选择部件几何体"。在【部件几何体】对话框中，用户需要指定部件几何体的对象、选择定制数据、添加新集等参数。

2. 切削区域

在【型腔铣】对话框【几何体】选项组中单击【选择或编辑切削区域几何体】按钮，系统打开如图 4-35 所示的【切削区域】对话框，系统提示用户"选择切削区域几何体"。在【切削区域】对话框中，用户可以选择几何体对象、指定公差和余量、编辑列表等参数。

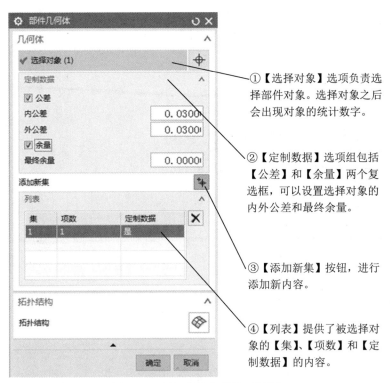

图 4-34 【部件几何体】对话框

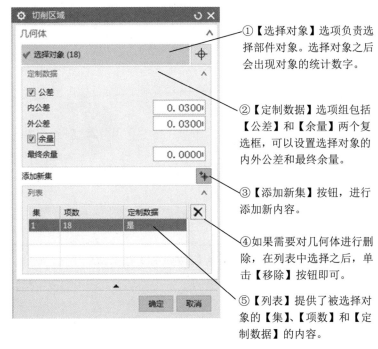

图 4-35 【切削区域】对话框

4.2.3 课堂练习——设置加工几何体

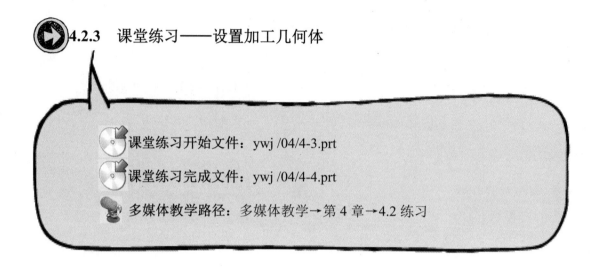

- 课堂练习开始文件：ywj /04/4-3.prt
- 课堂练习完成文件：ywj /04/4-4.prt
- 多媒体教学路径：多媒体教学→第 4 章→4.2 练习

Step1 选择【创建工序】命令，如图 4-36 所示。

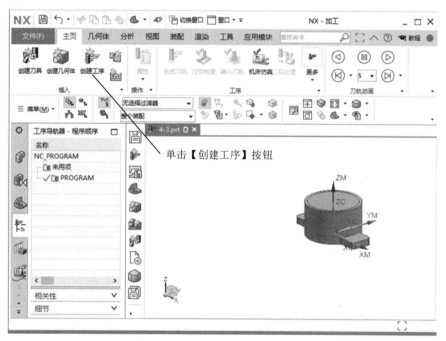

图 4-36 选择【创建工序】命令

Step2 设置工序参数，如图 4-37 所示。

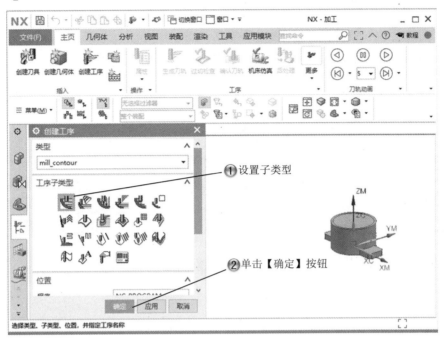

图 4-37　设置工序参数

Step3 选择指定部件命令，如图 4-38 所示。

图 4-38　选择指定部件命令

Step4 选择部件几何体，如图 4-39 所示。

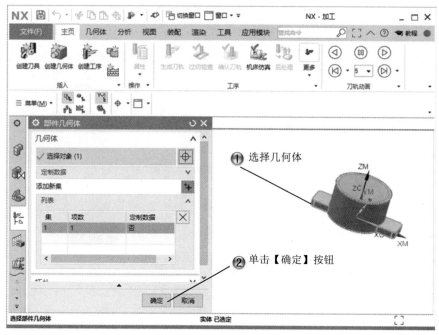

图 4-39 选择部件几何体

Step5 选择指定毛坯命令，如图 4-40 所示。

图 4-40 选择指定毛坯命令

Step6 选择毛坯几何体,如图 4-41 所示。

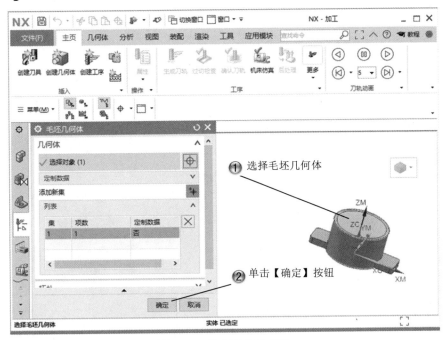

图 4-41 选择毛坯几何体

Step7 选择指定检查命令,如图 4-42 所示。

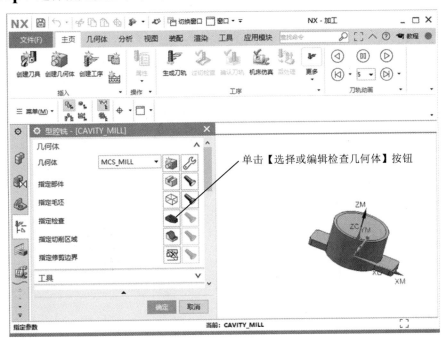

图 4-42 选择指定检查命令

Step8 选择检查几何体，如图 4-43 所示。

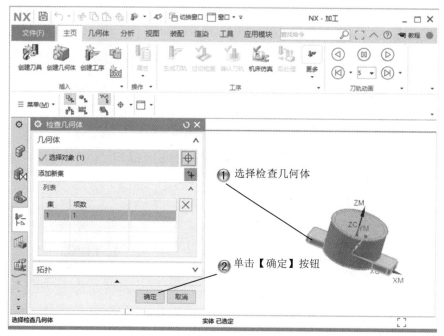

图 4-43　选择检查几何体

Step9 选择指定切削区域命令，如图 4-44 所示。

图 4-44　选择指定切削区域命令

Step10 选择切削区域，如图 4-45 所示。

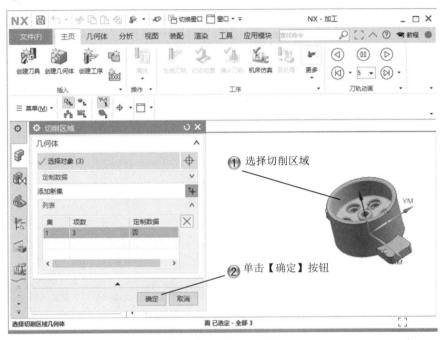

图 4-45　选择切削区域

Step11 完成设置加工几何体，如图 4-46 所示。

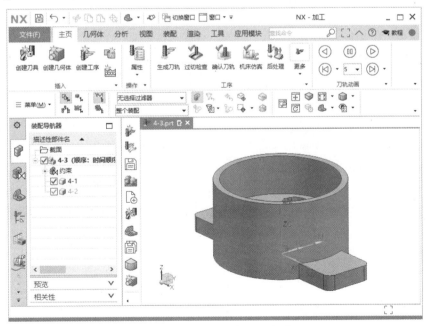

图 4-46　完成设置加工几何体

4.3 参数设置

基本概念

型腔铣削的主要参数设置包括切削模式和切削层参数。

课堂讲解课时：2课时

4.3.1 设计理论

型腔铣削加工和平面铣削加工的不同点主要有以下方面。

（1）型腔铣削操作的刀具轴线只需要垂直于切削层平面；而平面铣削操作的刀具轴线不仅需要垂直于切削层平面，还需要垂直于部件底面。因此，平面铣削操作适合于加工侧面与底面垂直的或岛屿顶部和腔槽底部为平面的零件；而型腔铣却可以用来加工侧面与底面不垂直的或岛屿顶部和腔槽底部为曲面的零件。

（2）型腔铣一般用于零件的粗加工；而平面铣削操作既可以用于零件的粗加工，也可以用于精加工。

（3）型腔铣削操作可以通过任何几何对象，包括体、曲面区域和面（曲面或平面）等来定义加工几何体；而平面铣削操作只能通过边界来定义加工几何体，边界可以是曲线、点和平面上的边界，也可以通过选择永久边界来定义。

（4）型腔铣削操作通过部件几何体和毛坯几何体来确定切削深度；而平面铣削却是通过部件边界和底面之间的距离来确定切削深度的。

（5）型腔铣削操作不需要用户指定部件底面，但是需要用户指定切削区域；而平面铣削操作需要用户指定部件底面，切削区域通过边界来确定。

4.3.2 课堂讲解

1. 切削模式

在【型腔铣】对话框【刀轨设置】选项组的【切削模式】下拉列表框中共有 7 种切削模式，它们分别是【跟随部件】、【跟随周边】、【轮廓】、【摆线】、【单向】、【往复】和【单向轮廓】，如图 4-47 所示。

图 4-47 切削模式

与【平面铣】对话框的【切削模式】下拉列表框中的选项相比，【型腔铣】对话框的【切削模式】下拉列表框中没有【标准驱动】选项。其余选项的含义与【平面铣】对话框的【切削模式】相同。

【型腔铣】对话框中的参数设置包括【刀轨设置】、【机床控制】、【程序】、【选项】和【操作】等，把这些参数与【平面铣】对话框中的参数进行比较，只有【型腔铣】对话框中的切削层设置方法与【平面铣】对话框的不同，如图 4-48 所示。

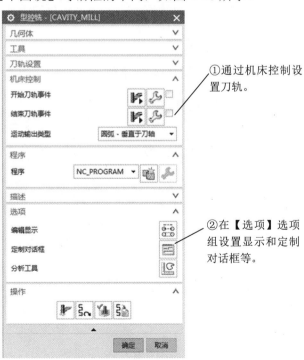

①通过机床控制设置刀轨。

②在【选项】选项组设置显示和定制对话框等。

图 4-48 【型腔铣】对话框参数设置

2. 切削层设置

在【型腔铣】对话框的【刀轨设置】选项组中单击【切削层】按钮，系统打开如图 4-49 所示的【切削层】对话框，提示用户"指定每刀深度和范围深度"。

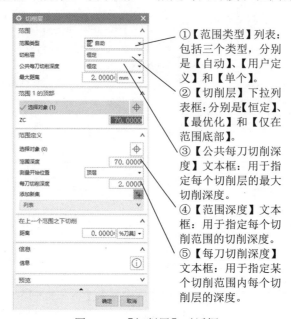

① 【范围类型】列表：包括三个类型，分别是【自动】、【用户定义】和【单个】。

② 【切削层】下拉列表框：分别是【恒定】、【最优化】和【仅在范围底部】。

③ 【公共每刀切削深度】文本框：用于指定每个切削层的最大切削深度。

④ 【范围深度】文本框：用于指定每个切削范围的切削深度。

⑤ 【每刀切削深度】文本框：用于指定某个切削范围内每个切削层的深度。

图 4-49 【切削层】对话框

在【切削层】对话框中，用户可以设置范围类型、全局每刀深度、切削层、范围和切削层信息等，这些参数的含义及其操作方法说明如下。

（1）范围类型

在【切削层】对话框的【范围类型】下拉列表中选择类型，如图 4-50 所示。

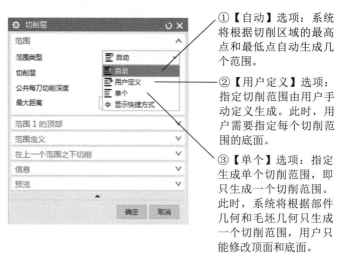

① 【自动】选项：系统将根据切削区域的最高点和最低点自动生成几个范围。

② 【用户定义】选项：指定切削范围由用户手动定义生成。此时，用户需要指定每个切削范围的底面。

③ 【单个】选项：指定生成单个切削范围，即只生成一个切削范围。此时，系统将根据部件几何和毛坯几何只生成一个切削范围，用户只能修改顶面和底面。

图 4-50 【范围类型】下拉列表框

（2）切削层

【切削层】下拉列表框中包括两个选项，分别是【恒定】和【仅在范围底部】，如图 4-51 所示。

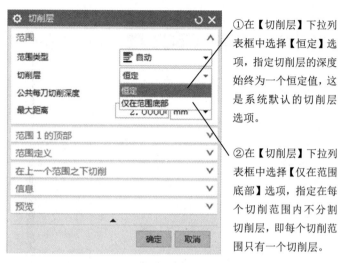

图 4-51　【切削层】下拉列表框

（3）公共每刀切削深度

【公共每刀切削深度】文本框用于指定每个切削层的最大切削深度。选择【恒定】或者【残余高度】选项，系统将根据用户指定的每刀深度，自动将切削区域分成几层。如图 4-52 所示，切削区域总的深度为 5mm。当在【范围类型】选项组中选择【自动】选项，系统将自动生成 5 个切削层。

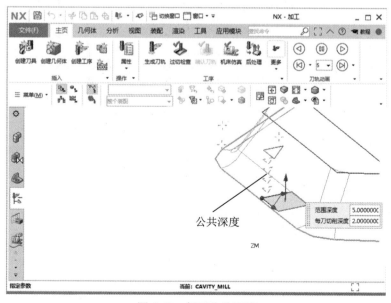

图 4-52　每刀公共深度

3. 范围定义

【范围1的顶部】、【范围定义】选项组可以选择第一个切削层的顶部位置和相关范围参数，如图4-53所示。

①【范围深度】文本框：用于指定每个切削范围的切削深度。

②【测量开始位置】下拉列表框中包括4个选项，分别是【顶层】、【当前范围顶部】、【当前范围底部】和【WCS原点】。

③【每刀切削深度】文本框：分别设置每刀的切削量。

④【添加新集】按钮：可以新增加一个切削范围。

图4-53 【范围1的顶部】、【范围定义】选项组

4. 在上一个范围之下切削

【在上一个范围之下切削】文本框用于指定某个切削范围内每个切削层的深度。与每刀的公共深度一样，它们都用于指定切削层的深度。区别在于【每刀的切削深度】文本框中的数值将影响所有切削范围的切削层深度，而【在上一个范围之下切削】文本框中的数值只能影响某个切削范围的切削层深度，如图4-54所示。

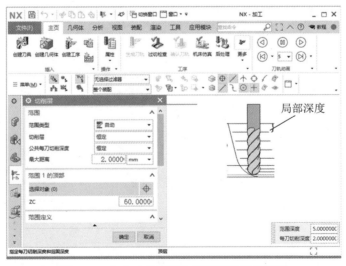

图4-54 在上一个范围之下切削的局部深度

5．信息和预览

在【切削层】对话框的【信息】选项组中单击【信息】按钮，系统打开如图 4-55 所示的【信息】对话框。在【信息】对话框中，系统列出了切削范围的数量、层数、范围类型、顶层点的坐标和关联的面等信息。在【切削层】对话框中单击【显示】按钮，所有的切削范围都将高亮度显示在绘图区。

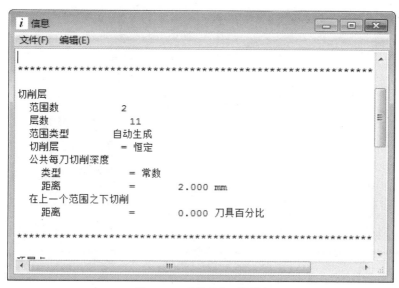

图 4-55　【信息】对话框

4.3.3　课堂练习——加工参数设置

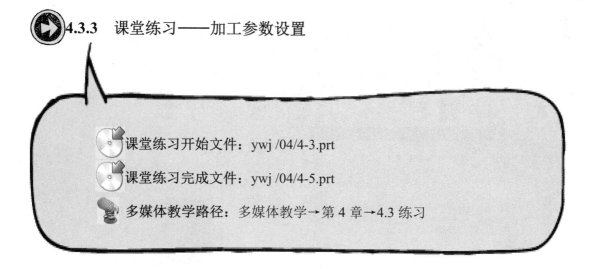

课堂练习开始文件：ywj /04/4-3.prt

课堂练习完成文件：ywj /04/4-5.prt

多媒体教学路径：多媒体教学→第 4 章→4.3 练习

Step1 选择【编辑】命令，如图4-56所示。

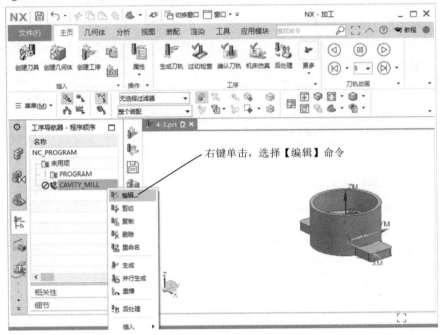

图4-56 选择【编辑】命令

Step2 选择新建刀具命令，如图4-57所示。

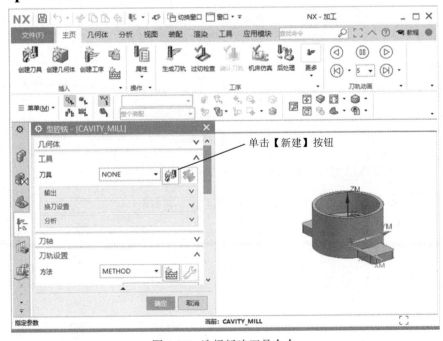

图4-57 选择新建刀具命令

Step3 选择刀具类型，如图 4-58 所示。

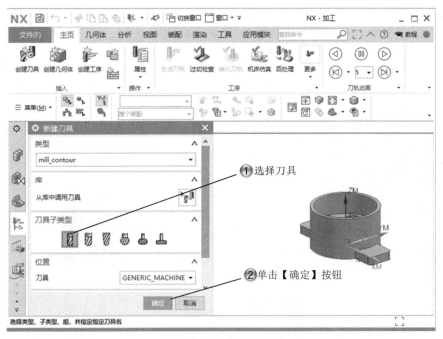

图 4-58　选择刀具类型

Step4 设置刀具参数，如图 4-59 所示。

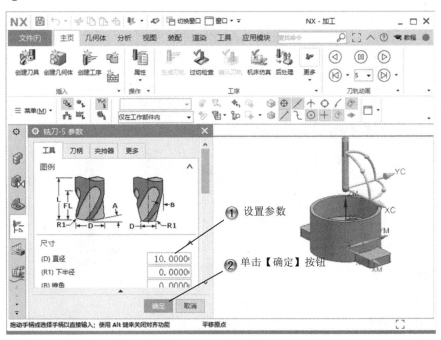

图 4-59　设置刀具参数

Step5 选择【切削层】命令，如图 4-60 所示。

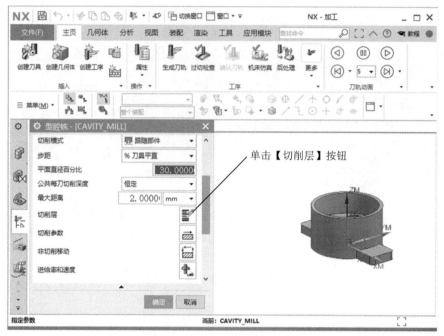

图 4-60　选择【切削层】命令

Step6 设置切削层参数，如图 4-61 所示。

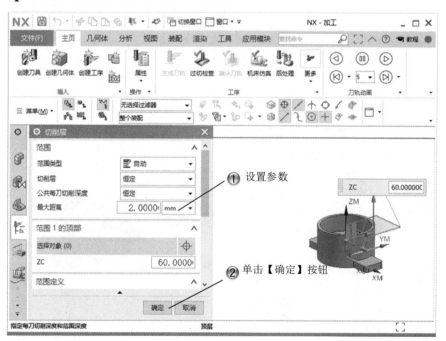

图 4-61　设置切削层参数

Step7 选择【非切削层移动】命令，如图 4-62 所示。

图 4-62　选择【非切削层移动】命令

Step8 设置进刀参数，如图 4-63 所示。

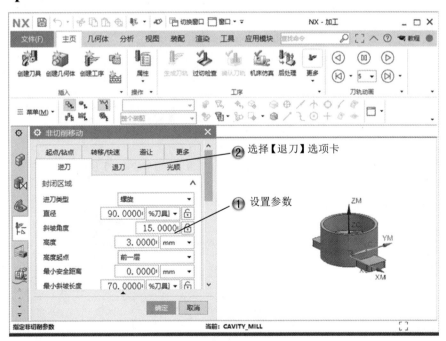

图 4-63　设置进刀参数

Step9 设置退刀参数，如图4-64所示。

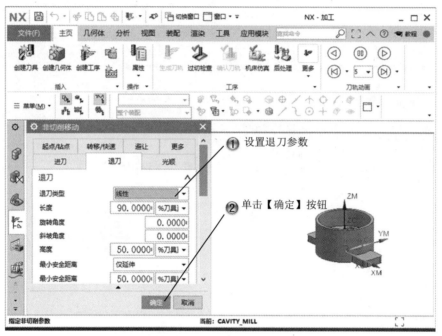

图 4-64　设置退刀参数

Step10 选择【进给率和速度】命令，如图4-65所示。

图 4-65　选择【进给率和速度】命令

Step11 设置进给率和速度参数，如图 4-66 所示。

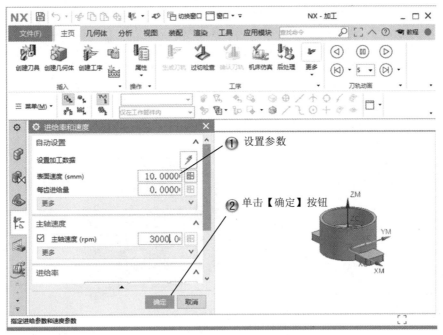

图 4-66　设置进给率和速度参数

Step12 生成刀路模拟，如图 4-67 所示。

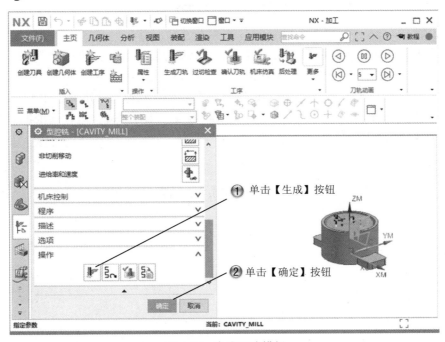

图 4-67　生成刀路模拟

Step13 完成型腔铣削工序，如图 4-68 所示。

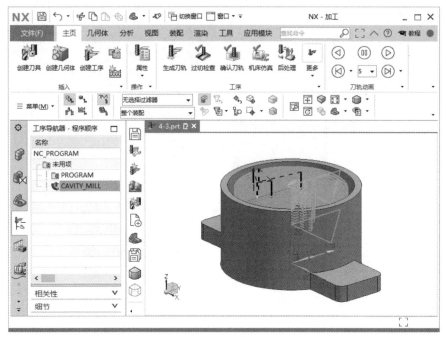

图 4-68 完成型腔铣削工序

4.4 专家总结

本章主要介绍了型腔铣削操作的创建方法及其参数设置方法。型腔铣削加工一般用来加工实体的内表面。用户可以通过选择面几何、曲线、边和一系列的点来指定部件几何、切削区域、检查体、检查边界等。结合课堂练习学习部件几何体的定义、加工刀具的创建、切削模式的不同设置、步距、刀具轨迹的生成等内容，还可以尝试选择其他的切削模式，观察生成刀具轨迹的特点。

4.5 课后习题

4.5.1 填空题

（1）型腔铣削加工的特点_____。
（2）型腔铣削加工的操作是_____、_____、_____、_____。
（3）型腔铣削的参数设置有_____、_____、_____、_____。

4.5.2 问答题

（1）创建型腔铣削加工的操作步骤是什么？
（2）型腔铣削和面铣削加工的区别是什么？

4.5.3 上机操作题

使用本章介绍的型腔铣削创建方法，在如图 4-69 所示的零件上创建铣削加工工序。
操作步骤和方法：
（1）创建型腔铣削工序。
（2）设置加工几何体。
（3）设置型腔铣加工参数。
（4）生成加工刀轨。

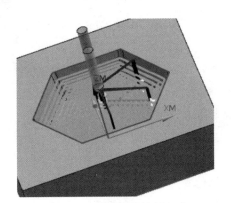

图 4-69　创建型腔铣削工序

第 5 章　插铣削加工

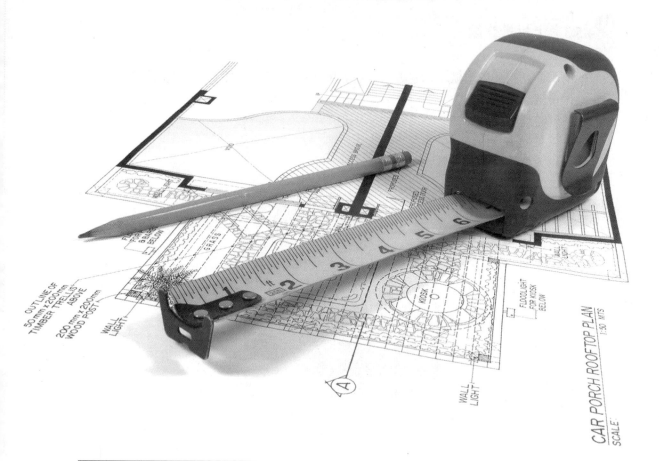

内　容	掌握程度	课　时
创建方法	熟练运用	2
插铣层	熟练运用	2
参数设置	熟练运用	2

课训目标

第 5 章 插铣削加工

▶ 课程学习建议

插铣削加工适合创建切削深度较大零件的刀具轨迹，它可以较快地切除零件中的大量材料，具有较高的切削效率。此外，与其他的轮廓铣加工类型，如型腔铣削加工的加工顺序不同，插铣削加工的加工顺序是由低到高，即从切削深度最大的区域开始加工，然后依次加工到切削深度较小的区域。本章首先概述插铣削加工的创建方法，接着简单讲解插削层的指定方法，随后着重介绍插铣削加工的操作参数，包括插铣层设置、切削模式、向前步长、最大切削宽度、进刀点、传递方法和退刀。

本课程主要基于软件的数控加工模块进行讲解，其培训课程表如下。

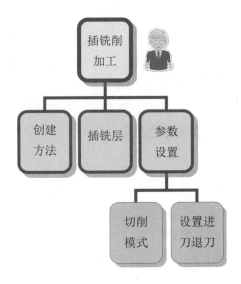

5.1 创建方法

基本概念

插铣削操作的加工几何也包括几何体、部件几何、毛坯几何、检查几何、切削区域和修剪几何，这些操作与型腔铣削的操作相同。

课堂讲解课时：2 课时

5.1.1 设计理论

插铣削加工主要用于加工切削深度较大的零件，因此，插铣削的加工刀具一般较长。插铣削加工可以较快地切除零件中的大量材料。等高曲面轮廓铣加工的加工顺序是从最高处到最低处，而插铣削加工的加工顺序是从最低处到最高处，即从切削深度最大的区域开始插铣削加工。

5.1.2 课堂讲解

在【插入】选项卡中单击【创建工序】按钮 ，打开如图 5-1 所示的【创建工序】对话框，系统提示用户"选择类型、子类型、位置，并指定工序名"。

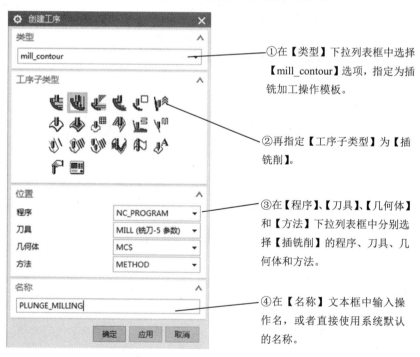

①在【类型】下拉列表框中选择【mill_contour】选项，指定为插铣加工操作模板。

②再指定【工序子类型】为【插铣削】。

③在【程序】、【刀具】、【几何体】和【方法】下拉列表框中分别选择【插铣削】的程序、刀具、几何体和方法。

④在【名称】文本框中输入操作名，或者直接使用系统默认的名称。

图 5-1 【创建工序】对话框

完成操作后，在【创建工序】对话框中单击【确定】按钮，打开如图 5-2 所示的【插铣】对话框，系统提示用户"指定参数"。

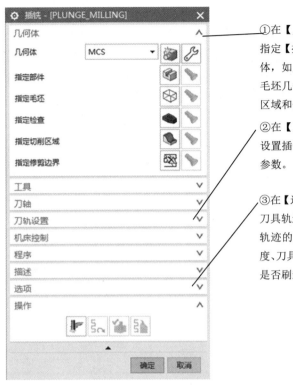

图 5-2 【插铣】对话框

① 在【几何体】选项组中，指定【插铣削】操作的几何体，如几何体、部件几何、毛坯几何、检查几何、切削区域和修剪边界等。

② 在【刀轨设置】选项组中，设置插铣削操作的【插削层】参数。

③ 在【选项】选项组中，设置刀具轨迹的显示参数，如刀具轨迹的颜色、轨迹的显示速度、刀具的显示形式和显示前是否刷新等。

5.1.3 课堂练习——创建插铣工序

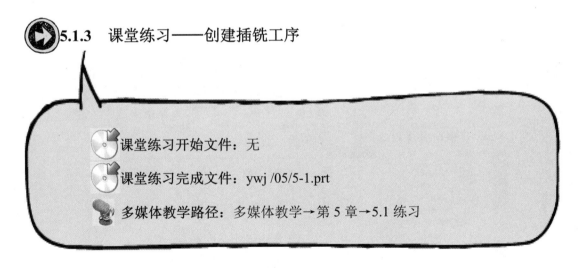

课堂练习开始文件：无

课堂练习完成文件：ywj /05/5-1.prt

多媒体教学路径：多媒体教学→第 5 章→5.1 练习

Step1 选择草绘面，如图 5-3 所示。

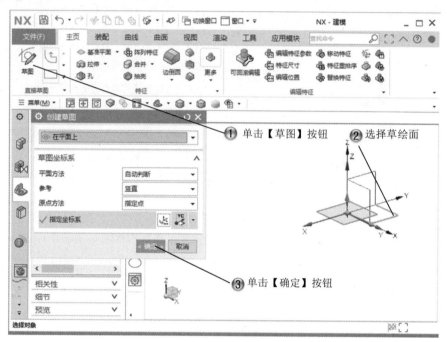

图 5-3　选择草绘面

Step2 绘制圆形，如图 5-4 所示。

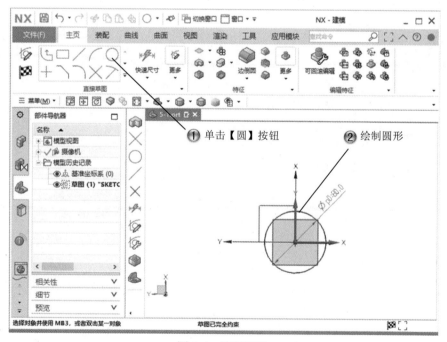

图 5-4　绘制圆形

Step3 创建拉伸特征，如图 5-5 所示。

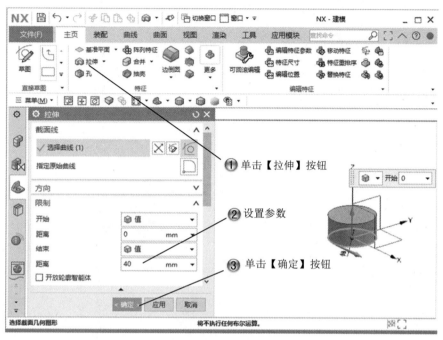

图 5-5　创建拉伸特征

Step4 选择草绘面，如图 5-6 所示。

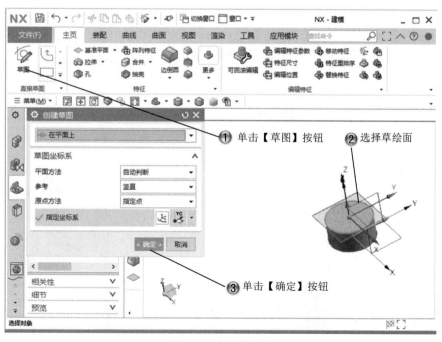

图 5-6　选择草绘面

Step5 绘制圆形，如图 5-7 所示。

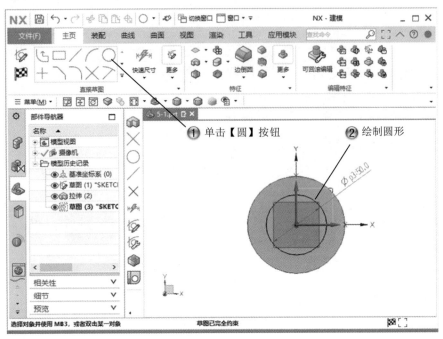

图 5-7 绘制圆形

Step6 创建拉伸特征，如图 5-8 所示。

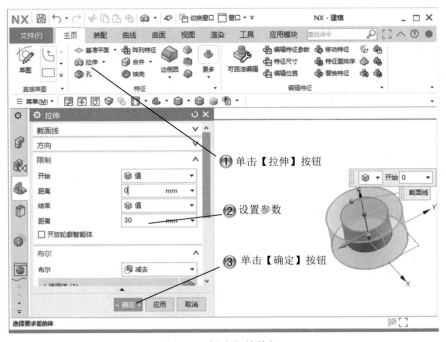

图 5-8 创建拉伸特征

Step7 创建拔模特征,如图 5-9 所示。

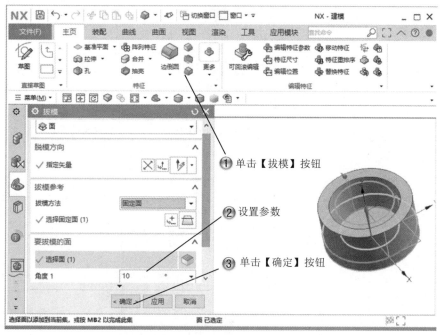

图 5-9　创建拔模特征

Step8 选择草绘面,如图 5-10 所示。

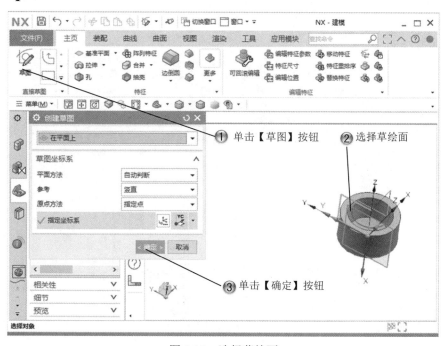

图 5-10　选择草绘面

Step9 绘制矩形，如图 5-11 所示。

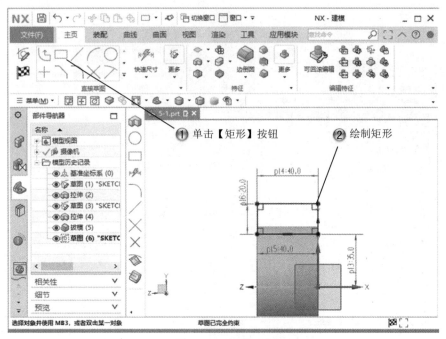

图 5-11　绘制矩形

Step10 绘制圆形，如图 5-12 所示。

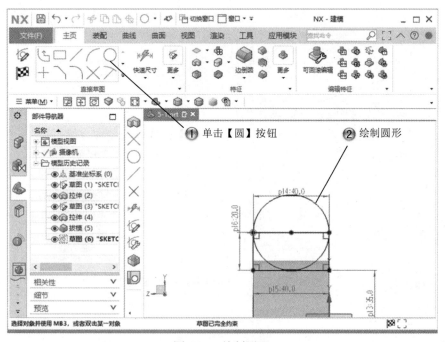

图 5-12　绘制圆形

Step11 修剪草图，如图 5-13 所示。

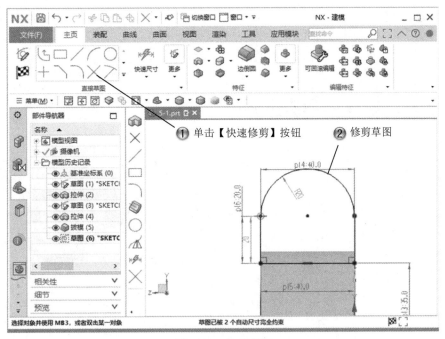

图 5-13　修剪草图

Step12 绘制圆形，如图 5-14 所示。

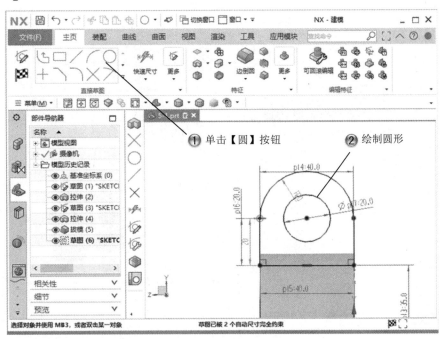

图 5-14　绘制圆形

Step13 创建拉伸特征，如图 5-15 所示。

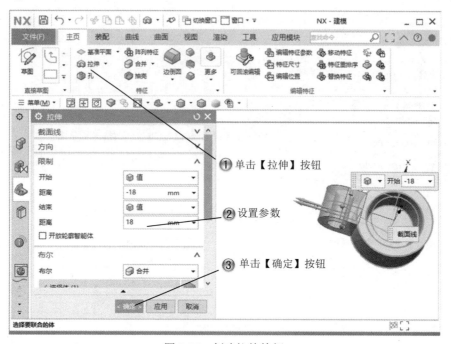

图 5-15　创建拉伸特征

Step14 选择草绘面，如图 5-16 所示。

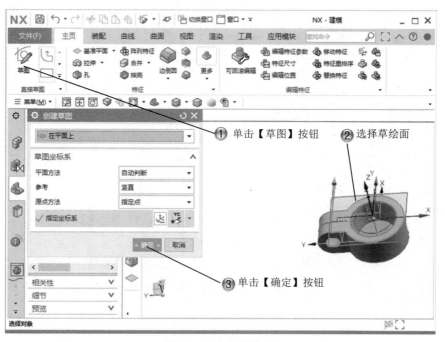

图 5-16　选择草绘面

Step15 绘制矩形，如图 5-17 所示。

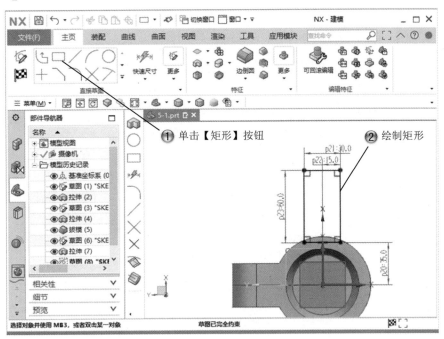

图 5-17 绘制矩形

Step16 创建拉伸特征，如图 5-18 所示。

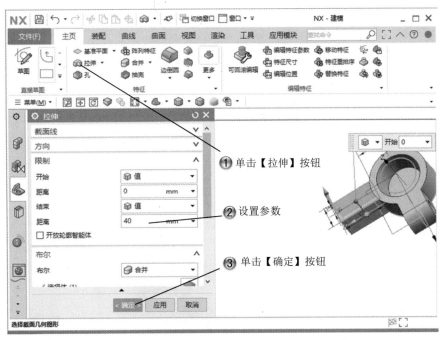

图 5-18 创建拉伸特征

Step17 选择草绘面,如图 5-19 所示。

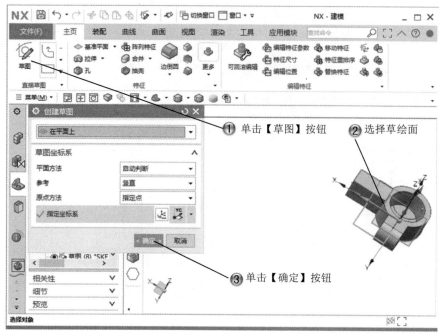

图 5-19　选择草绘面

Step18 绘制圆形,如图 5-20 所示。

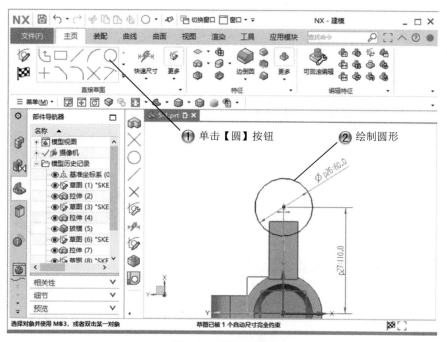

图 5-20　绘制圆形

Step19 创建拉伸特征，如图 5-21 所示。

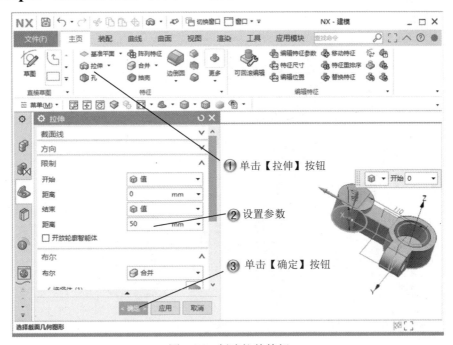

图 5-21　创建拉伸特征

Step20 选择草绘面，如图 5-22 所示。

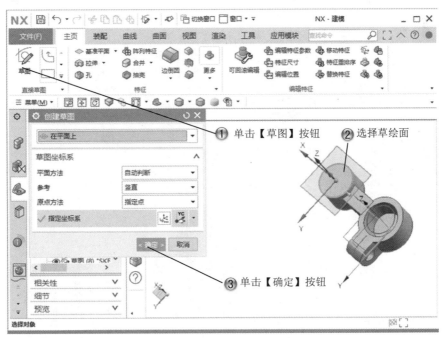

图 5-22　选择草绘面

Step21 绘制圆形，如图 5-23 所示。

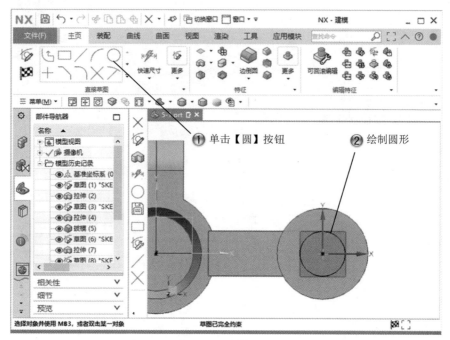

图 5-23 绘制圆形

Step22 绘制矩形，如图 5-24 所示。

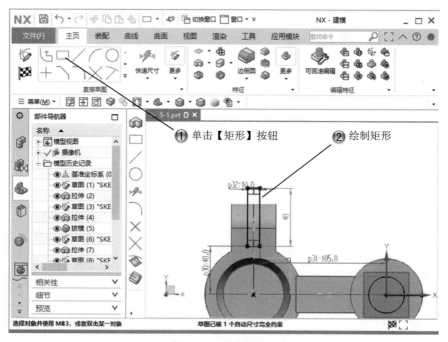

图 5-24 绘制矩形

Step23 创建拉伸特征，如图 5-25 所示。

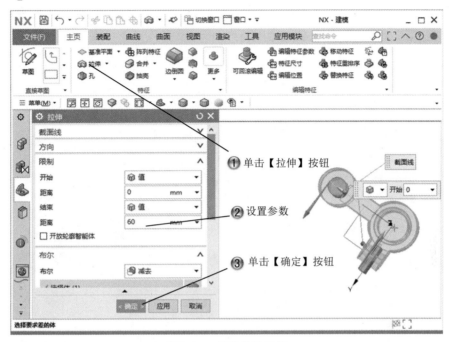

图 5-25　创建拉伸特征

Step24 选择【加工】命令，如图 5-26 所示。

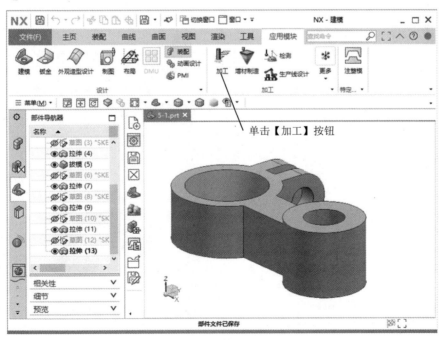

图 5-26　选择【加工】命令

Step25 设置加工环境,如图 5-27 所示。

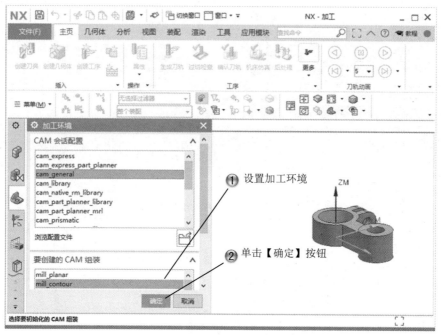

图 5-27 设置加工环境

Step26 选择【创建几何体】命令,如图 5-28 所示。

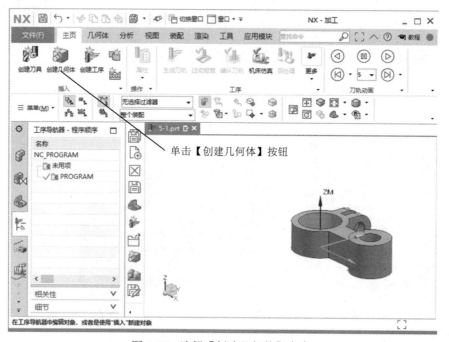

图 5-28 选择【创建几何体】命令

Step27 选择几何体类型,如图 5-29 所示。

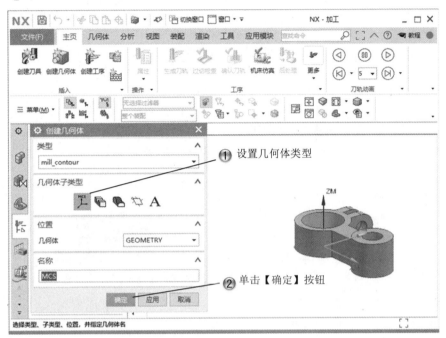

图 5-29　选择几何体类型

Step28 设置安全距离参数,如图 5-30 所示。

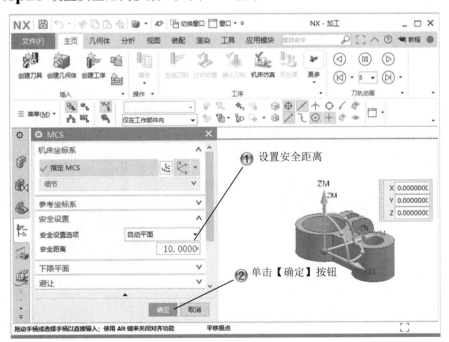

图 5-30　设置安全距离参数

Step29 创建刀具，如图 5-31 所示。

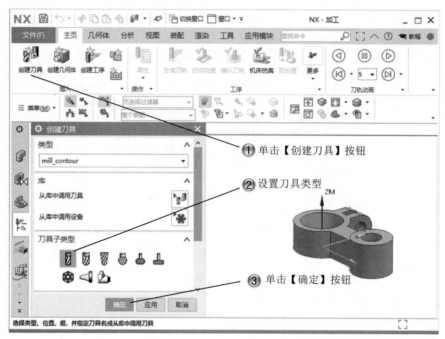

图 5-31 创建刀具

Step30 设置刀具参数，如图 5-32 所示。

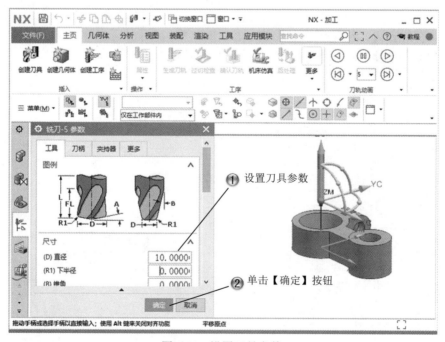

图 5-32 设置刀具参数

Step31 完成几何体和刀具创建,如图 5-33 所示。

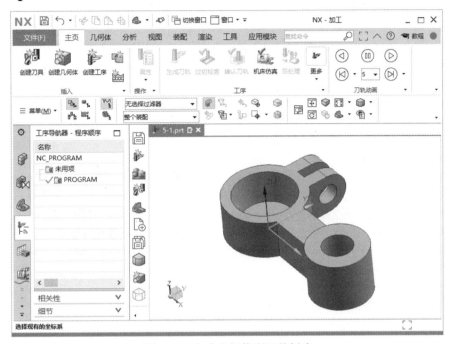

图 5-33　完成几何体和刀具创建

5.2　插铣层

【插削层】参数主要用于指定插铣削时每刀的切削深度和范围深度。

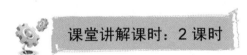

5.2.1　设计理论

在创建型腔铣削操作时,用户需要指定型腔铣削操作的【切削层】参数。类似地,在创建插铣削操作时,用户需要指定插铣削操作的【插削层】参数。用户可以手动设置【插削层】参数,也可以指定系统自动生成【插削层】参数。

5.2.2 课堂讲解

在【插铣】对话框中的【刀轨设置】选项组中单击【插削层】按钮 ，系统将打开如图 5-34 所示的【插削层】对话框,提示用户"指定每刀深度和范围深度"。

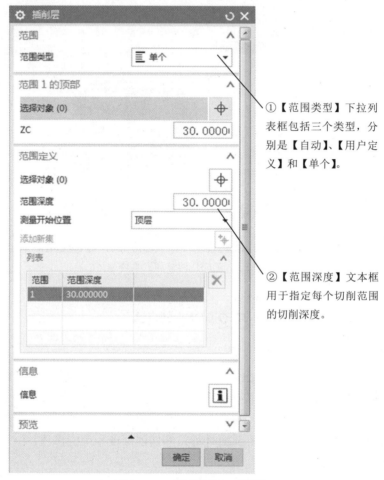

① 【范围类型】下拉列表框包括三个类型,分别是【自动】、【用户定义】和【单个】。

② 【范围深度】文本框用于指定每个切削范围的切削深度。

图 5-34 【插削层】对话框

系统生成的单个切削范围只有两层,分别是顶层和底层。如果用户使用系统的默认值,系统生成的单个切削范围将与部件几何体保持相关性,即部件几何发生变化后,自动生成的切削范围也随着部件的变化而发生相应的变化。

名师点拨

在【插削层】对话框中,用户可以设置范围类型、切换当前插削层、编辑插削层、指定范围深度和显示插削层的信息等,这些参数的含义及其操作方法说明如下。

1. 范围类型

【范围类型】下拉列表包括三个类型,分别是【自动】、【用户定义】和【单个】,但是仅有【单个】范围类型可以选用。

在【范围类型】选项组中选择【单个】选项,指定生成单个切削范围,即只生成一个切削范围。此时,系统将根据部件几何、切削区域和毛坯几何生成一个切削范围,如图 5-35 所示。

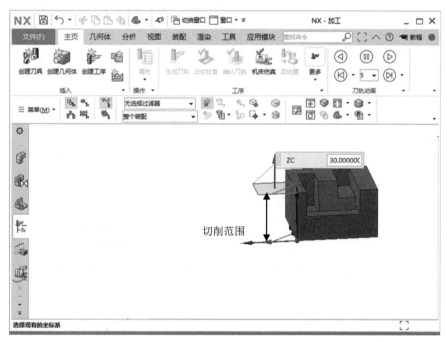

图 5-35 单个切削范围

2. 范围属性

在【插削层】对话框中有【范围 1 的顶部】和【范围定义】选项组,可以进行范围属性的设置,如图 5-36 所示。

3. 信息和显示

在【插削层】对话框中单击【信息】按钮 ,系统打开如图 5-37 所示的【信息】窗口。在【信息】窗口中,系统列出了切削范围的数量、层数、范围类型、顶层点的坐标和关联面等信息。在【插削层】对话框中单击【显示】按钮 ,单个的切削范围将高亮度显示在绘图区。

图 5-36 【范围 1 的顶部】和【范围定义】选项组

① 如果有需要选择范围 1 的最大范围，则在【范围 1 的顶部】选项组进行选择。

② 在指定范围深度时，需要首先指定测量开始位置，然后在【范围深度】文本框内输入深度数值。

③【测量开始位置】下拉列表框中包括 4 个选项，分别是【顶层】、【当前范围顶部】、【当前范围底部】和【WCS 原点】。

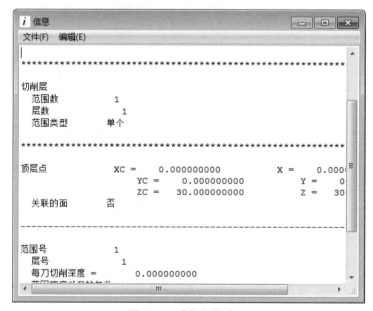

图 5-37 【信息】窗口

5.2.3 课堂练习——设置插铣层

课堂练习开始文件：ywj /05/5-1.prt

课堂练习完成文件：ywj /05/5-2.prt

多媒体教学路径：多媒体教学→第 5 章→5.2 练习

Step1 选择【创建工序】命令，如图 5-38 所示。

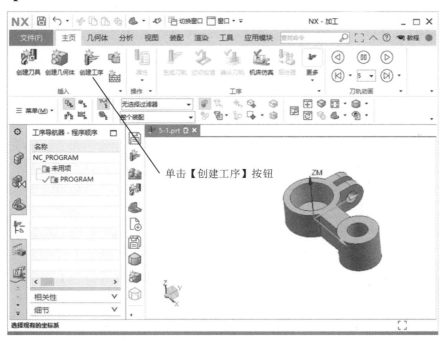

图 5-38　选择【创建工序】命令

Step2 设置工序参数，如图 5-39 所示。

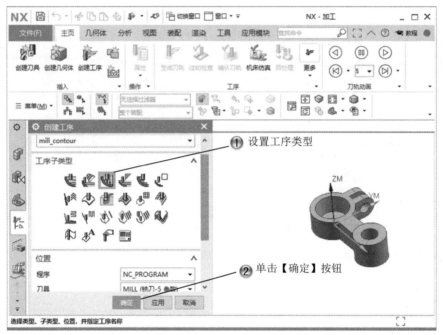

图 5-39　设置工序参数

Step3 选择指定部件命令，如图 5-40 所示。

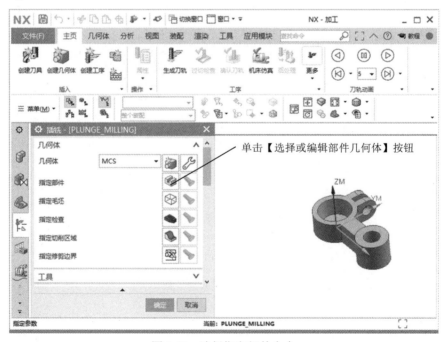

图 5-40　选择指定部件命令

Step4 选择部件几何体，如图 5-41 所示。

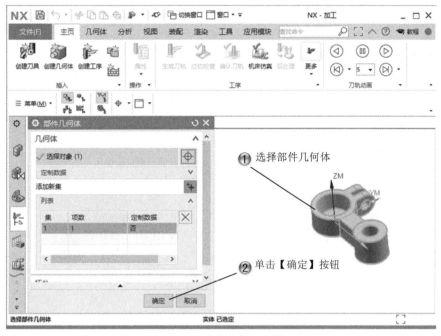

图 5-41　选择部件几何体

Step5 选择指定毛坯命令，如图 5-42 所示。

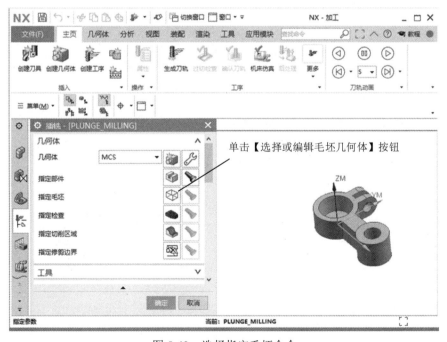

图 5-42　选择指定毛坯命令

Step6 选择毛坯，如图 5-43 所示。

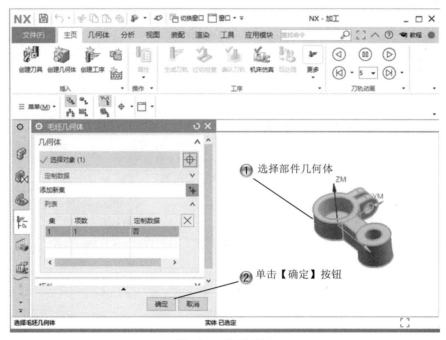

图 5-43　选择毛坯

Step7 选择指定检查命令，如图 5-44 所示。

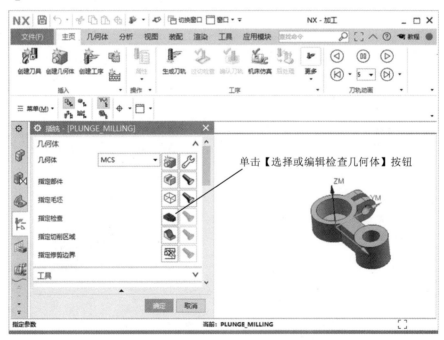

图 5-44　选择指定检查命令

Step8 选择检查几何体，如图 5-45 所示。

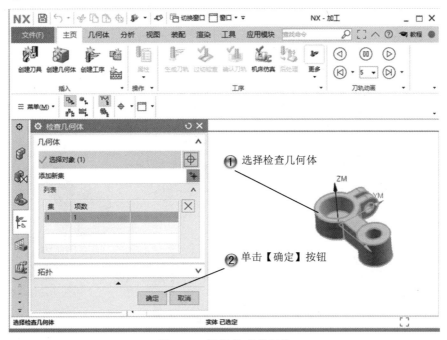

图 5-45　选择检查几何体

Step9 选择指定切削区域命令，如图 5-46 所示。

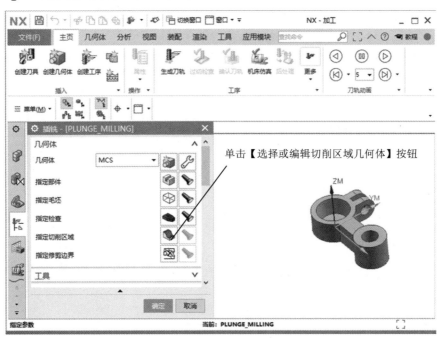

图 5-46　选择指定切削区域命令

Step10 选择切削区域，如图 5-47 所示。

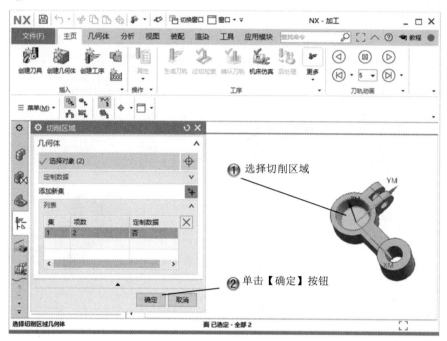

图 5-47　选择切削区域

Step11 选择【插削层】命令，如图 5-48 所示。

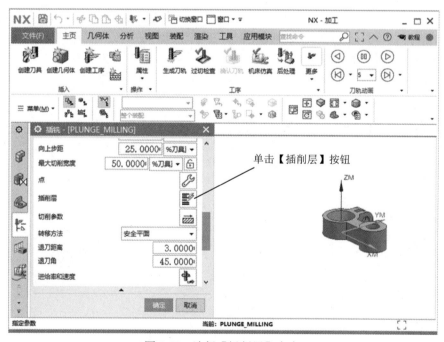

图 5-48　选择【插削层】命令

Step12 设置插削层参数，如图 5-49 所示。

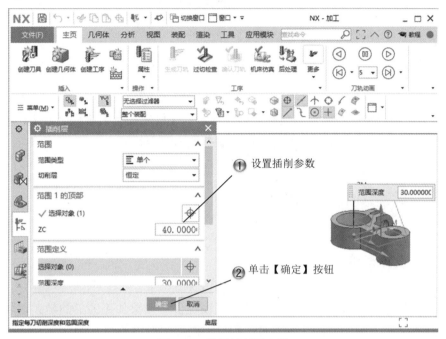

图 5-49　设置插削层参数

Step13 生成刀路，如图 5-50 所示。

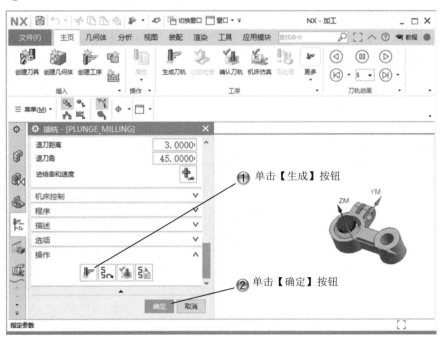

图 5-50　生成刀路

5.3 参数设置

【插铣】对话框中的参数设置包括【刀轨设置】、【机床控制】、【程序】、【选项】和【操作】等，这些参数与【型腔铣削】对话框中的参数大部分相同。

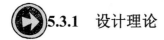

5.3.1 设计理论

加工刀具的最大切削宽度一般由刀具制造商提供。如果加工刀具的最大切削宽度小于刀具半径，则加工刀具的底部区域将有一部分不能切削材料。

5.3.2 课堂讲解

1. 切削模式

下面将主要介绍【插铣】与【型腔铣】对话框不同的操作参数，如图5-51所示。

插铣削加工提供的【切削模式】介绍如下。

（1）跟随部件

【跟随部件】方法可以保证刀具沿着整个部件几何体进行切削，从而无须设置岛的清理刀路。只有当没有定义要从其中偏置的部件几何体时（如在面加工区域中），【跟随部件】才会从毛坯几何体偏置，如图5-52所示，偏置定义型腔和岛的部件几何体，可创建【跟随部件】切削模式。

图5-51 参数设置

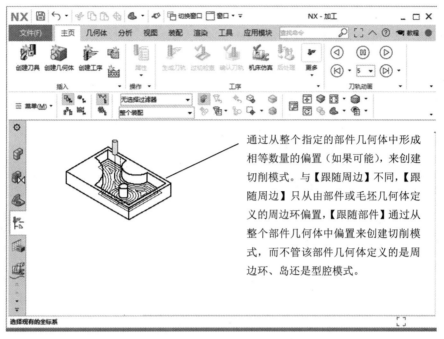

图 5-52 【跟随部件】切削模式

(2) 跟随周边

【跟随周边】方法可加工区域内的所有刀路都将是封闭形状。如图 5-53 所示说明了使用顺铣和向外类型的腔体方向时，选择【跟随周边】后刀具移动的基本顺序。

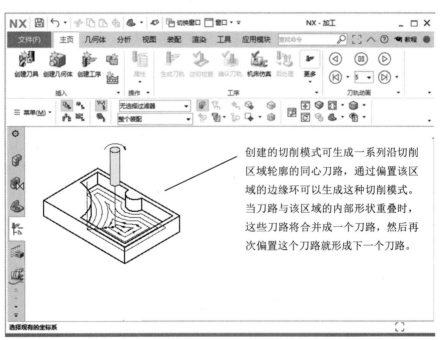

图 5-53 【跟随周边】刀具移动的基本顺序

（3）轮廓加工

【轮廓加工】允许刀具准确地沿指定边界运动，从而不需要再应用轮廓铣中使用的自动边界修剪功能。

（4）单向

【单向】可创建一系列沿一个方向切削的线性平行刀路。单向将保持一致的顺铣或逆铣，并且在连续的刀路间不执行轮廓铣，除非指定的进刀方法要求刀具执行该操作。如图 5-54 所示说明了逆铣的单向刀具运动的基本顺序。

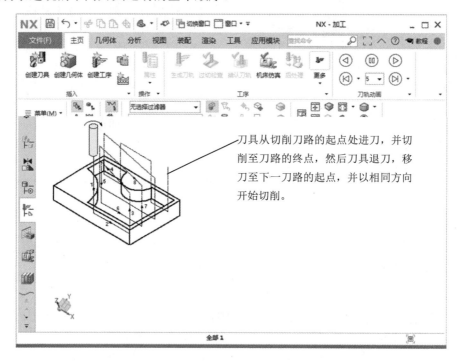

图 5-54　逆铣的单向刀具运动的基本顺序

（5）往复

【往复】创建一系列平行的线性刀路，彼此切削方向相反，但步进方向一致。这种切削类型可以通过允许刀具在步距间保持连续的进刀来最大化切削运动。指定顺铣或逆铣方向不会影响此类型的切削行为，但却会影响其中用到的清壁操作的方向，如图 5-55 所示。

（6）单向轮廓

创建的单向切削模式将跟随两个连续单向刀路间的切削区域的轮廓，它将严格保持顺铣或逆铣。如图 5-56 所示说明了顺铣的单向轮廓刀具运动的基本顺序。

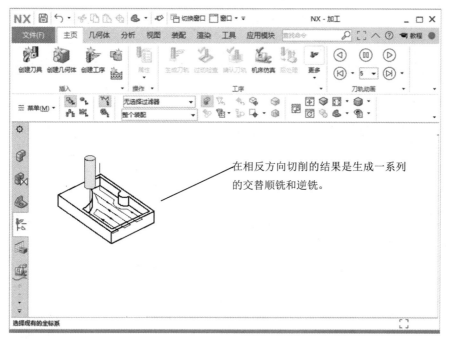

图 5-55　往复切削模式

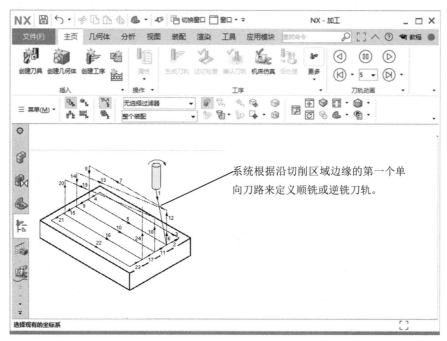

图 5-56　单向轮廓切削模式

2. 向前步距和最大切削宽度

（1）向前步距

【刀轨设置】选项组中的【向前步距】文本框，用于指定刀具插铣削加工时从当前位置移动到下一个位置向前的步长，如图 5-57 所示。

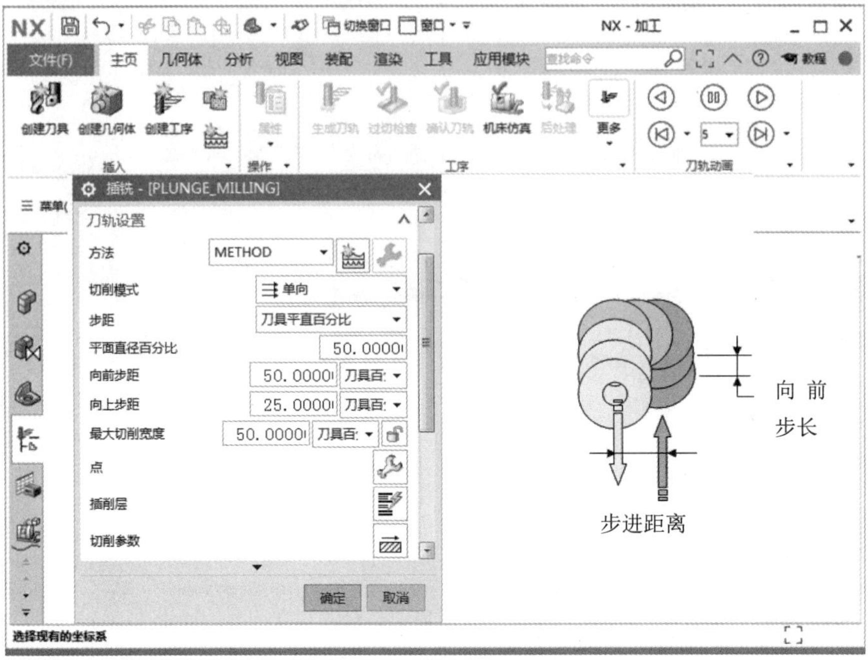

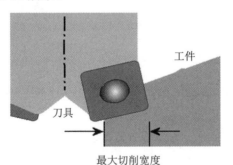

图 5-57　设置向前步距

（2）最大切削宽度

【刀轨设置】选项组中的【最大切削宽度】文本框用于指定刀具在刀轴投影方向能够切削工件的最大宽度，如图 5-58 所示。

图 5-58　最大切削宽度

3. 设置进刀点

在【刀轨设置】选项组中单击【点】按钮，系统打开如图 5-59 所示的【控制几何体】对话框，提示用户"指定控制几何体"。

在【控制几何体】对话框的【预钻孔进刀点】选项组中单击【编辑】按钮，系统打开如图 5-60 所示的【预钻孔进刀点】对话框，提示用户"选择预钻孔进刀点"。

在【控制几何体】对话框中,用户可以设置预钻孔进刀点和切削区域起点,这两个控制几何体的指定方法相同。

图 5-59　【控制几何体】对话框

用户可以在【预钻孔进刀点】对话框中选中【点/圆弧】或者【光标】单选按钮指定一个预钻孔进刀点。

图 5-60　【预钻进刀点】对话框

4. 转移方法和退刀

（1）转移方法

【转移方法】下拉列表框中包含【安全平面】和【自动】两个选项,这两个选项的含义说明如图 5-61 所示。

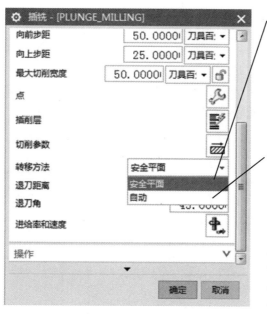

①【安全平面】选项:指定插铣削加工的传递运动在安全平面内进行,即刀具每完成一次插铣削加工,就退回到安全平面,然后进行下一次插铣削加工,如此往复循环。

②【自动】选项:指定插铣削加工的传递运动由系统自动决定。插铣削加工的传递运动将在原切削区域所在的平面上偏置一定的距离后进行,该偏置距离至少保证不发生过切现象,也不能与工件或者夹具发生碰撞。

图 5-61　【转移方法】下拉列表框

（2）退刀

退刀包含【退刀距离】和【退刀角】两个选项，这两个选项的含义说明如图 5-62 所示。

①【退刀距离】文本框用于指定刀具退刀时的退刀距离。

②【退刀角】文本框用于指定刀具退刀时与竖直方向的角度。刀具在退刀时，将沿着 3D 矢量方向进行。3D 矢量方向由竖直角度和水平角度组成，其中竖直角度由用户指定，水平角度由系统自动生成。

图 5-62　退刀选项

5.3.3　课堂练习——设置插铣参数

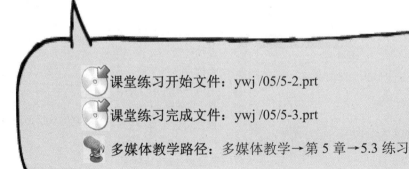

课堂练习开始文件：ywj /05/5-2.prt

课堂练习完成文件：ywj /05/5-3.prt

多媒体教学路径：多媒体教学→第 5 章→5.3 练习

Step1 选择【编辑】命令，如图 5-63 所示。

图 5-63　选择【编辑】命令

Step2 选择【点】命令，如图 5-64 所示。

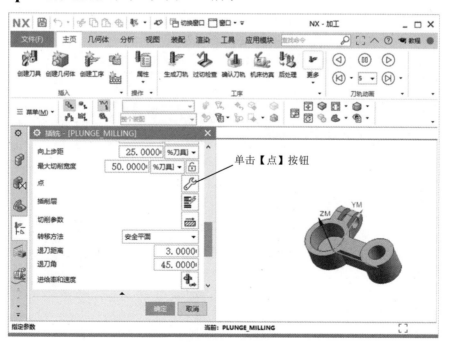

图 5-64　选择【点】命令

Step3 选择【编辑】命令，如图 5-65 所示。

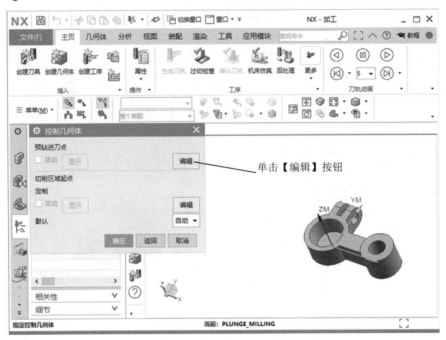

图 5-65　选择【编辑】命令

Step4 选择【一般点】命令，如图 5-66 所示。

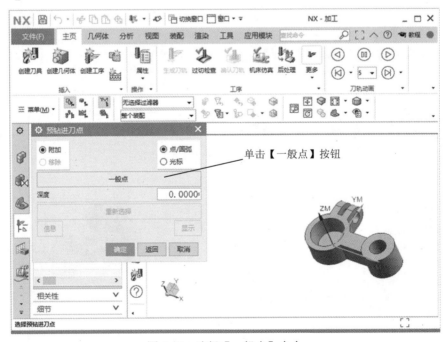

图 5-66　选择【一般点】命令

Step5 设置点的位置，如图 5-67 所示。

图 5-67 设置点的位置

Step6 设置加工参数，如图 5-68 所示。

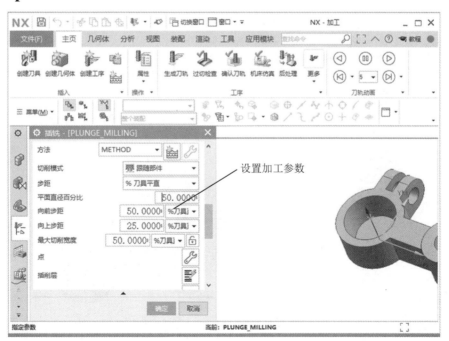

图 5-68 设置加工参数

Step7 生成刀轨，如图 5-69 所示。

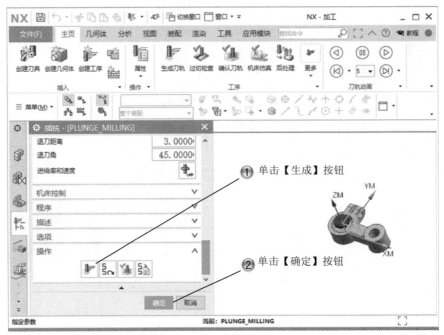

图 5-69　生成刀轨

Step8 完成插铣削工序，如图 5-70 所示。

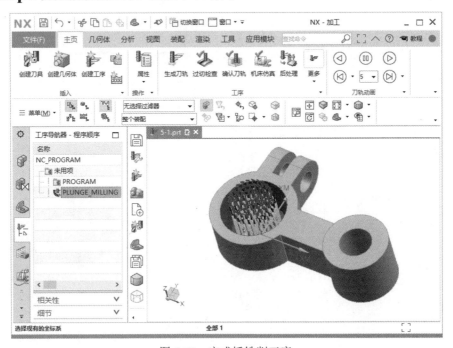

图 5-70　完成插铣削工序

5.4 专家总结

本章主要介绍了插铣削加工操作的创建方法和参数设置。插铣削操作的加工几何包括几何体、部件几何、毛坯几何、检查几何、切削区域和修剪几何等，这些几何体的类型与型腔铣削操作相同，指定方法也基本相同。

插铣削操作的创建方法与型腔铣操作的创建方法及其参数设置方法基本相同。需要特别注意的是刀具轨迹的生成过程，从刀具轨迹的生成过程或者刀具轨迹的验证过程中，可以看到插铣削加工的切削顺序，即从最低的切削区域开始，依次向上。

5.5 课后习题

5.5.1 填空题

（1）插铣削加工的方法是_____。
（2）插铣层的设置命令是_____。
（3）插铣削的参数设置有_____、_____、_____、_____。

5.5.2 问答题

（1）创建插铣削加工的步骤有哪些？
（2）插铣削和型腔铣削加工的区别有哪些？

5.5.3 上机操作题

使用本章介绍的插铣削创建方法，在如图 5-71 所示的零件上创建插铣削加工工序。

操作步骤和方法：
（1）创建插铣削工序。
（2）设置加工几何体。
（3）设置插铣削加工参数。
（4）生成加工刀轨。

图 5-71　创建插铣削工序

第 6 章 等高曲面轮廓铣加工

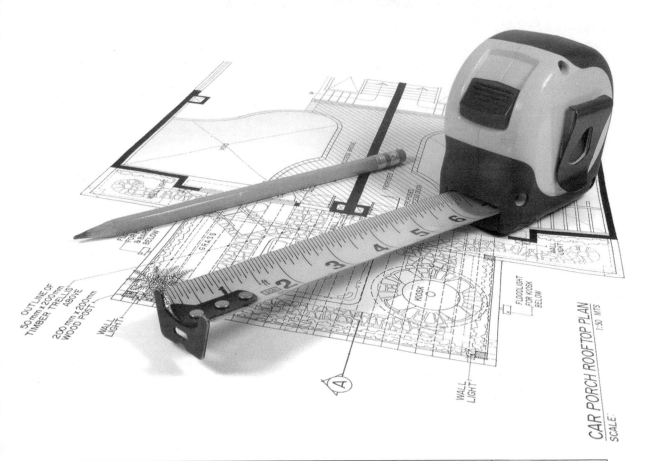

内　容	掌握程度	课　时
创建方法	熟练运用	2
加工几何	熟练运用	2
操作参数	熟练运用	2

课训目标

第 6 章 等高曲面轮廓铣加工

> 课程学习建议

本章将讲解一种轮廓铣加工类型——等高曲面轮廓铣加工的创建方法和参数设置方法。首先概述等高曲面轮廓铣加工的创建方法，接着简单讲解加工几何体的指定方法，随后着重介绍等高曲面轮廓铣加工的操作参数，包括【陡峭空间范围】下拉列表框、【合并距离】文本框等。

通过本章讲解的课堂练习，可以更加深刻地理解等高曲面轮廓铣操作的创建方法及其参数设置方法，同时可以更加清晰地了解等高曲面轮廓铣操作的特色。只有在切削区域中大于陡峭角的区域才被切削加工，非陡峭区域不进行加工操作。

本课程主要基于软件的数控加工模块进行讲解，其培训课程表如下。

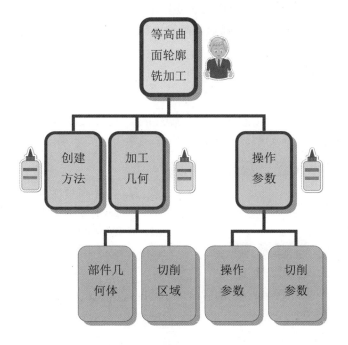

6.1 创建方法

基本概念

等高曲面轮廓铣加工是一种固定轴铣加工，主要用于进行多层切削加工得到零件的外形轮廓。

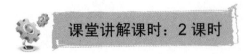

6.1.1 设计理论

等高曲面轮廓铣加工允许用户指定只加工部件的陡峭区域或者加工整个部件，从而可以进一步限制刀具的加工区域。如果用户不指定切削区域几何，系统则默认整个部件几何都是切削区域。在刀具轨迹的生成过程中，系统将根据切削区域的几何形状及用户指定的陡峭角，判断是否切削加工该区域，并且在每个切削层保证不发生过切工件的现象。

与型腔铣削操作不同，用户可以在等高曲面轮廓铣操作中指定陡峭角，从而将切削区域区分为陡峭区域和非陡峭区域。用户只需要指定一个角度（如65°），则陡峭角大于65°的区域为陡峭区域，小于65°的区域为非陡峭区域。

6.1.2 课堂讲解

在【插入】选项卡中单击【创建工序】按钮，打开如图6-1所示的【创建工序】对话框，系统提示用户"选择类型、子类型、位置，并指定工序名"。

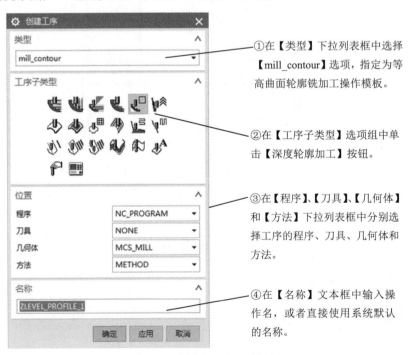

图6-1 【创建工序】对话框

完成上述操作后,在【创建工序】对话框中单击【确定】按钮,打开如图 6-2 所示的【深度轮廓加工】对话框,系统提示用户"指定参数"。

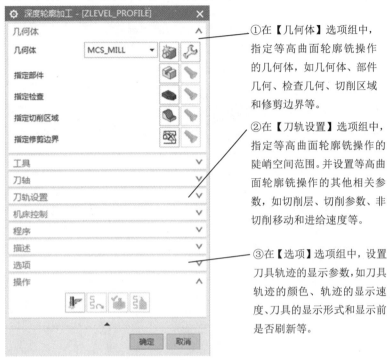

①在【几何体】选项组中,指定等高曲面轮廓铣操作的几何体,如几何体、部件几何、检查几何、切削区域和修剪边界等。

②在【刀轨设置】选项组中,指定等高曲面轮廓铣操作的陡峭空间范围。并设置等高曲面轮廓铣操作的其他相关参数,如切削层、切削参数、非切削移动和进给速度等。

③在【选项】选项组中,设置刀具轨迹的显示参数,如刀具轨迹的颜色、轨迹的显示速度、刀具的显示形式和显示前是否刷新等。

图 6-2 【深度轮廓加工】对话框

> 等高曲面轮廓铣操作的最主要特征之一是可以指定陡峭角。因此,【陡峭空间范围】下拉列表框是等高曲面轮廓铣操作最重要的参数之一。

名师点拨

6.1.3 课堂练习——创建零件轮廓铣工序

- 课堂练习开始文件:无
- 课堂练习完成文件:ywj /06/6-1.prt
- 多媒体教学路径:多媒体教学→第 6 章→6.1 练习

Step1 选择草绘面，如图 6-3 所示。

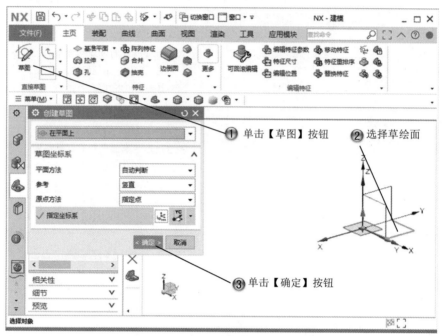

图 6-3　选择草绘面

Step2 绘制矩形，如图 6-4 所示。

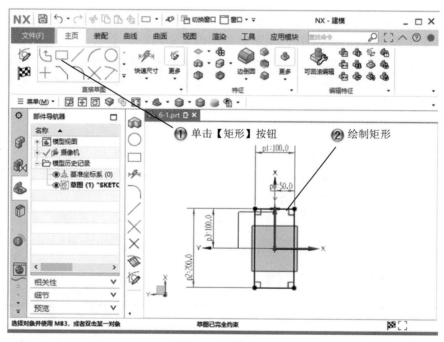

图 6-4　绘制矩形

Step3 绘制圆形，如图 6-5 所示。

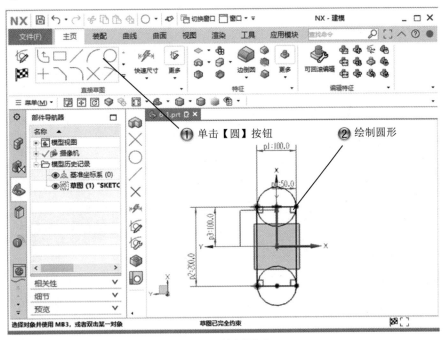

图 6-5　绘制圆形

Step4 修剪草图，如图 6-6 所示。

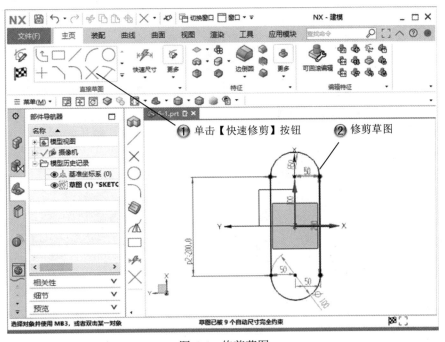

图 6-6　修剪草图

Step5 创建拉伸特征，如图 6-7 所示。

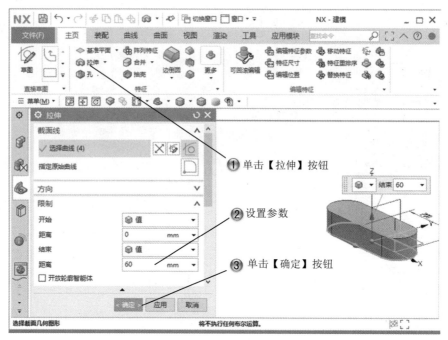

图 6-7　创建拉伸特征

Step6 选择草绘面，如图 6-8 所示。

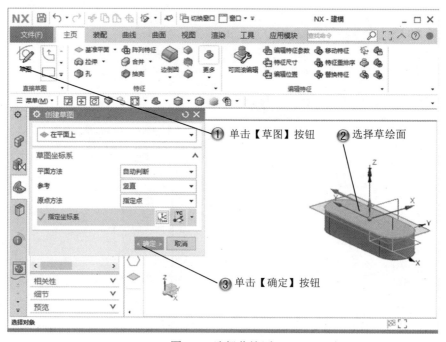

图 6-8　选择草绘面

第 6 章
等高曲面轮廓铣加工

Step7 创建偏置曲线,如图 6-9 所示。

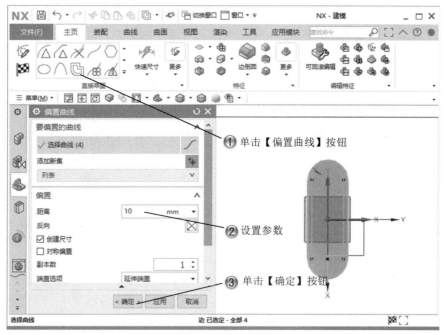

图 6-9　创建偏置曲线

Step8 创建拉伸特征,如图 6-10 所示。

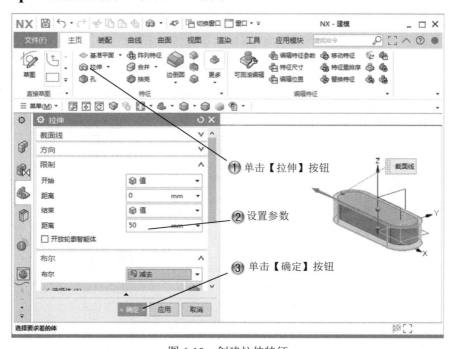

图 6-10　创建拉伸特征

Step9 选择草绘面，如图 6-11 所示。

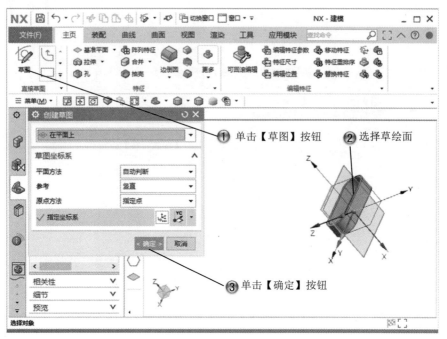

图 6-11　选择草绘面

Step10 绘制矩形，如图 6-12 所示。

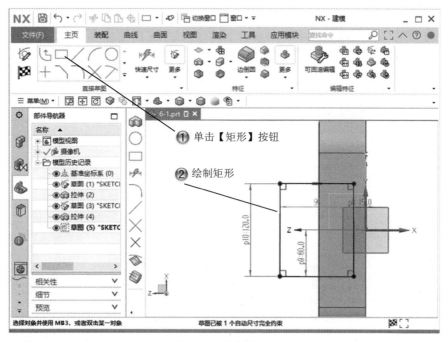

图 6-12　绘制矩形

第 6 章
等高曲面轮廓铣加工

Step11 创建拉伸特征，如图 6-13 所示。

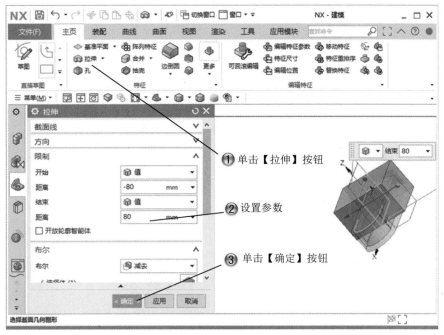

图 6-13　创建拉伸特征

Step12 选择草绘面，如图 6-14 所示。

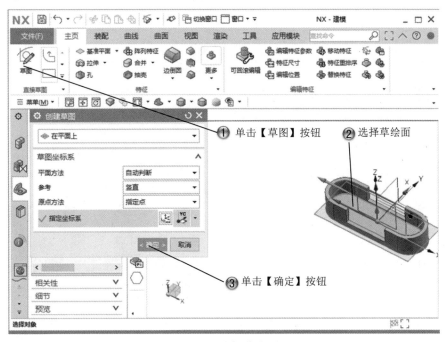

图 6-14　选择草绘面

· 231 ·

Step13 绘制圆形，如图 6-15 所示。

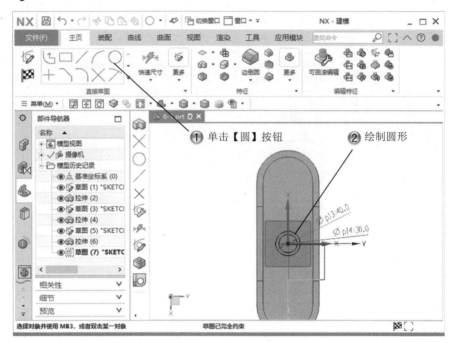

图 6-15　绘制圆形

Step14 创建拉伸特征，如图 6-16 所示。

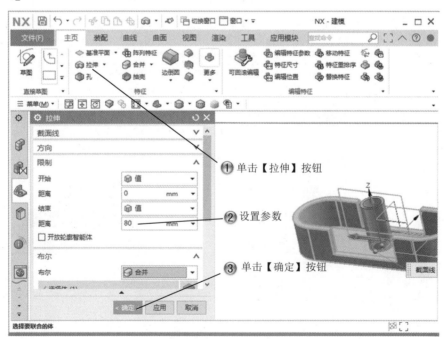

图 6-16　创建拉伸特征

Step15 创建倒斜角，如图 6-17 所示。

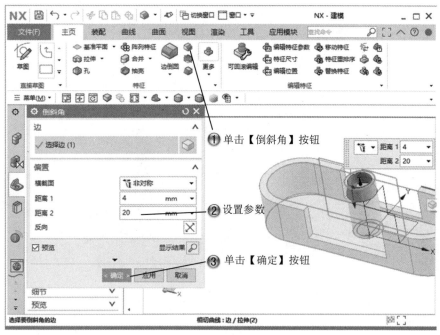

图 6-17 创建倒斜角

Step16 选择草绘面，如图 6-18 所示。

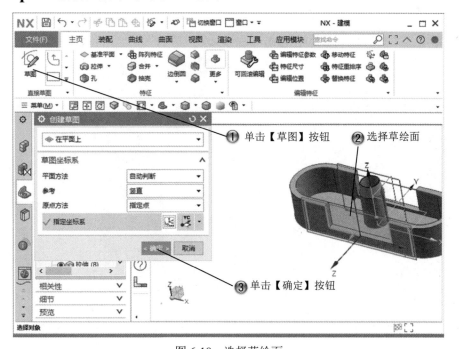

图 6-18 选择草绘面

Step17 绘制矩形，如图 6-19 所示。

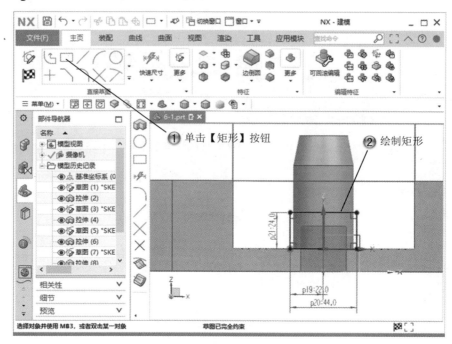

图 6-19　绘制矩形

Step18 绘制圆形，如图 6-20 所示。

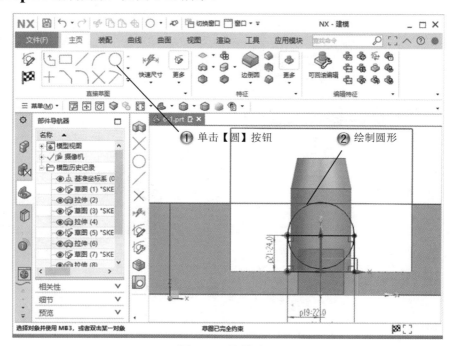

图 6-20　绘制圆形

Step19 修剪草图，如图 6-21 所示。

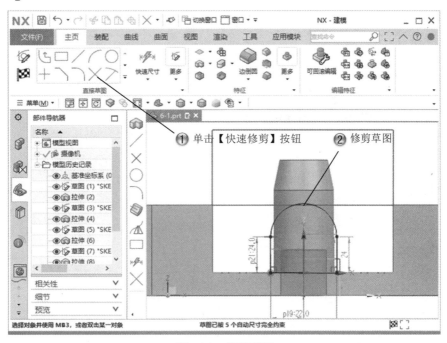

图 6-21　修剪草图

Step20 创建拉伸特征，如图 6-22 所示。

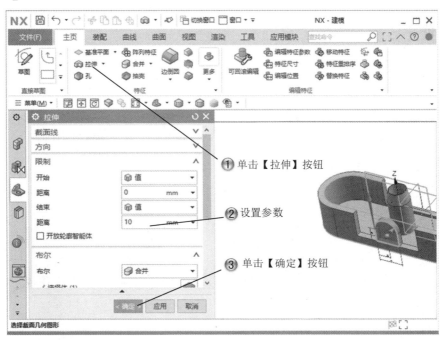

图 6-22　创建拉伸特征

Step21 选择草绘面，如图 6-23 所示。

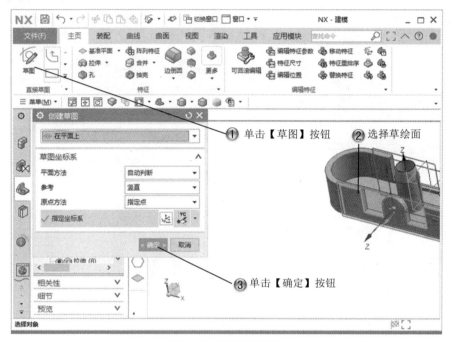

图 6-23　选择草绘面

Step22 绘制圆形，如图 6-24 所示。

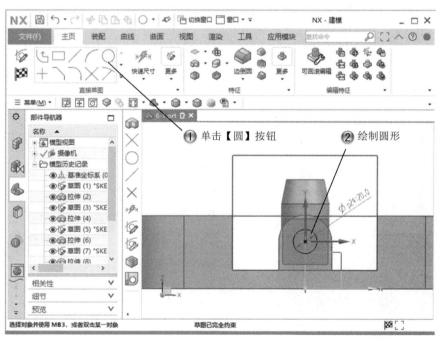

图 6-24　绘制圆形

Step23 创建拉伸特征,如图 6-25 所示。

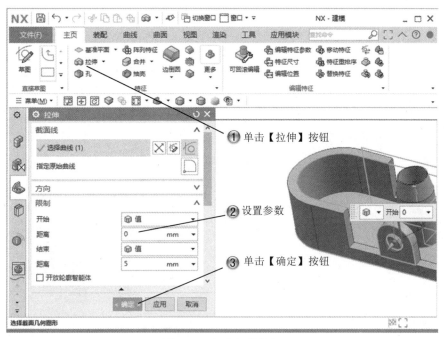

图 6-25　创建拉伸特征

Step24 创建镜像特征,如图 6-26 所示。

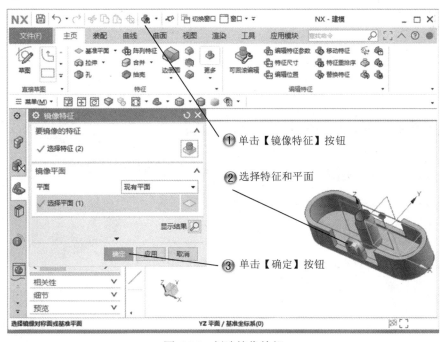

图 6-26　创建镜像特征

Step25 选择【加工】命令，如图 6-27 所示。

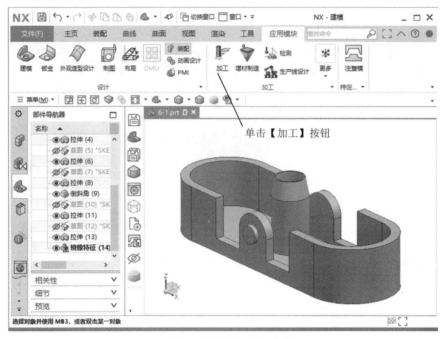

图 6-27　选择【加工】命令

Step26 设置加工环境，如图 6-28 所示。

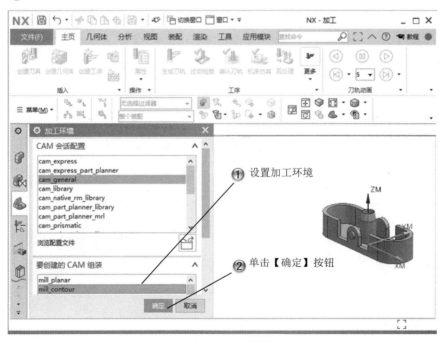

图 6-28　设置加工环境

Step27 创建工序，如图 6-29 所示。

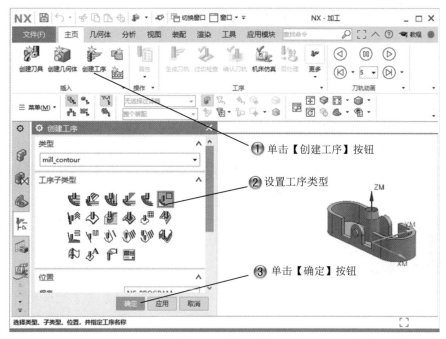

图 6-29　创建工序

Step28 完成轮廓铣工序，如图 6-30 所示。

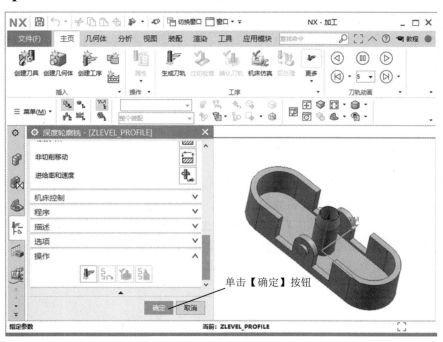

图 6-30　完成轮廓铣工序

6.2 加工几何

用户在创建一个型腔铣削操作时,可以指定不同类型的加工几何体,包括几何体、部件几何、检查几何、切削区域和修剪几何等。

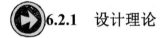

6.2.1 设计理论

等高曲面轮廓铣加工与型腔铣削有很多相似之处,如加工几何的类型和指定方法基本相同(除毛坯几何外),切削参数、切削层和进给速度等参数的设置方法也基本相同。等高曲面轮廓铣加工与型腔铣削加工的最大不同点在于【陡峭空间范围】下拉列表框。

6.2.2 课堂讲解

1. 部件几何体

用户在创建一个型腔铣削操作时,需要指定 6 个不同类型的加工几何体,包括几何体、部件几何、检查几何、切削区域和修剪几何等,【几何体】选项组如图 6-31 所示。

在【几何体】选项组中单击【选择或编辑部件几何体】按钮 ,系统打开如图 6-32 所示的【部件几何体】对话框,系统提示用户"选择部件几何体"。

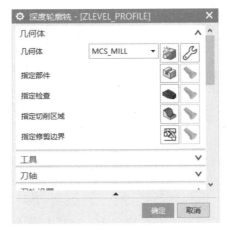

图 6-31 【几何体】选项组

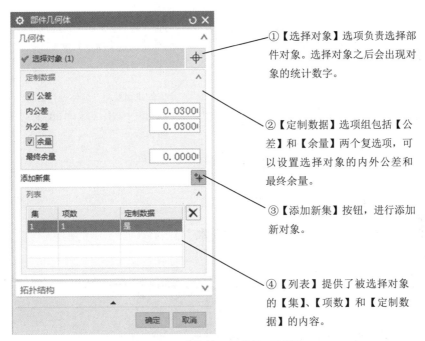

① 【选择对象】选项负责选择部件对象。选择对象之后会出现对象的统计数字。

② 【定制数据】选项组包括【公差】和【余量】两个复选项,可以设置选择对象的内外公差和最终余量。

③ 【添加新集】按钮,进行添加新对象。

④ 【列表】提供了被选择对象的【集】、【项数】和【定制数据】的内容。

图 6-32 【部件几何体】对话框

> 与型腔铣削操作相比,等高曲面轮廓铣操作不需要用户指定部件毛坯几何。

名师点拨

2. 切削区域

在【型腔铣】对话框的【几何体】选项组中单击【选择或编辑切削区域几何体】按钮，系统打开如图 6-33 所示的【切削区域】对话框,系统提示用户"选择切削区域

· 241 ·

几何体"。在【切削区域】对话框中，用户可以选择几何体对象、指定公差和余量、编辑列表等参数。

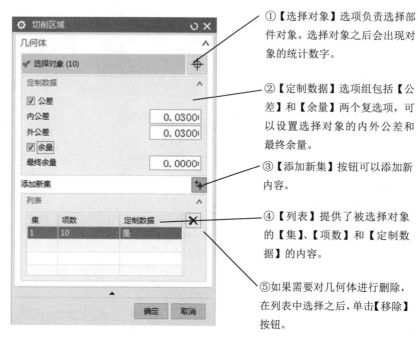

图 6-33　【切削区域】对话框

6.2.3　课堂练习——设置加工几何体

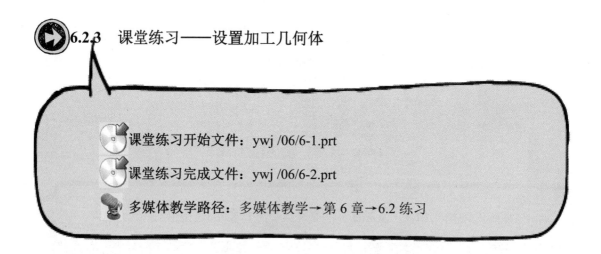

课堂练习开始文件：ywj /06/6-1.prt
课堂练习完成文件：ywj /06/6-2.prt
多媒体教学路径：多媒体教学→第 6 章→6.2 练习

Step1 选择【编辑】命令，如图 6-34 所示。

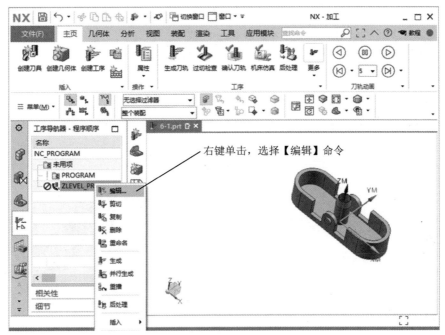

图 6-34　选择【编辑】命令

Step2 选择指定部件命令，如图 6-35 所示。

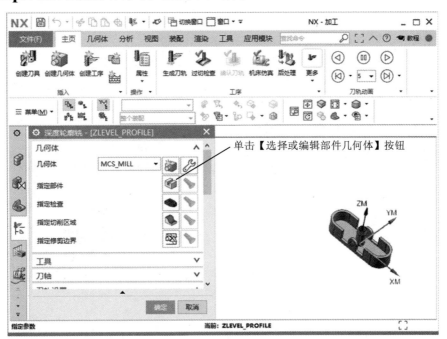

图 6-35　选择指定部件命令

Step3 选择部件，如图 6-36 所示。

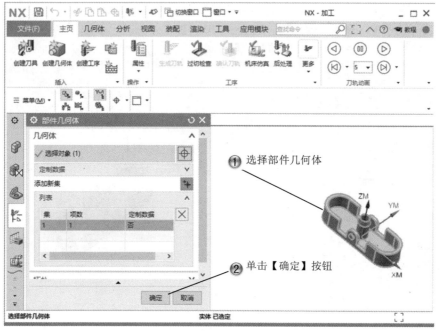

图 6-36　选择部件

Step4 选择指定检查命令，如图 6-37 所示。

图 6-37　选择指定检查命令

第 6 章
等高曲面轮廓铣加工

Step5 选择检查几何体，如图 6-38 所示。

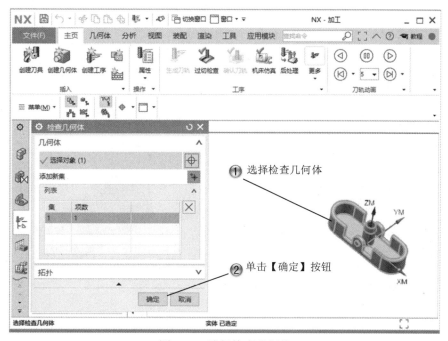

图 6-38　选择检查几何体

Step6 选择指定切削区域命令，如图 6-39 所示。

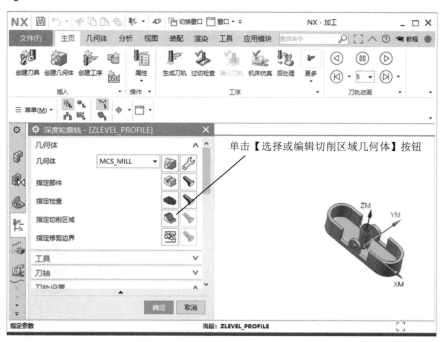

图 6-39　选择指定切削区域命令

Step7 选择切削区域，如图 6-40 所示。

图 6-40　选择切削区域

Step8 选择新建刀具命令，如图 6-41 所示。

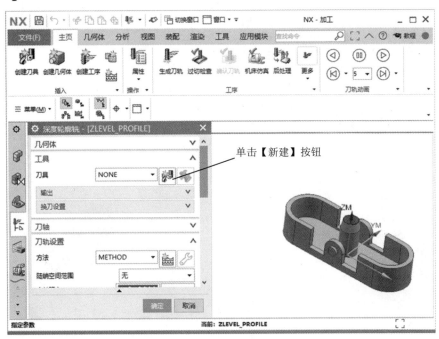

图 6-41　选择新建刀具命令

第 6 章
等高曲面轮廓铣加工

Step9 设置刀具类型，如图 6-42 所示。

图 6-42 设置刀具类型

Step10 设置刀具参数，如图 6-43 所示。

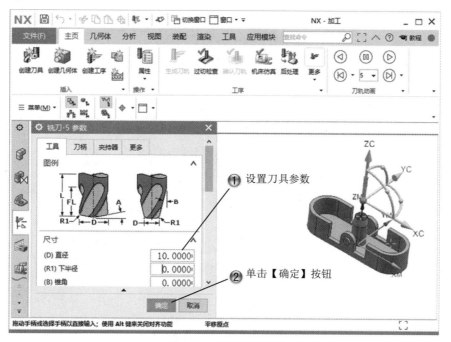

图 6-43 设置刀具参数

Step11 选择【切削层】命令，如图 6-44 所示。

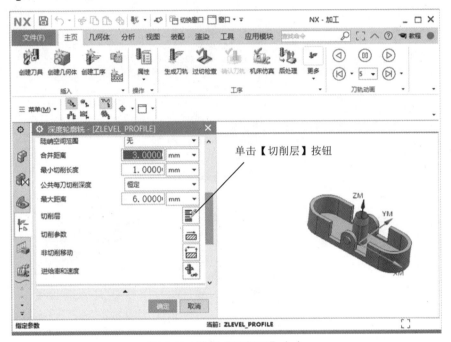

图 6-44　选择【切削层】命令

Step12 设置切削层参数，如图 6-45 所示。

图 6-45　设置切削层参数

Step13 生成刀轨，如图 6-46 所示。

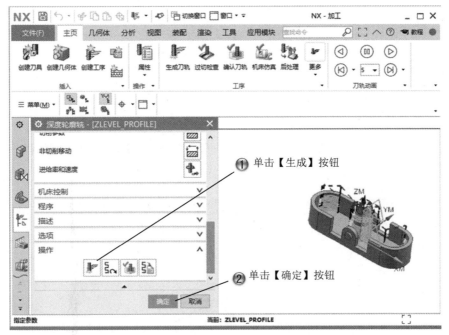

图 6-46　生成刀轨

6.3　操作参数

【深度轮廓加工】对话框中的参数设置包括【刀轨设置】、【机床控制】、【程序】、【选项】和【操作】等，这些参数与【型腔铣】对话框中的参数大体相同。

课堂讲解课时：2 课时

6.3.1　设计理论

【陡峭空间范围】下拉列表框是等高曲面轮廓铣操作的最重要参数之一，它主要用于决定是否将切削区域区分为陡峭区域和非陡峭区域。用户可以通过在【陡峭空间范围】下拉列表框中选择【无】和【仅陡峭的】选项来实现。当用户决定将切削区域区分为陡峭区域和非陡峭区域时，系统将要求用户指定陡峭角。只有在切削区域中大于该陡峭角的区域，陡峭区域才被切削加工，非陡峭区域不进行加工操作，这是等高曲面轮廓铣操作的主要特色之一。

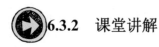 **6.3.2 课堂讲解**

1. 操作参数

下面主要介绍一些【深度轮廓加工】对话框与【型腔铣】对话框不同的操作参数，如图6-47所示。

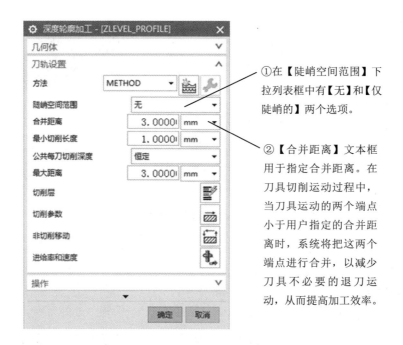

图6-47 【刀轨设置】选项组

在【陡峭空间范围】下拉列表框中选择【无】选项，系统将在整个切削区域进行切削，不区分陡峭区域和非陡峭区域，如图6-48所示。

在【陡峭空间范围】下拉列表框中选择【仅陡峭的】选项，可以指定刀具只切削陡峭区域，非陡峭区域不进行切削，此时【陡峭空间范围】下拉列表框下方将显示【角度】文本框。用户可以在【角度】文本框中输入数值，指定陡峭角的临界值。此时系统将只加工切削区域中大于陡峭角临界值的部分，如图6-49所示。

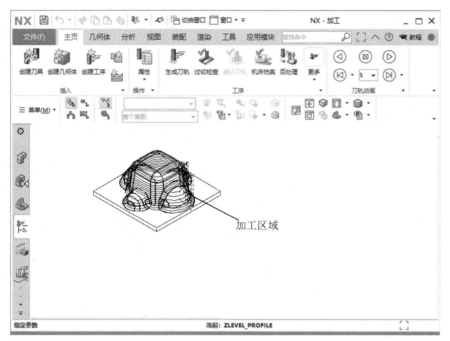

图 6-48　加工区域

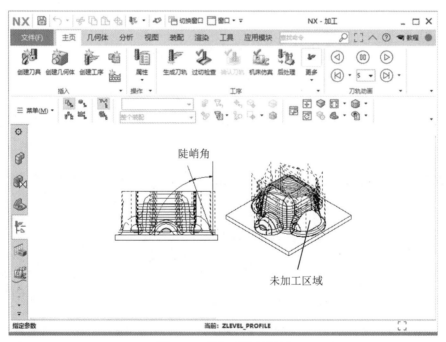

图 6-49　只切削陡峭区域

2. 切削参数

在【刀轨设置】选项组中单击【切削参数】按钮 ，系统打开【切削参数】对话框。然后在其中单击【连接】标签，切换到【连接】选项卡，如图 6-50 所示。在【层到层】下拉列表框中包含【使用转移方法】、【直接对部件进刀】、【沿部件斜进刀】和【沿部件交叉斜进刀】四个不同的选项。

图 6-50 【切削参数】对话框

6.3.3 课堂练习——设置操作参数

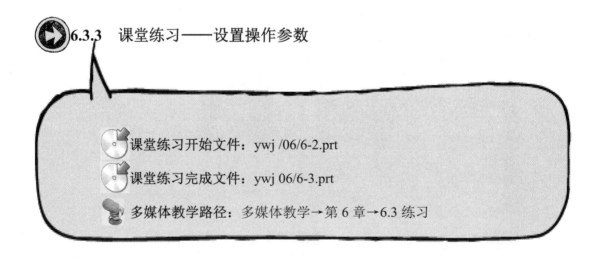

第 6 章
等高曲面轮廓铣加工

Step1 选择【创建工序】命令，如图 6-51 所示。

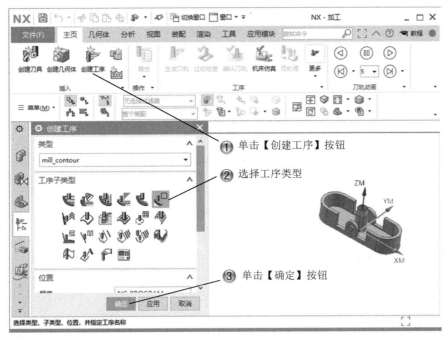

图 6-51　选择【创建工序】命令

Step2 选择指定部件命令，如图 6-52 所示。

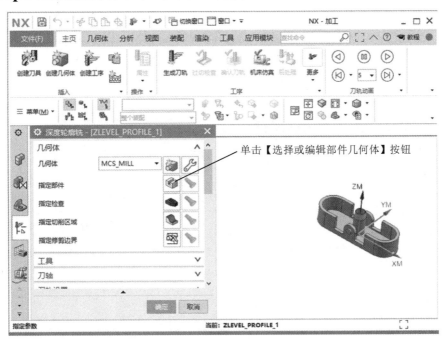

图 6-52　选择指定部件命令

· 253 ·

Step3 指定部件，如图 6-53 所示。

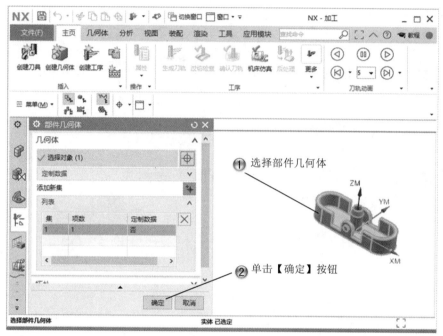

图 6-53　指定部件

Step4 选择指定检查命令，如图 6-54 所示。

图 6-54　选择指定检查命令

Step5 选择检查几何体,如图 6-55 所示。

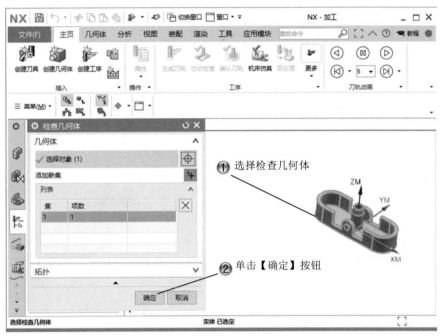

图 6-55　选择检查几何体

Step6 选择指定切削区域命令,如图 6-56 所示。

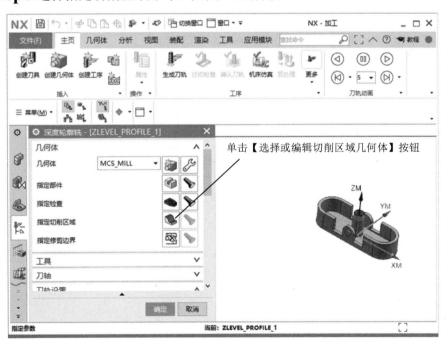

图 6-56　选择指定切削区域命令

Step7 选择切削区域，如图 6-57 所示。

图 6-57　选择切削区域

Step8 选择新建刀具命令，如图 6-58 所示。

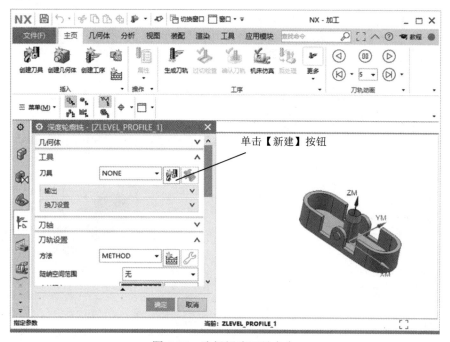

图 6-58　选择新建刀具命令

第 6 章
等高曲面轮廓铣加工

Step9 选择刀具类型，如图 6-59 所示。

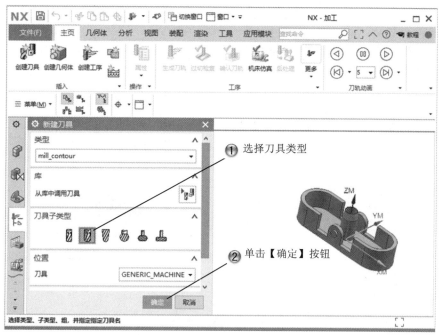

图 6-59　选择刀具类型

Step10 设置刀具参数，如图 6-60 所示。

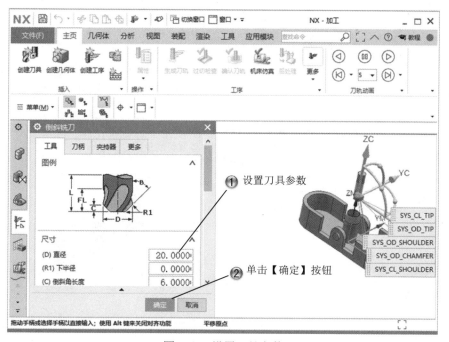

图 6-60　设置刀具参数

Step11 选择【切削参数】命令，如图 6-61 所示。

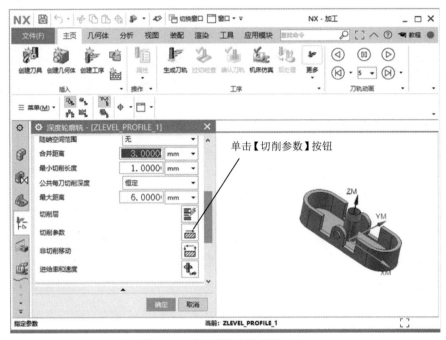

图 6-61　选择【切削参数】命令

Step12 设置切削参数，如图 6-62 所示。

图 6-62　设置切削参数

Step13 选择【进给率和速度】命令，如图 6-63 所示。

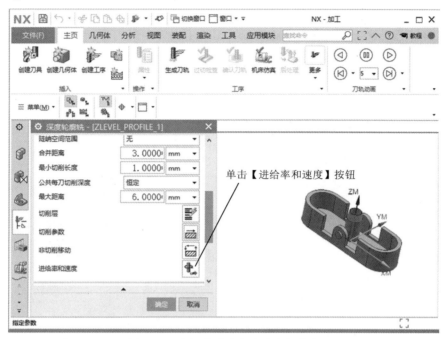

图 6-63　选择【进给率和速度】命令

Step14 设置进给率和速度，如图 6-64 所示。

图 6-64　设置进给率和速度

Step15 生成刀轨，如图 6-65 所示。

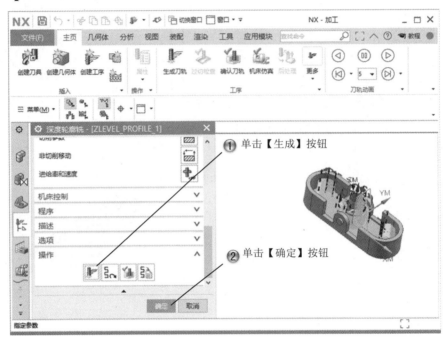

图 6-65 生成刀轨

Step16 完成等高曲面铣削工序，如图 6-66 所示。

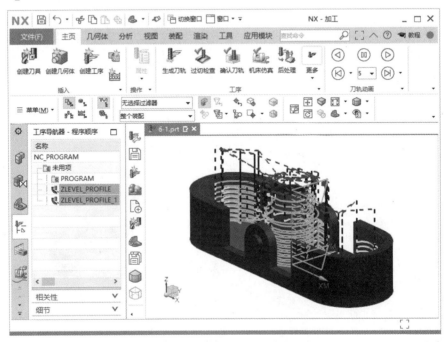

图 6-66 完成等高曲面铣削工序

6.4 专家总结

本章主要介绍了等高曲面轮廓铣操作的创建方法和参数设置。等高曲面轮廓铣操作的加工几何包括几何体、部件几何、检查几何、切削区域和修剪几何等。与型腔铣削操作相比，等高曲面轮廓铣操作不需要用户指定部件毛坯几何。

本章的课堂练习需要生成模型陡峭区域的刀具轨迹。在设计范例的创建过程中，需要着重理解陡峭角的设置及其刀具轨迹的生成区域，即刀具的切削区域。通过练习，读者可以更加深刻地理解等高曲面轮廓铣操作的创建方法及其参数设置方法。

6.5 课后习题

6.5.1 填空题

（1）等高曲面轮廓铣削加工的创建方法是_____。
（2）等高曲面轮廓铣削的加工几何必须设置的选项_____、_____。
（3）等高曲面轮廓铣削的参数设置有_____、_____、_____、_____。

6.5.2 问答题

（1）创建等高曲面轮廓铣削加工的步骤有哪些？
（2）等高曲面轮廓铣削和型腔铣削加工的区别有哪些？

6.5.3 上机操作题

使用本章介绍的等高曲面轮廓铣削创建方法，在如图 6-67 所示的零件上创建加工工序。

操作步骤和方法：
（1）创建等高曲面轮廓铣削工序。
（2）设置加工几何体。
（3）设置等高曲面轮廓铣削加工参数。
（4）生成加工刀轨。

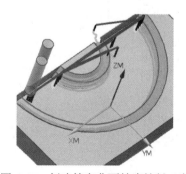

图 6-67 创建等高曲面轮廓铣削工序

第 7 章　固定轴曲面轮廓铣加工

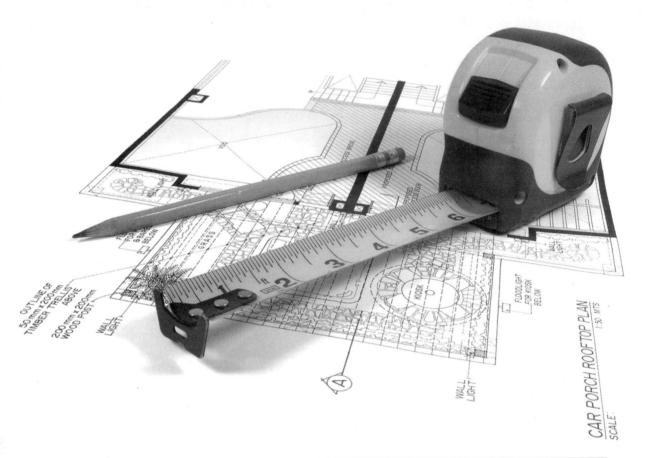

课训目标	内　容	掌握程度	课　时
	创建方法	熟练运用	2
	加工几何	熟练运用	2
	驱动方式	熟练运用	2
	投影矢量	熟练运用	2

第 7 章
固定轴曲面轮廓铣加工

▶ 课程学习建议

固定轴曲面轮廓铣加工是三轴加工方式，因此可以用于加工形状较为复杂的曲面轮廓。在创建固定轴曲面轮廓铣操作时，用户需要指定零件几何、驱动几何、驱动方式和投影矢量，系统沿着用户指定的投影矢量，将驱动几何上的驱动点投影到零件几何上，生成投影点。加工刀具从一个投影点移动到另一个投影点，从而生成刀具轨迹。

本章练习的加工工序需要选择边界驱动方式，选择刀轴作为投影矢量，创建固定轴曲面轮廓铣操作，从而得到曲面的刀具轨迹。

本课程主要基于软件的数控加工模块进行讲解，其培训课程表如下。

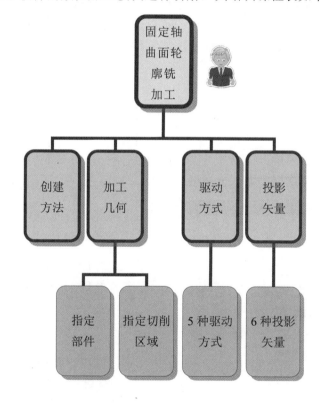

7.1 创建方法

基本概念

固定轴曲面轮廓铣的切削原理主要是，根据用户指定的零件几何、驱动几何、驱动方式和投影矢量，将驱动几何上的驱动点沿着指定的投影矢量方向投影到零件几何上，生成投影点。加工刀具从一个投影点移动到另一个投影点，从而生成刀具轨迹。

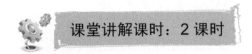

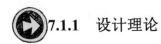 设计理论

固定轴曲面轮廓铣加工用于铣削得到曲面轮廓，因为它是三轴加工方式，所以可以加工得到形状较为复杂的曲面轮廓。固定轴曲面轮廓铣加工主要用于半精加工和精加工。

驱动点是指沿着投影矢量方向投影到零件几何上的投影点，驱动点和投影矢量的类型都由驱动方式决定。确定驱动方式后，用户可以选用的驱动几何、投影矢量、刀轴矢量和切削方式等都随之确定，所以驱动方式应根据零件的表面形状、加工要求等多方面因素来慎重选取。

7.1.2 课堂讲解

在【插入】选项卡中单击【创建工序】按钮，打开如图 7-1 所示的【创建工序】对话框，系统提示用户"选择类型、子类型、位置，并指定工序名"。

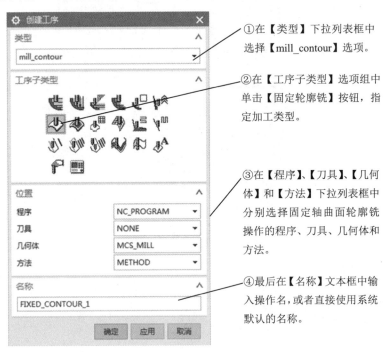

图 7-1 【创建工序】对话框

完成上述操作后，在【创建工序】对话框中单击【确定】按钮，打开如图 7-2 所示的【固定轮廓铣】对话框，系统提示用户"指定参数"。

① 在【方法】下拉列表框中选择固定轴曲面轮廓铣操作的驱动方式。

② 在【投影矢量】选项组的【矢量】下拉列表框中选择固定轴曲面轮廓铣操作的投影矢量。

③ 在【刀轨设置】选项组中，设置固定轴曲面轮廓铣操作的相关参数，如切削参数、非切削移动和进给速度等。

④ 在【选项】选项组中，设置刀具轨迹的显示参数，如刀具轨迹的颜色、轨迹的显示速度、刀具的显示形式和显示前是否刷新等。

图 7-2 【固定轮廓铣】对话框

7.1.3 课堂练习——创建半壳件

- 课堂练习开始文件：无
- 课堂练习完成文件：ywj /07/7-1.prt
- 多媒体教学路径：多媒体教学→第 7 章→7.1 练习

Step1 选择草绘面，如图 7-3 所示。

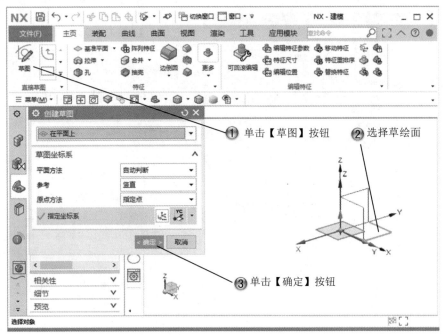

图 7-3　选择草绘面

Step2 绘制矩形，如图 7-4 所示。

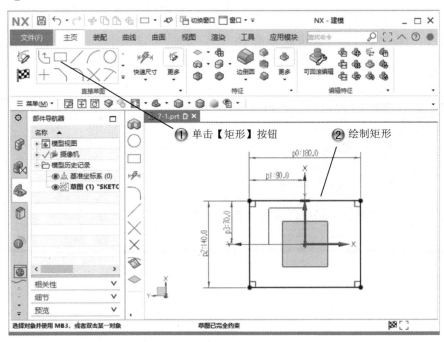

图 7-4　绘制矩形

Step3 创建拉伸特征，如图 7-5 所示。

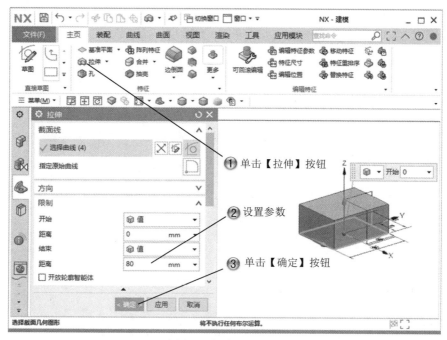

图 7-5　创建拉伸特征

Step4 选择草绘面，如图 7-6 所示。

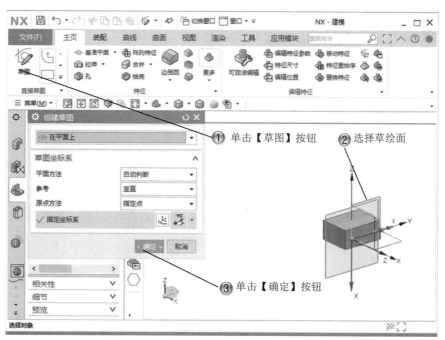

图 7-6　选择草绘面

Step5 绘制圆形，如图 7-7 所示。

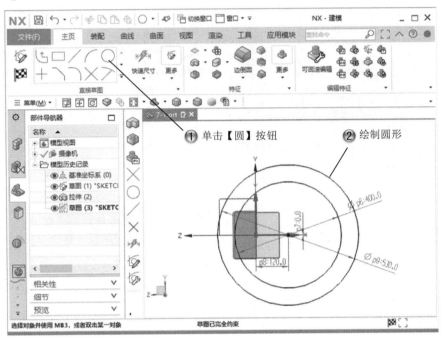

图 7-7　绘制圆形

Step6 创建拉伸特征，如图 7-8 所示。

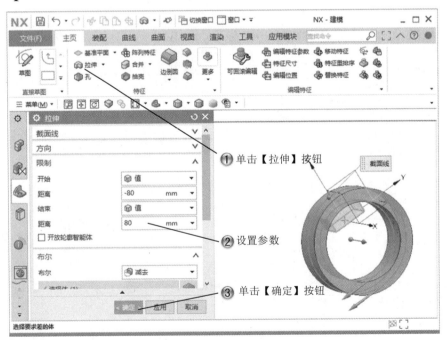

图 7-8　创建拉伸特征

Step7 选择草绘面，如图 7-9 所示。

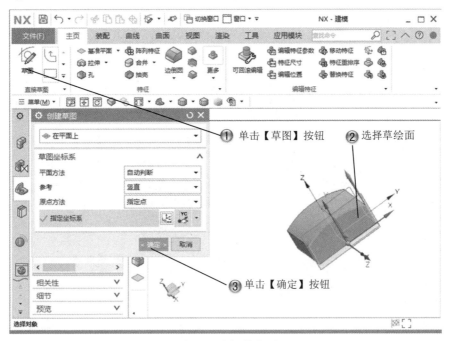

图 7-9　选择草绘面

Step8 绘制圆形，如图 7-10 所示。

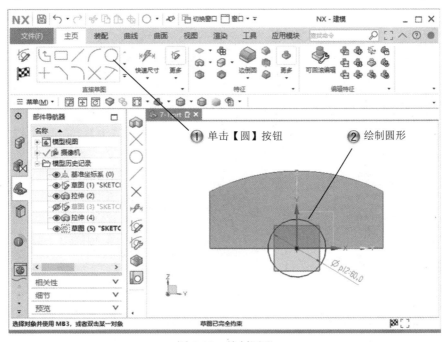

图 7-10　绘制圆形

Step9 绘制直线，如图 7-11 所示。

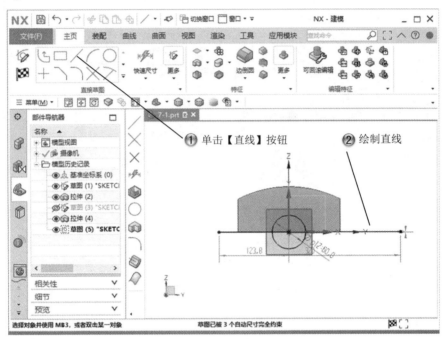

图 7-11　绘制直线

Step10 修剪图形，如图 7-12 所示。

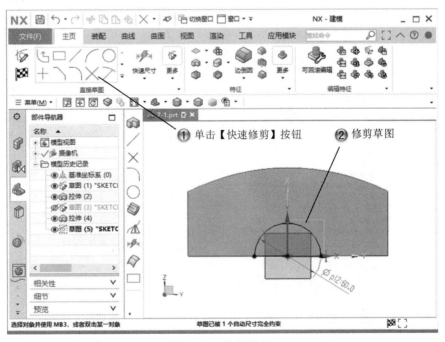

图 7-12　修剪图形

Step11 创建拉伸特征,如图 7-13 所示。

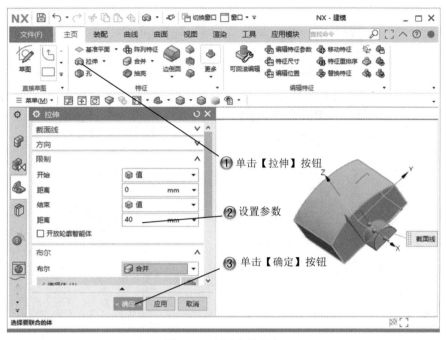

图 7-13　创建拉伸特征

Step12 创建基准平面,如图 7-14 所示。

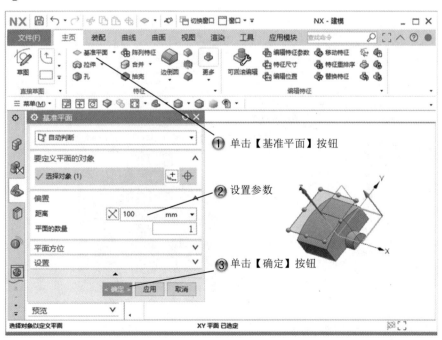

图 7-14　创建基准平面

Step13 选择草绘面，如图 7-15 所示。

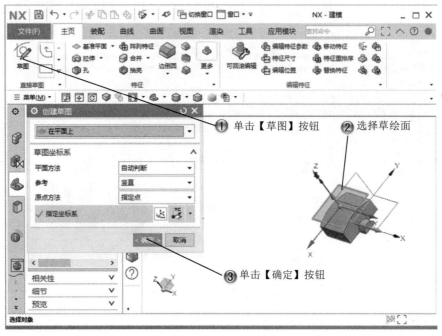

图 7-15　选择草绘面

Step14 绘制矩形，如图 7-16 所示。

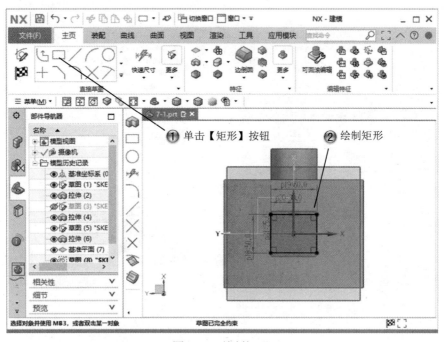

图 7-16　绘制矩形

Step15 绘制圆角，如图 7-17 所示。

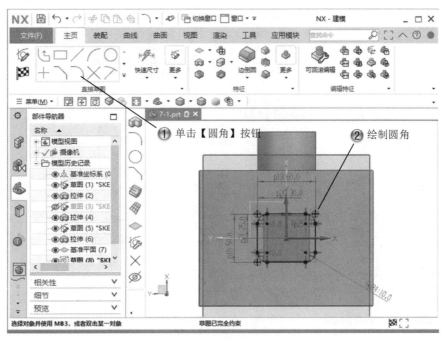

图 7-17　绘制圆角

Step16 创建拉伸特征，如图 7-18 所示。

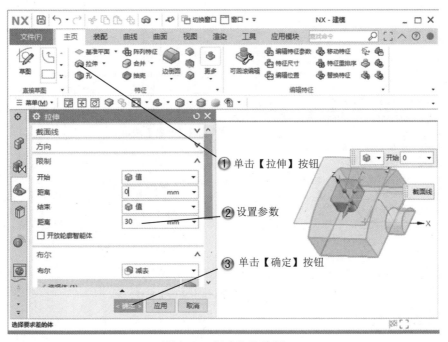

图 7-18　创建拉伸特征

Step17 创建边倒圆特征,如图 7-19 所示。

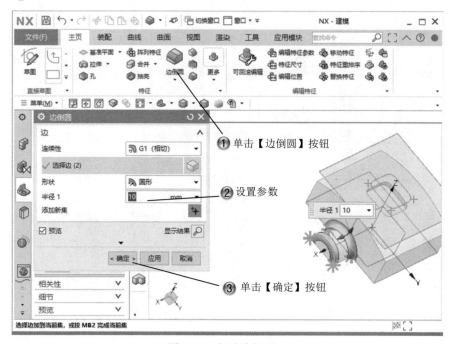

图 7-19　创建边倒圆 1

Step18 创建边倒圆 2,如图 7-20 所示。

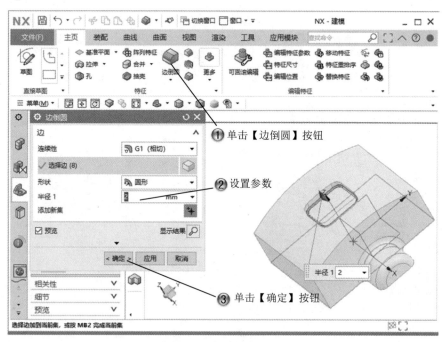

图 7-20　创建边倒圆 2

Step19 创建边倒圆 3,如图 7-21 所示。

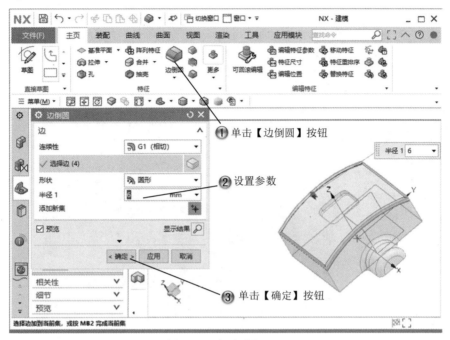

图 7-21 创建边倒圆 3

Step20 创建抽壳特征,如图 7-22 所示。

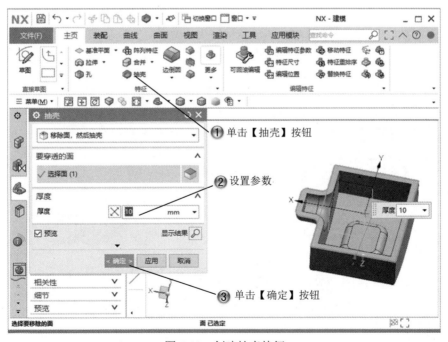

图 7-22 创建抽壳特征

Step21 选择【加工】命令，如图7-23所示。

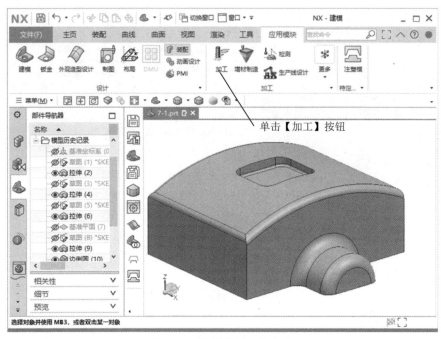

图7-23 选择【加工】命令

Step22 设置加工环境，如图7-24所示。

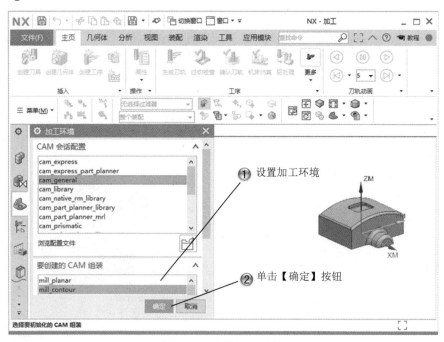

图7-24 设置加工环境

Step23 完成零件,进入加工环境,如图 7-25 所示。

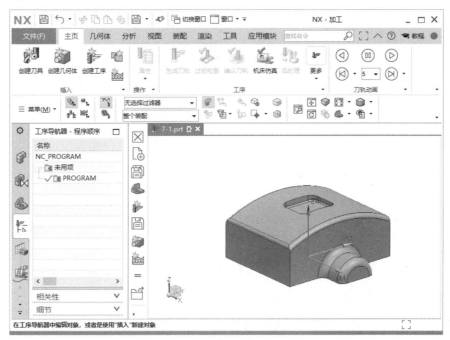

图 7-25 完成零件

7.2 加工几何

用户在创建固定轴曲面轮廓铣操作时,需要指定三个不同类型的加工几何,包括几何体、部件几何和检查几何。

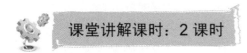

7.2.1 设计理论

与平面铣操作相比,在创建固定轴曲面轮廓铣操作时,用户不需要指定底面等加工几何。与平面铣削操作不同,在创建固定轴曲面轮廓铣操作时,用户需要设置两个参数——驱动方式和投影矢量。

7.2.2 课堂讲解

加工几何需要在【固定轮廓铣】对话框的【几何体】选项组中进行设置，如图 7-26 所示。

图 7-26 【几何体】选项组

1. 指定部件几何

在【固定轮廓铣】对话框中单击【选择或编辑部件几何体】按钮 ⬢，系统打开如图 7-27 所示的【部件几何体】对话框，系统提示用户"选择部件几何"。

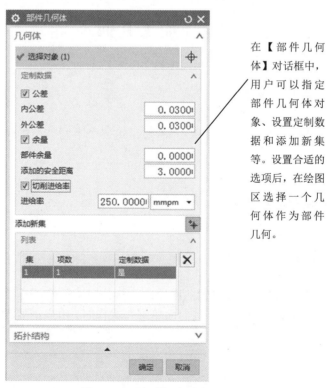

在【部件几何体】对话框中，用户可以指定部件几何体对象、设置定制数据和添加新集等。设置合适的选项后，在绘图区选择一个几何体作为部件几何。

图 7-27 【部件几何体】对话框

2. 指定切削区域

在【固定轮廓铣】对话框中单击【选择或编辑切削区域几何体】按钮，系统打开如图 7-28 所示的【切削区域】对话框，系统提示用户"选择切削区域几何体"。

用户可以选择合适的选项，然后在绘图区选择切削区域几何。

图 7-28 【切削区域】对话框

7.2.3 课堂练习——设置加工几何

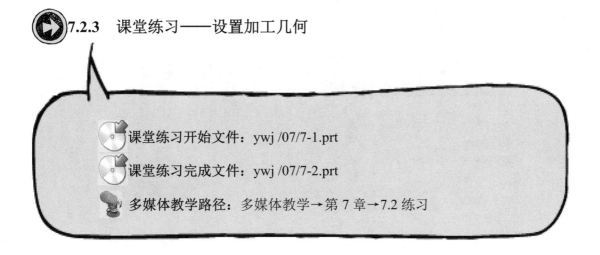

课堂练习开始文件：ywj /07/7-1.prt

课堂练习完成文件：ywj /07/7-2.prt

多媒体教学路径：多媒体教学→第 7 章→7.2 练习

Step1 选择【创建工序】命令，如图 7-29 所示。

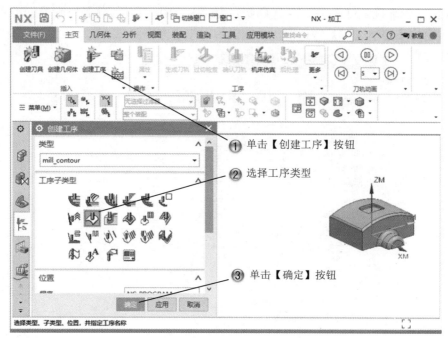

图 7-29 选择【创建工序】命令

Step2 选择指定部件命令，如图 7-30 所示。

图 7-30 选择指定部件命令

Step3 选择部件，如图 7-31 所示。

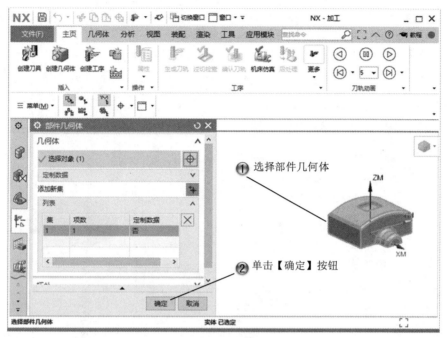

图 7-31　选择部件

Step4 选择指定检查命令，如图 7-32 所示。

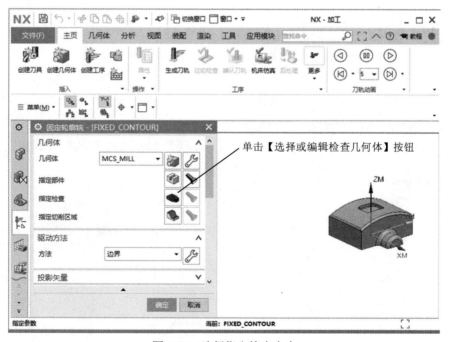

图 7-32　选择指定检查命令

Step5 选择检查几何体，如图 7-33 所示。

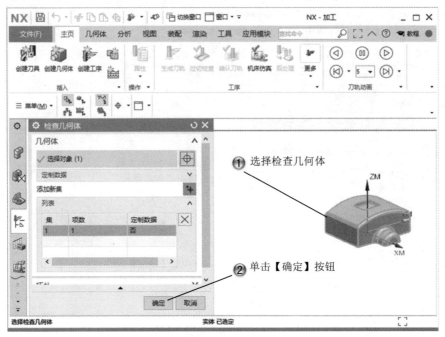

图 7-33　选择检查几何体

Step6 选择指定切削区域命令，如图 7-34 所示。

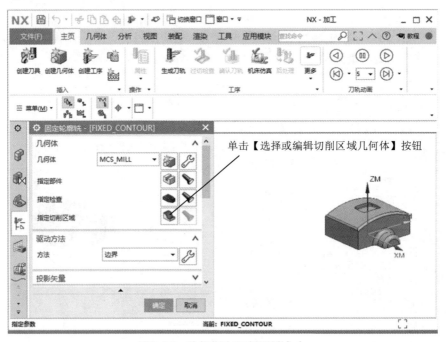

图 7-34　选择指定切削区域命令

Step7 选择切削区域，如图 7-35 所示。

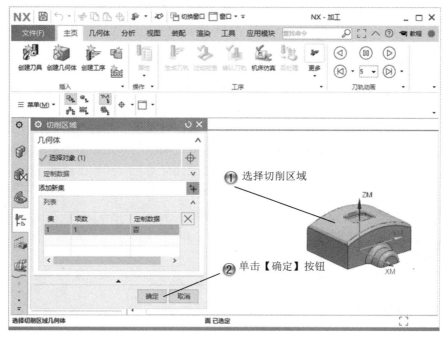

图 7-35　选择切削区域

Step8 完成几何体设置，如图 7-36 所示。

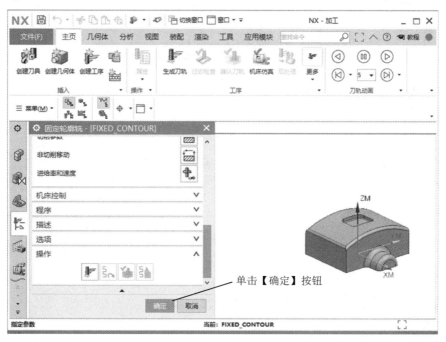

图 7-36　完成几何体设置

7.3 驱动方式

基本概念

驱动方式是固定轴曲面轮廓铣操作的重要参数，它提供了创建驱动点的方法。系统为用户提供了多种驱动方式，如边界驱动方式、区域铣削驱动方式、清根驱动方式、文本驱动方式和用户定义驱动方式等，用户可以根据加工几何的形状和加工精度，选择一种合适的驱动方式。

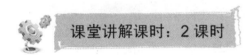
课堂讲解课时：2 课时

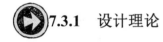 7.3.1 设计理论

驱动方式是固定轴曲面轮廓铣操作的重要参数，它决定了用户可以选用的驱动几何、投影矢量、刀轴矢量和切削方式等。在【固定轮廓铣】对话框的【驱动方法】选项组的【方法】下拉列表框中，系统为用户提供了 11 种驱动方式，如图 7-37 所示，接下来会重点介绍几种最主要的方法。

图 7-37 【方法】下拉列表

7.3.2 课堂讲解

1. 边界驱动方法

边界驱动方法要求用户指定边界以定义切削区域，系统再根据指定的边界来生成驱动点。驱动点沿着指定的投影矢量方向投影到零件表面上以生成投影点，系统最后根据这些投影点，在切削区域内生成刀具轨迹。

在【驱动方法】选项组中的【编辑】按钮 ，系统打开【边界驱动方法】对话框。如图 7-38 所示为选择边界驱动方法后生成的刀具轨迹。

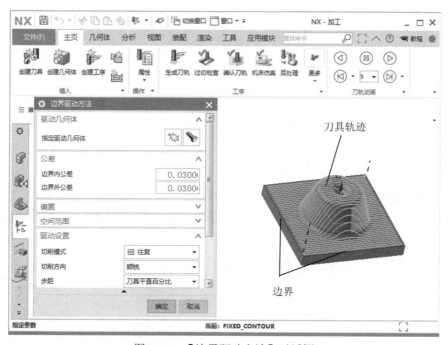

图 7-38 【边界驱动方法】对话框

> 用户需要指定的加工几何的类型取决于选择的驱动方法，选择的驱动方法不同，需要指定的加工几何类型也不相同。

名师点拨

在【边界驱动方法】对话框中，用户可以设置驱动几何体、边界公差、边界偏置、空间范围、驱动设置和更多驱动等参数。

（1）驱动几何体

在【边界驱动方法】对话框中单击【选择或编辑驱动几何体】按钮，系统打开如图 7-39 所示的【边界几何体】对话框。

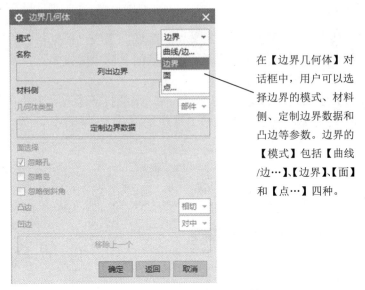

在【边界几何体】对话框中，用户可以选择边界的模式、材料侧、定制边界数据和凸边等参数。边界的【模式】包括【曲线/边…】、【边界】、【面】和【点…】四种。

图 7-39 【边界几何体】对话框

（2）公差、偏置、空间范围

在【边界驱动方法】对话框中，【公差】、【偏置】、【空间范围】选项组的参数设置如图 7-40 所示。

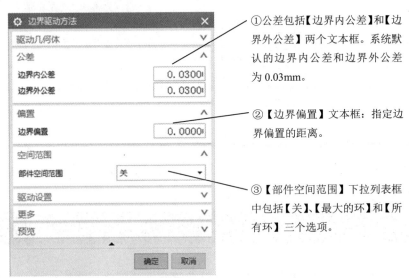

①公差包括【边界内公差】和【边界外公差】两个文本框。系统默认的边界内公差和边界外公差为 0.03mm。

②【边界偏置】文本框：指定边界偏置的距离。

③【部件空间范围】下拉列表框中包括【关】、【最大的环】和【所有环】三个选项。

图 7-40 【公差】、【偏置】、【空间范围】选项组

(3) 驱动设置

在【边界驱动方法】对话框中,【切削模式】下拉列表框中包括【跟随周边】、【轮廓】、【标准驱动】、【单向】、【往复】、【单向轮廓】、【单向步进】、【同心单向】、【同心往复】、【同心单向轮廓】、【同心单向步进】、【径向单向】、【径向往复】、【径向单向轮廓】、【径向单向步进】15 个选项,主要选项的含义说明如图 7-41 所示。

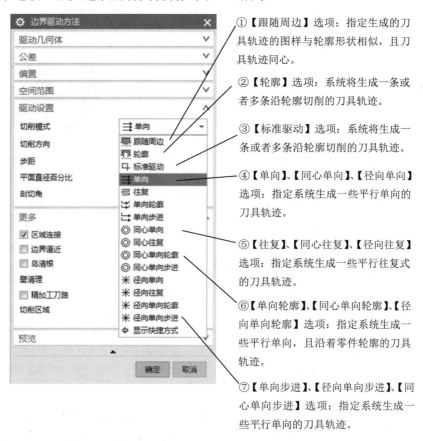

图 7-41 【切削模式】下拉列表

在【切削模式】下拉列表框中选择【单向】选项,系统将生成一系列平行线形式的刀具轨迹,如图 7-42 所示。

(4) 更多参数

在【边界驱动方法】对话框中,除了可以设置驱动几何体、边界公差、边界偏置、空间范围、切削模式、切削方向、步距和切削角外,还可以设置其他更多的一些参数。在【边界驱动方法】对话框中单击【更多】选项右侧的展开按钮,此时【更多】选项组显示如图 7-43 所示。

图 7-42 单向刀轨设置

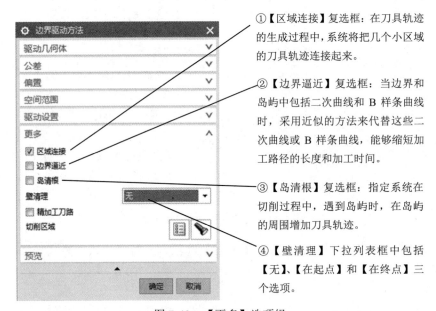

① 【区域连接】复选框：在刀具轨迹的生成过程中，系统将把几个小区域的刀具轨迹连接起来。

② 【边界逼近】复选框：当边界和岛屿中包括二次曲线和 B 样条曲线时，采用近似的方法来代替这些二次曲线或 B 样条曲线，能够缩短加工路径的长度和加工时间。

③ 【岛清根】复选框：指定系统在切削过程中，遇到岛屿时，在岛屿的周围增加刀具轨迹。

④ 【壁清理】下拉列表框中包括【无】、【在起点】和【在终点】三个选项。

图 7-43 【更多】选项组

在【更多】选项组中单击【切削区域】后面的【选项】按钮 ，系统打开如图 7-44 所示的【切削区域选项】对话框。在【切削区域选项】对话框中可以设置【切削区域起点】和【切削区域显示选项】等参数。

2. 区域铣削驱动方式

区域铣削驱动方式要求用户指定一个切削区域来生成刀具轨迹。用户可以通过指定曲面区域、片体或面来定义切削区域。与边界驱动方式相比，区域铣削驱动方式不需要驱动几何体，它可以直接利用零件表面作为驱动几何体。此外，还可以指定陡峭约束和修剪边界约束，以便进一步限制切削区域。

在【固定轮廓铣】对话框【驱动方法】选项组的【方法】下拉列表框中选择【区域铣削】选项，单击【编辑】按钮 ，系统打开如图 7-45 所示的【区域铣削驱动方法】对话框。

图 7-44 【切削区域选项】对话框

图 7-45 【区域铣削驱动方法】对话框

（1）陡峭空间范围的分类

根据切削区域陡峭角的大小，可以把切削区域分为陡峭区域和非陡峭区域，陡峭角的临界值可以通过用户指定。例如，如果指定陡峭角的临界值为 60，则切削区域中大于等于 60°的切削区域部分为陡峭区域，小于 60°的切削区域部分为非陡峭区域。

陡峭角是指刀具轴与工件表面的法线方向之间的夹角，如图 7-46 所示。很显然，当工件表面水平时，陡峭角为 0°；当工件表面为竖直平面时，陡峭角为 90°。

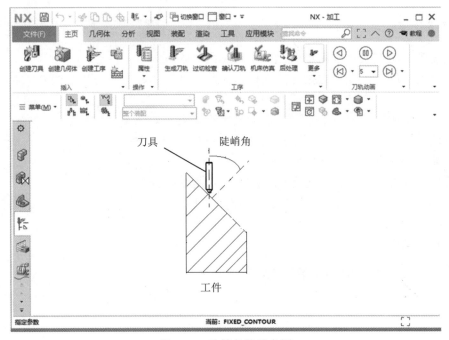

图 7-46 陡峭角的示意图

（2）陡峭空间范围的指定方法

在【陡峭空间范围】选项组中,【方法】下拉列表框中包括【无】、【非陡峭】、【定向陡峭】和【陡峭和非陡峭】4 个选项,这 4 个选项的含义如图 7-47 所示。

①【无】选项：指定切削区域不区分陡峭区域和非陡峭区域,此时系统将在整个切削区域进行切削。

②【非陡峭】选项：指定刀具只切削非陡峭区域。

③【定向陡峭】选项：指定刀具只切削用户指定方向的陡峭区域。

④【陡峭和非陡峭】选项：指定刀具只切削陡峭和非陡峭区域。

图 7-47 【方法】下拉列表

> 与【非陡峭】选项相同,在【方法】下拉列表框中选择【定向陡峭】选项后,【方法】下拉列表框下方也显示【陡角】文本框。用户可以在【陡角】文本框中输入数值,指定陡峭角的临界值。

名师点拨

3. 清根驱动方法

清根驱动方法要求用户指定工件的凹角、凹谷和沟槽作为驱动几何体来生成驱动点，它可以清除工件的凹角、凹谷和沟槽等地方的残余材料。用户可以指定最大凹腔、清根类型（单刀路和多个偏置等）和切削方向（顺铣和逆铣）等。

如果用户在粗加工时使用了较大直径的刀具进行切削，一般在凹角、凹谷和沟槽等地方有较多的残余材料，那么可以选择清根驱动方式进行半精加工，清除工件的凹角、凹谷和沟槽等地方的残余材料，如图 7-48 所示。

在【固定轮廓铣】对话框【驱动方法】选项组的【方法】下拉列表框中选择【清根】选项，系统打开如图 7-49 所示的【清根驱动方法】对话框。在【清根驱动方法】对话框中，用户可以设置驱动几何体、陡峭空间范围、驱动设置、参考刀具、输出、陡峭和非陡峭切削等选项。

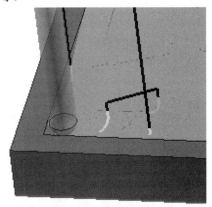

图 7-48　清根驱动方法

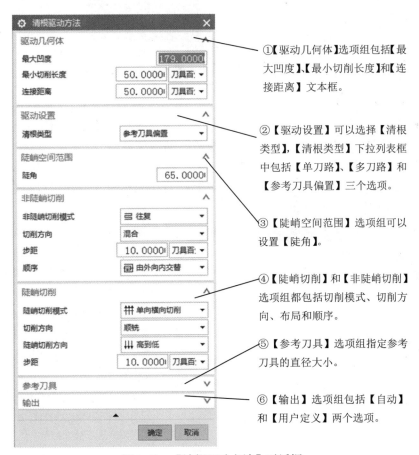

图 7-49　【清根驱动方法】对话框

4. 文本驱动方法

文本驱动方法要求用户指定字符或者其他符号。文本驱动方法可以将一些数字或者符号，如零件的编号或者模具的编号直接雕刻在零件上。在【固定轮廓铣】对话框【驱动方法】选项组选择【文本】选项，打开【文本驱动方法】对话框。

在【文本驱动方法】对话框中，用户可以通过单击【显示】按钮 在绘图区显示数字或者字符等文本内容。选择文本驱动方法后，在零件上雕刻得到的文本内容，如图 7-50 所示。

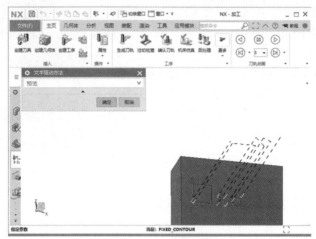

图 7-50　文本驱动方法

5. 用户定义驱动方法

用户定义驱动方法要求用户指定自定义的设置。系统将根据用户自定义的设置，如用户定义的一些内部功能程序等，生成刀具轨迹的驱动路径。

在【固定轮廓铣】对话框【驱动方法】选项组的【方法】下拉列表中选择【用户定义】选项，系统打开如图 7-51 所示的【用户定义驱动方法】对话框。用户可以指定自定义的名称、用户参数和预览等。

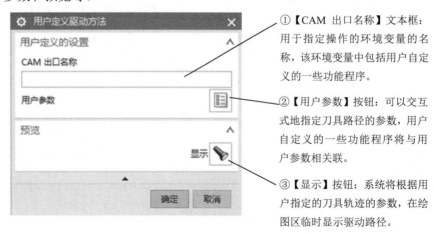

图 7-51　【用户定义驱动方法】对话框

7.3.3 课堂练习——设置驱动方式

课堂练习开始文件：ywj /07/7-2.prt
课堂练习完成文件：ywj /07/7-3.prt
多媒体教学路径：多媒体教学→第 7 章→7.3 练习

Step1 选择【编辑】命令，如图 7-52 所示。

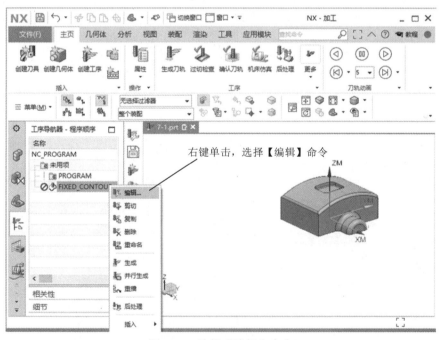

图 7-52　选择【编辑】命令

Step2 设置驱动方法，如图 7-53 所示。

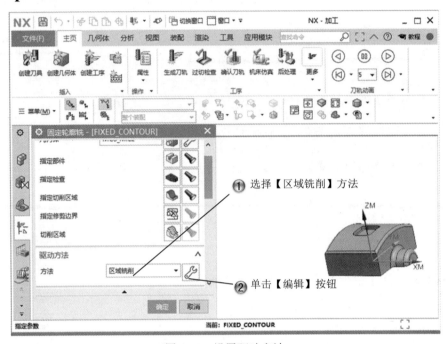

图 7-53　设置驱动方法

Step3 设置边界，如图 7-54 所示。

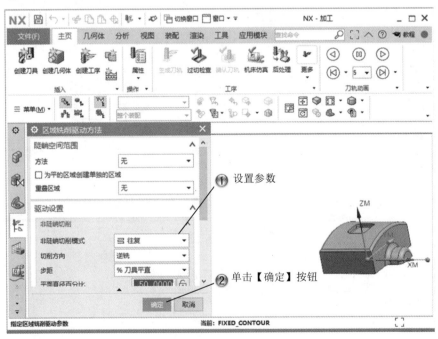

图 7-54　设置边界

Step4 选择新建刀具命令，如图 7-55 所示。

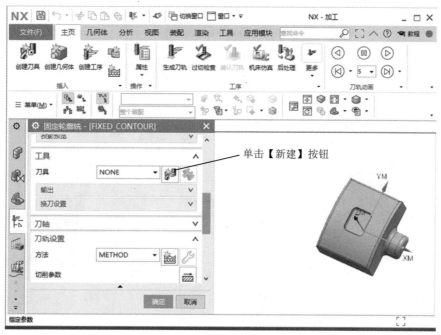

图 7-55　选择新建刀具命令

Step5 设置刀具类型，如图 7-56 所示。

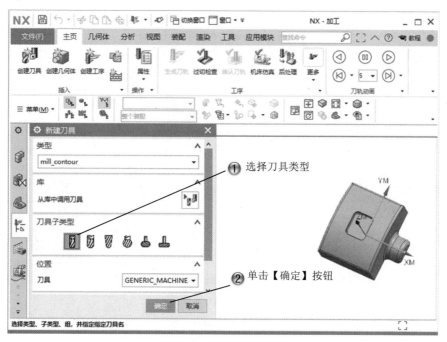

图 7-56　设置刀具类型

Step6 设置刀具参数，如图 7-57 所示。

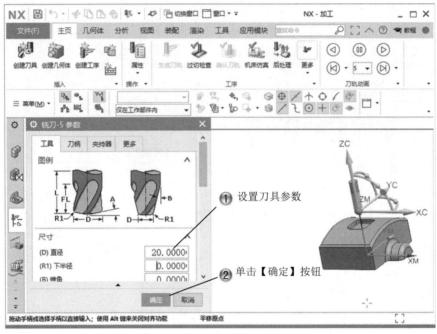

图 7-57　设置刀具参数

Step7 生成刀轨，如图 7-58 所示。

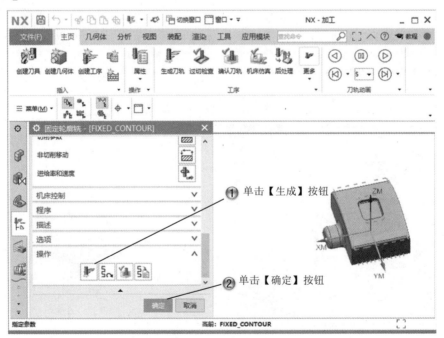

图 7-58　生成刀轨

7.4 投影矢量

投影矢量是固定轴曲面轮廓铣操作的另外一个重要参数,它用于指定驱动点投影到零件几何上的方向矢量。系统提供了多种指定投影矢量的方法,如刀轴、朝向点、远离点、远离直线、朝向直线和用户定义等。

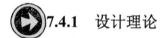

投影矢量可以是刀轴方向、两个点方向、远离点的方向和远离直线的方向等。【固定轮廓铣】对话框中的【投影矢量】选项组的【矢量】下拉列表框中包括【指定矢量】、【刀轴】、【远离点】、【朝向点】、【远离直线】和【朝向直线】等,如图 7-59 所示,本节介绍主要参数选项的含义及其设置方法。

图 7-59 投影矢量设置

7.4.2 课堂讲解

1. 指定矢量

在【矢量】下拉列表框中选择【指定矢量】选项，指定系统由用户指定一个矢量作为投影矢量。此时，系统打开矢量构造器，用户可以在矢量构造器中选择一种方法指定某一矢量作为投影矢量。

2. 刀轴

在【矢量】下拉列表框中选择【刀轴】选项，指定投影矢量为刀轴方向，如图7-60所示。刀轴方向是系统默认的投影矢量。

3. 远离点

在【矢量】下拉列表框中选择【远离点】选项，系统要求用户指定一个点作为焦点，投影矢量的方向以焦点为起点，指向零件几何表面，如图7-61所示。

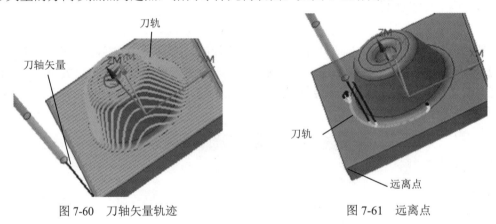

图7-60 刀轴矢量轨迹　　　　　图7-61 远离点

4. 朝向点

在【矢量】下拉列表框中选择【朝向点】选项，系统要求用户指定一个点作为焦点，投影矢量的方向从零件几何表面指向焦点，即以焦点为终点，如图7-62所示。

5. 远离直线

在【投影矢量】下拉列表框中选择【远离直线】选项，系统要求用户指定一条直线作为中心线，投影矢量的方向以该直线上的点为起点，指向零件几何表面，如图7-63所示。

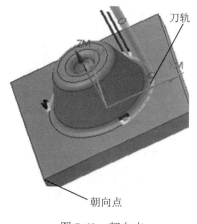
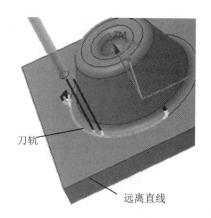

图 7-62　朝向点　　　　　　图 7-63　远离直线

6. 朝向直线

在【矢量】下拉列表框中选择【朝向直线】选项，系统要求用户指定一条直线作为中心线，投影矢量的方向从零件几何表面指向直线上的点，即以直线上的点为终点，如图 7-64 所示。

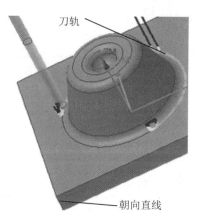

图 7-64　朝向直线

7.4.3　课堂练习——设置投影矢量

- 课堂练习开始文件：ywj /07/7-3.prt
- 课堂练习完成文件：ywj /07/7-4.prt
- 多媒体教学路径：多媒体教学→第 7 章→7.4 练习

Step1 选择【编辑】命令，如图 7-65 所示。

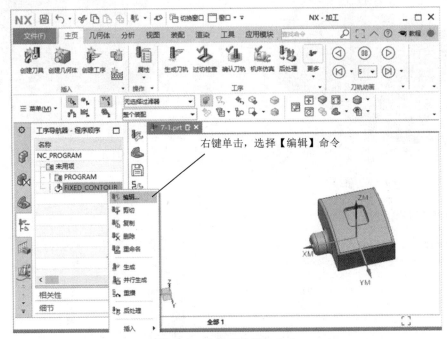

图 7-65 选择【编辑】命令

Step2 设置驱动方法，如图 7-66 所示。

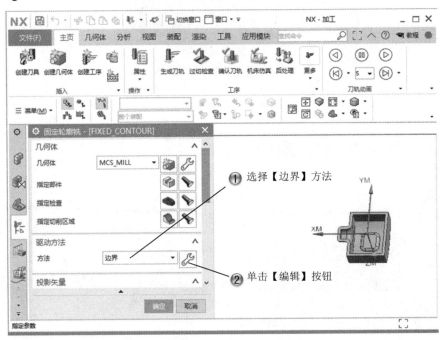

图 7-66 设置驱动方法

Step3 设置指定几何体，如图 7-67 所示。

图 7-67　设置指定几何体

Step4 编辑边界，如图 7-68 所示。

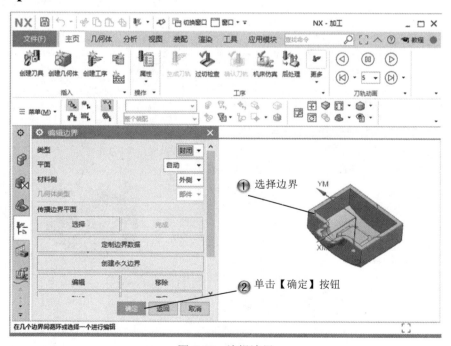

图 7-68　编辑边界

Step5 设置投影矢量，如图 7-69 所示。

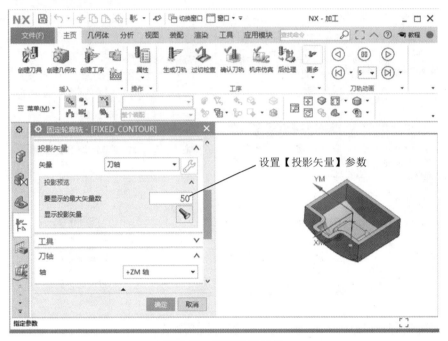

图 7-69　设置投影矢量

Step6 选择【切削参数】命令，如图 7-70 所示。

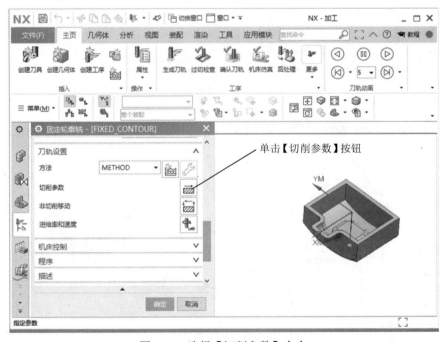

图 7-70　选择【切削参数】命令

第 7 章
固定轴曲面轮廓铣加工

Step7 设置切削参数，如图 7-71 所示。

图 7-71　设置切削参数

Step8 选择【进给率和速度】命令，如图 7-72 所示。

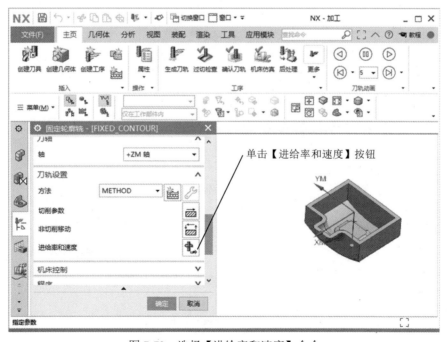

图 7-72　选择【进给率和速度】命令

Step9 设置进给率和速度参数,如图 7-73 所示。

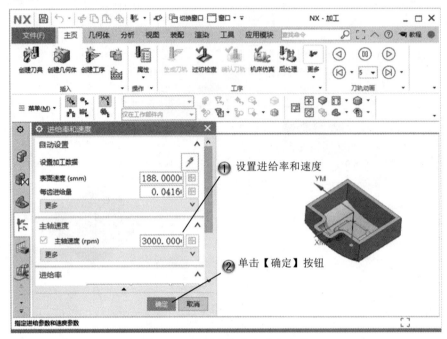

图 7-73　设置进给率和速度参数

Step10 生成刀轨,如图 7-74 所示。

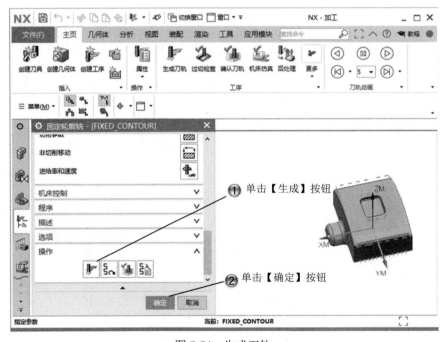

图 7-74　生成刀轨

Step11 完成固定轴曲面轮廓铣削工序，如图 7-75 所示。

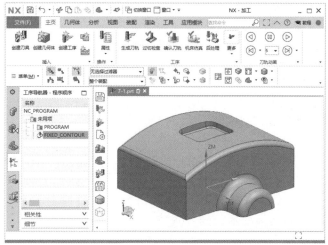

图 7-75　完成固定轴曲面轮廓铣削工序

7.5　专家总结

本章介绍了创建固定轴曲面轮廓铣操作的一般方法与两个重要参数——驱动方式和投影矢量。驱动方式是固定轴曲面轮廓铣操作的重要参数，它决定了用户可以选用的驱动几何、投影矢量、刀轴矢量和切削方式等。在【固定轮廓铣】对话框中，系统为用户提供了多种驱动方式，如边界驱动方式、区域铣削驱动方式、清根驱动方式、文本驱动方式和用户定义驱动方式等，用户可以根据加工几何的形状和加工精度，选择一种合适的驱动方式。一旦用户选择好驱动方式，用户可以选用的驱动几何、投影矢量、刀轴矢量和切削方式等也将发生相应的变化。因此，用户在选择驱动方式时一定要慎重。投影矢量用于指定驱动点投影到零件几何上的方向矢量。系统提供了多种指定投影矢量的方法，如刀轴、朝向点、远离点、远离直线、朝向直线和用户定义等。

7.6　课后习题

7.6.1　填空题

（1）固定轴曲面轮廓铣削加工的创建方法是_____。
（2）固定轴曲面轮廓铣削的驱动方式有_____。
（3）固定轴曲面轮廓铣削投影矢量的作用是_____。

7.6.2 问答题

（1）创建固定轴曲面轮廓铣削加工的步骤有哪些？
（2）固定轴曲面轮廓铣削和等高曲面铣削加工的区别有哪些？

7.6.3 上机操作题

使用本章介绍的固定轴曲面轮廓铣削创建方法，在如图 7-76 所示的零件上创建加工工序。

操作步骤和方法：
（1）创建固定轴曲面轮廓铣削工序。
（2）设置加工几何体。
（3）设置固定轴曲面轮廓铣削加工参数。
（4）生成加工刀轨。

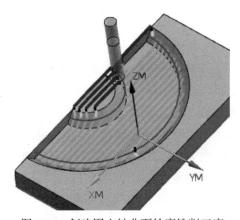

图 7-76 创建固定轴曲面轮廓铣削工序

第 8 章　点位加工

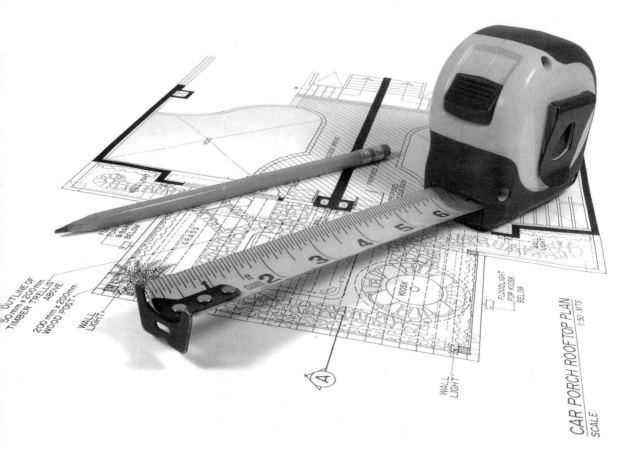

内　容	掌握程度	课　时
加工几何	熟练运用	2
固定循环	熟练运用	2
切削参数	熟练运用	2

课训目标

> 课程学习建议

本章将讲解铣削加工中比较常见的加工类型——点位加工。点位加工主要用于创建各种孔的刀具轨迹，如钻孔、镗孔、沉孔、铰孔、扩孔和螺纹等操作的刀具轨迹。本章讲解加工几何体的指定方法、点位加工操作的循环类型和点位加工操作的一些切削参数的设置。

与平面铣削操作不同，点位加工的加工几何体一般包括几何体、孔、部件表面和底面等。如果用户选择沉孔循环类型，还可以指定不同底面几何。在指定孔几何时，用户可以将一些几何特征相同的孔（如直径相同的孔）设置在同一个参数组，这样可以避免重复为多个孔设置相同的参数，同时也方便系统优化刀具轨迹，减少刀具轨迹的长度，提高加工效率。

创建点位工序时，由于通孔和盲孔的加工表面不同，而且孔的深度也不相同，因此需要创建不同的点位加工操作。

本课程主要基于软件的数控加工模块进行讲解，其培训课程表如下。

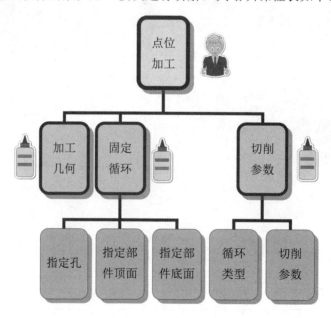

8.1 加工几何

用户在创建一个点位加工操作时，需要指定 4 个不同类型的加工几何体，包括几何体、孔、部件顶面和底面等。

第 8 章
点位加工

课堂讲解课时：2 课时

 8.1.1 设计理论

在创建点位加工操作时，用户只需要指定孔的加工位置、工件表面和加工底面，而不需要指定部件几何体、毛坯几何体和检查几何体等。此外，当零件中包含多个直径相同的孔时，用户不需要分别指定每个孔，只需要指定不同的循环方式和循环参数组来进行，这样可以减少加工时间，提高生产效率。生成刀具轨迹后，NX 可以直接生成数控程序，然后通过传输软件传送到数控机床上，最后加工得到零件上的孔。

 8.1.2 课堂讲解

1. 创建工序

在【插入】选项卡中单击【创建工序】按钮 ，打开如图 8-1 所示的【创建工序】对话框，系统提示用户"选择类型、子类型、位置，并指定工序名"。

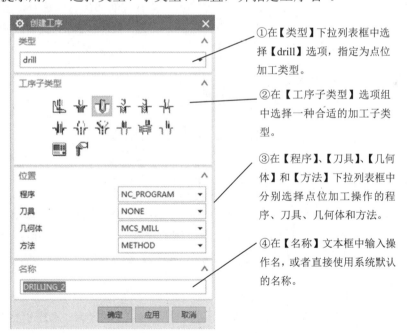

图 8-1 【创建工序】对话框

完成设置后，在【创建工序】对话框中单击【确定】按钮，打开如图 8-2 所示的【钻孔】对话框，系统提示用户指定参数。

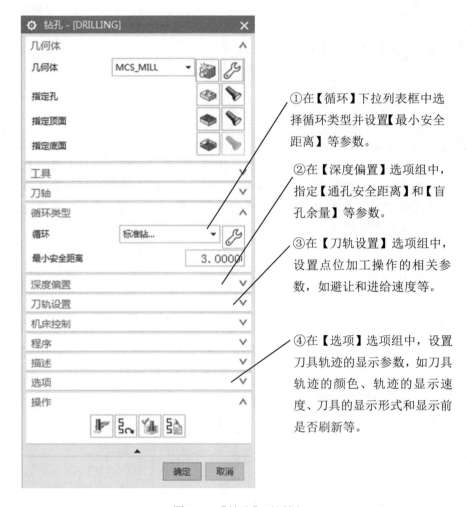

图 8-2 【钻孔】对话框

2. 指定部件顶面

在【几何体】选项组中单击【选择或编辑部件表面几何体】按钮，系统打开如图 8-3 所示的【顶面】对话框。在【顶面】对话框中，用户可以通过 4 种方式指定一个平面作为部件表面，这 4 种方式分别是【面】、【刨】、【ZC 常数】和【无】。

3. 指定部件底面

在【几何体】选项组中单击【选择或编辑底面几何体】按钮，系统仍将打开【底面】对话框，如图 8-4 所示。用户可以选择一种方式，选择一个平面作为部件底面。指定部件底面的方法与指定部件表面的方法相同，这里不再赘述。

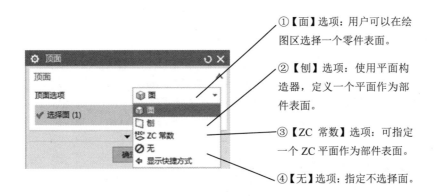

图 8-3　【顶面】对话框

图 8-4　【底面】对话框

8.1.3　课堂练习——设置钻孔加工几何

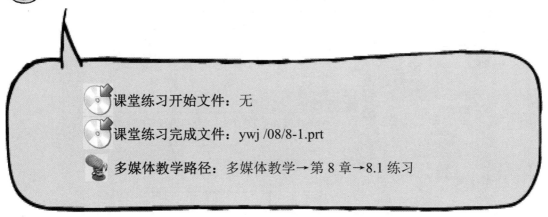

Step1 选择草绘面，如图 8-5 所示。

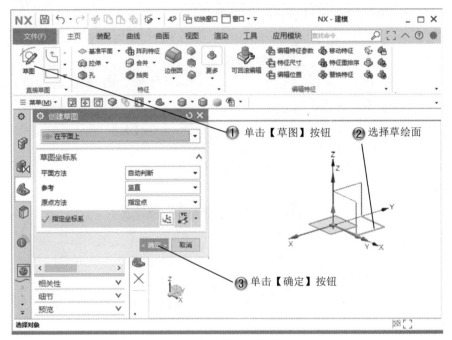

图 8-5　选择草绘面

Step2 绘制矩形，如图 8-6 所示。

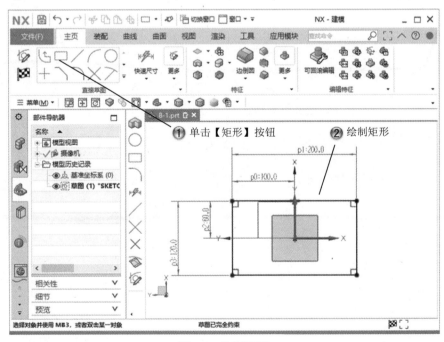

图 8-6　绘制矩形

Step3 创建拉伸特征，如图 8-7 所示。

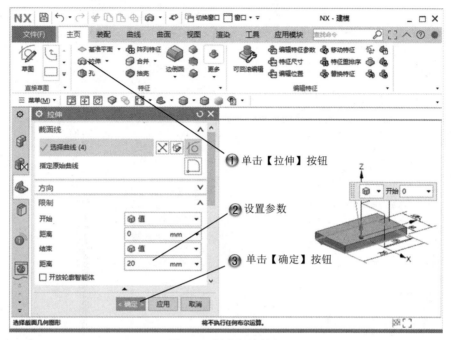

图 8-7 创建拉伸特征

Step4 选择草绘面，如图 8-8 所示。

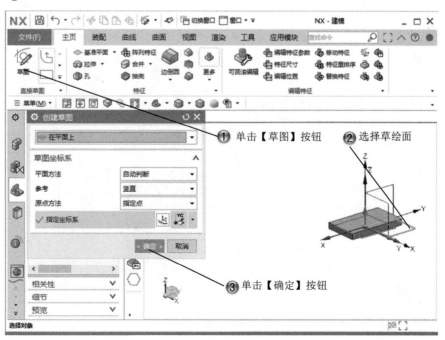

图 8-8 选择草绘面

Step5 绘制矩形，如图 8-9 所示。

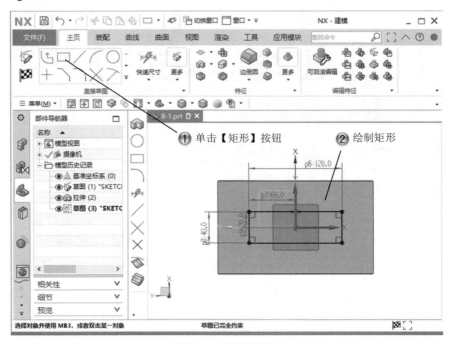

图 8-9　绘制矩形

Step6 绘制圆形，如图 8-10 所示。

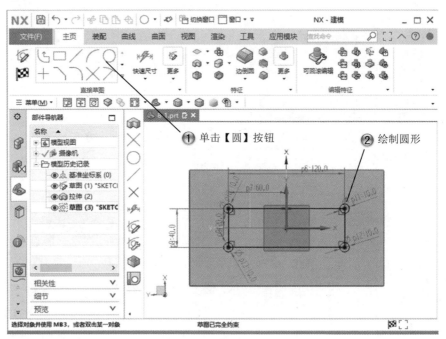

图 8-10　绘制圆形

Step7 修剪草图，如图 8-11 所示。

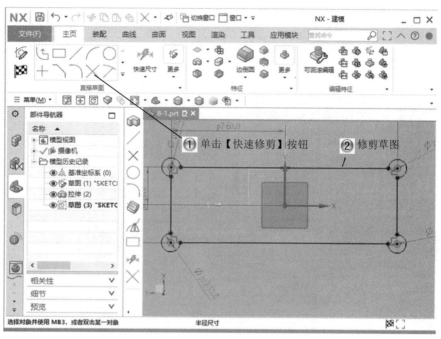

图 8-11　修剪草图

Step8 创建拉伸特征，如图 8-12 所示。

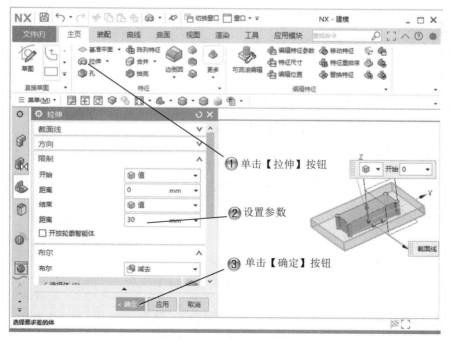

图 8-12　创建拉伸特征

Step9 创建孔特征，如图 8-13 所示。

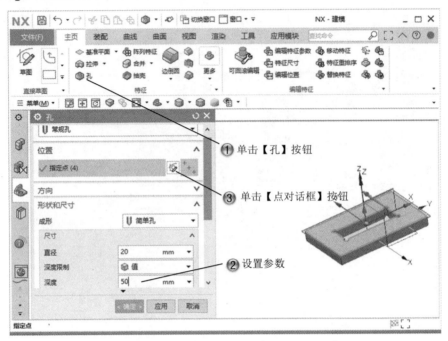

图 8-13　创建孔特征

Step10 选择草绘面，如图 8-14 所示。

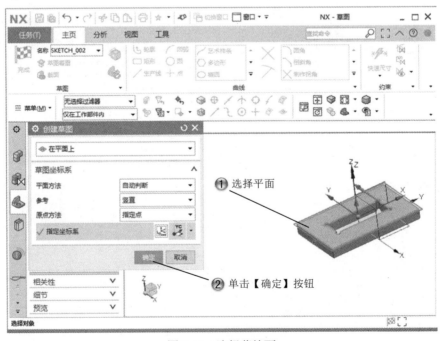

图 8-14　选择草绘面

Step11 绘制点，如图 8-15 所示。

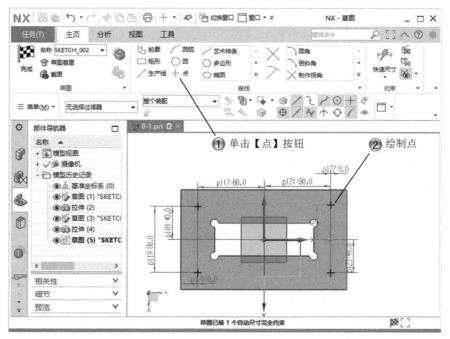

图 8-15　绘制点

Step12 创建孔特征，如图 8-16 所示。

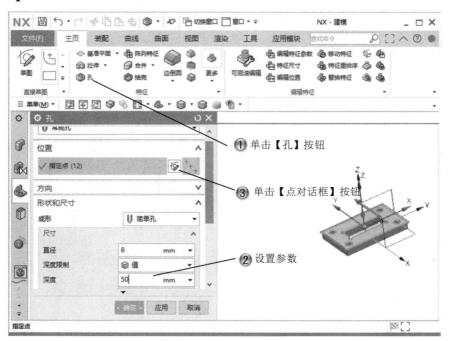

图 8-16　创建孔特征

Step13 选择草绘面，如图 8-17 所示。

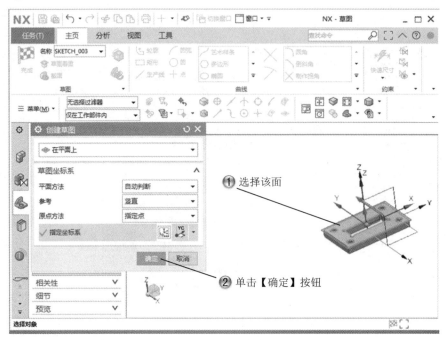

图 8-17　选择草绘面

Step14 绘制点，如图 8-18 所示。

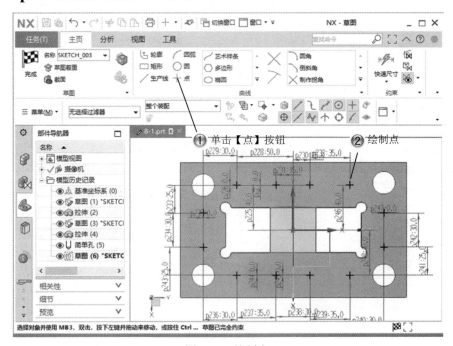

图 8-18　绘制点

Step15 选择【加工】命令，如图 8-19 所示。

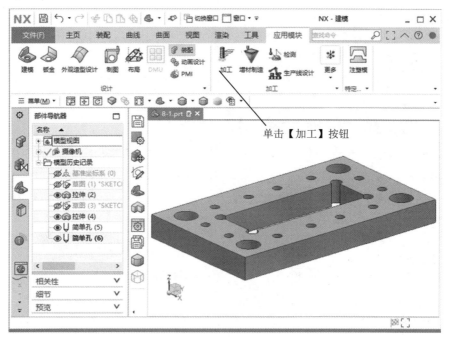

图 8-19　选择【加工】命令

Step16 设置加工环境，如图 8-20 所示。

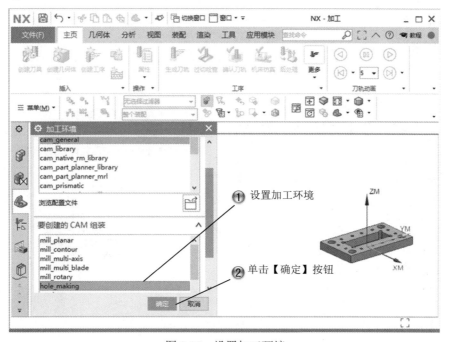

图 8-20　设置加工环境

Step17 创建工序，如图 8-21 所示。

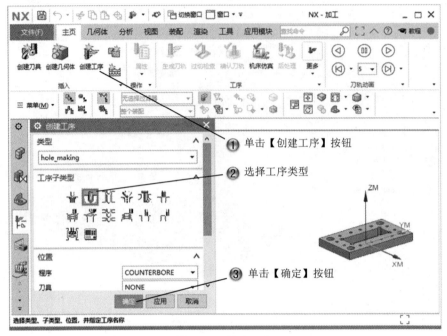

图 8-21 创建工序

Step18 选择指定特征几何体命令，如图 8-22 所示。

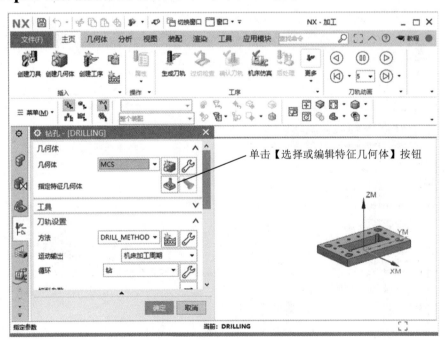

图 8-22 选择指定特征几何体命令

Step19 选择特征对象，如图 8-23 所示。

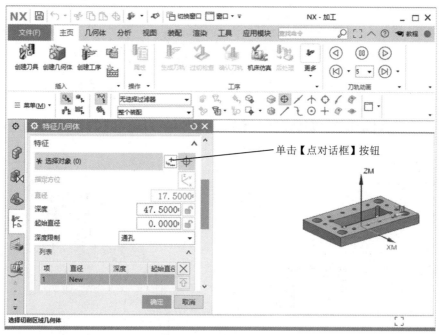

图 8-23　选择特征对象

Step20 选择加工点，如图 8-24 所示。

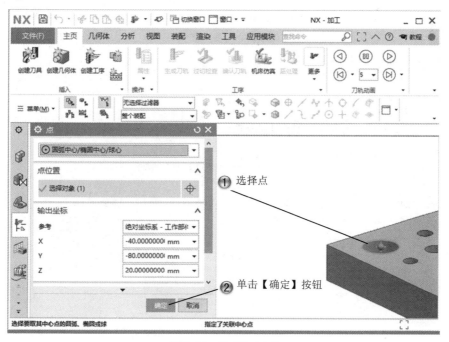

图 8-24　选择加工点

Step21 选择其他加工孔,如图 8-25 所示。

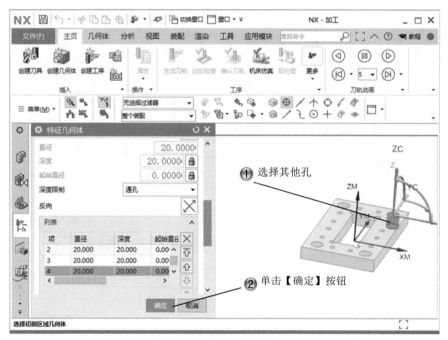

图 8-25　选择其他加工孔

Step22 选择新建刀具命令,如图 8-26 所示。

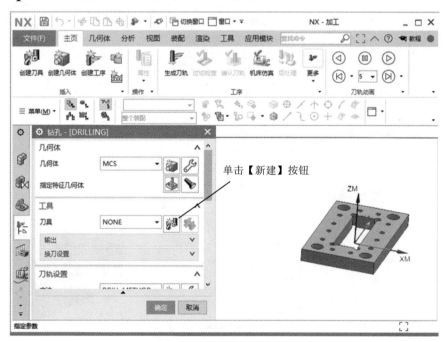

图 8-26　选择新建刀具命令

Step23 选择刀具类型,如图 8-27 所示。

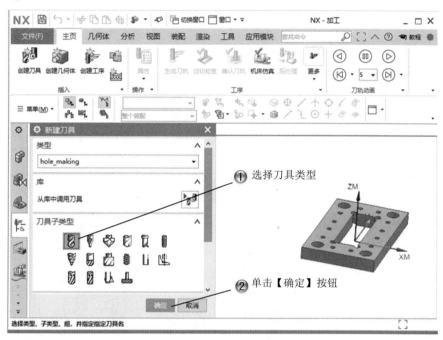

图 8-27　选择刀具类型

Step24 设置刀具参数,如图 8-28 所示。

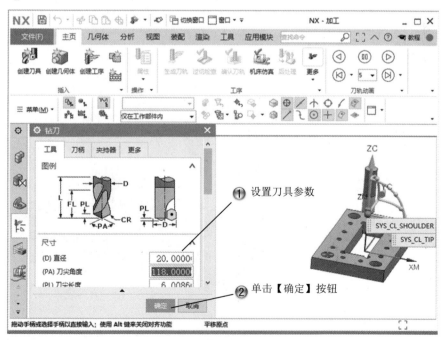

图 8-28　设置刀具参数

Step25 生成刀轨，如图 8-29 所示。

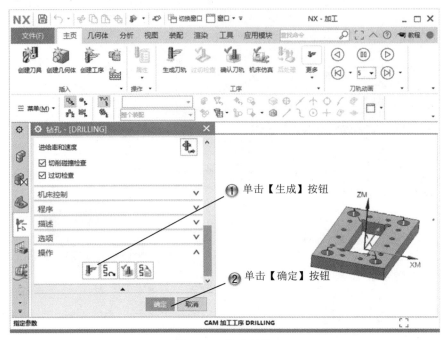

图 8-29　生成刀轨

Step26 完成孔加工工序，如图 8-30 所示。

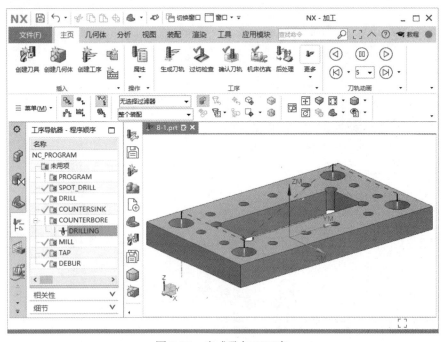

图 8-30　完成孔加工工序

8.2 固定循环

点位加工可以创建多种孔加工的刀具轨迹，如钻孔、镗孔、沉孔、铰孔、扩孔、攻丝、铣螺纹、点焊和铆接等加工操作。

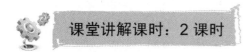

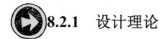

8.2.1 设计理论

在【钻孔】对话框的【几何体】选项组中单击【选择或编辑孔几何体】按钮，系统打开如图 8-31 所示的【点到点几何体】对话框。在【点到点几何体】对话框中，用户可以进行选择、附加、省略、优化、显示点、避让、反向、圆弧轴控制、Rapto 偏置、规划完成和显示/校核循环参数组等操作。

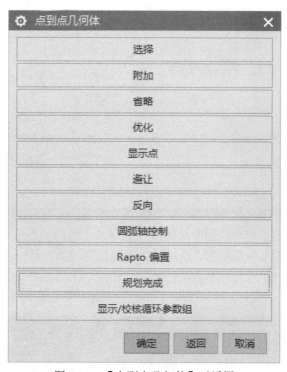

图 8-31 【点到点几何体】对话框

8.2.2 课堂讲解

1. 选择点

在【点到点几何体】对话框中单击【选择】按钮，系统打开如图 8-32 所示的选择几何体对话框，系统提示用户"选择点/圆弧/孔"。在选择几何体对话框中，用户可以指定一种选择几何的方式，如指定几何的名称、参数组、一般点、组、类选择、面上所有孔、预钻点、最小直径、最大直径、可选的等方式。

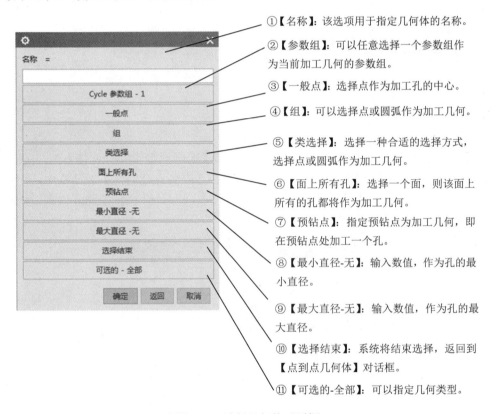

①【名称】：该选项用于指定几何体的名称。

②【参数组】：可以任意选择一个参数组作为当前加工几何的参数组。

③【一般点】：选择点作为加工孔的中心。

④【组】：可以选择点或圆弧作为加工几何。

⑤【类选择】：选择一种合适的选择方式，选择点或圆弧作为加工几何。

⑥【面上所有孔】：选择一个面，则该面上所有的孔都将作为加工几何。

⑦【预钻点】：指定预钻点为加工几何，即在预钻点处加工一个孔。

⑧【最小直径-无】：输入数值，作为孔的最小直径。

⑨【最大直径-无】：输入数值，作为孔的最大直径。

⑩【选择结束】：系统将结束选择，返回到【点到点几何体】对话框。

⑪【可选的-全部】：可以指定几何类型。

图 8-32 选择几何体对话框

> **名师点拨**
>
> 在循环参数组对话框中，用户最多可以定义 5 个循环参数组。在循环参数组对话框中选择一个循环参数组后，系统将返回选择几何体对话框，同时在【Cycle 参数组】按钮名称中显示循环参数组的编号，如用户在循环参数组对话框中选择【参数组 3】，系统将在【Cycle 参数组】按钮上显示"Cycle 参数组-3"。

在选择面对话框中单击【最大直径-无】按钮后，系统仍将打开直径对话框，用户可以在【直径】文本框中输入数值，作为孔的最大直径。此时，在用户选择的面上直径小于该数值的孔都被选中。

名师点拨

2. 附加点、省略点

【附加】、【省略】按钮的含义，如图8-33所示。

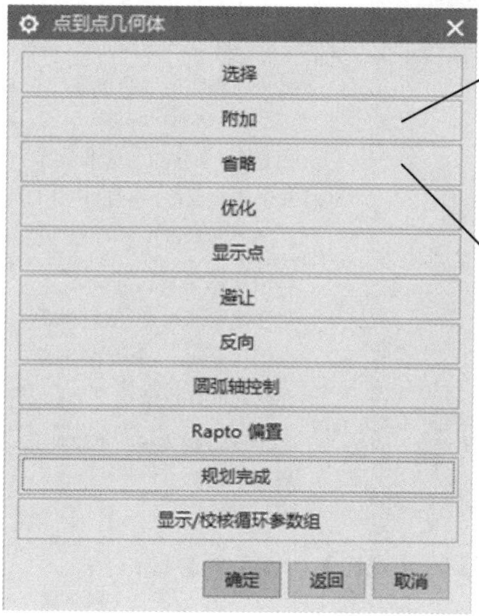
点到点几何体
选择
附加
省略
优化
显示点
避让
反向
圆弧轴控制
Rapto 偏置
规划完成
显示/校核循环参数组
确定
返回
取消
①在【点到点几何体】对话框中单击【附加】按钮，系统仍将打开选择几何体对话框，用户可以新增加一个加工几何，如点、圆弧或者孔。
②选择一个加工几何，如点、圆弧或者孔后，如果需要取消选择，可以在【点到点几何体】对话框中单击【省略】按钮来完成，然后在绘图区选择该加工几何。

图8-33 【附加】、【省略】按钮的含义

3. 优化点

在【点到点几何体】对话框中单击【优化】按钮，系统打开优化点对话框，如图8-34所示。用户可以在优化点对话框中选择最短路径、水平路径、垂直路径和重新绘制来优化点。

4. 显示点、避让、反向

【显示点】、【避让】、【反向】按钮的含义，如图8-35所示。

5. 圆弧轴控制

在【点到点几何体】对话框中单击【圆弧轴控制】按钮，系统打开圆弧轴控制对话框。用户在圆弧轴控制对话框中可以控制圆弧的显示或者反向。无论用户在圆弧轴控制对话框中单击【显示】按钮或者【反向】按钮，系统都将打开如图8-36所示的圆弧范围对话框。

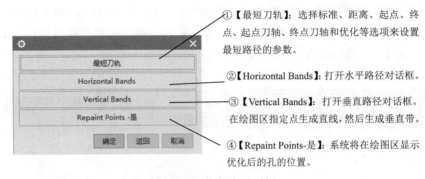

① 【最短刀轨】：选择标准、距离、起点、终点、起点刀轴、终点刀轴和优化等选项来设置最短路径的参数。

② 【Horizontal Bands】：打开水平路径对话框。

③ 【Vertical Bands】：打开垂直路径对话框。在绘图区指定点生成直线，然后生成垂直带。

④ 【Repaint Points-是】：系统将在绘图区显示优化后的孔的位置。

图 8-34 优化点对话框

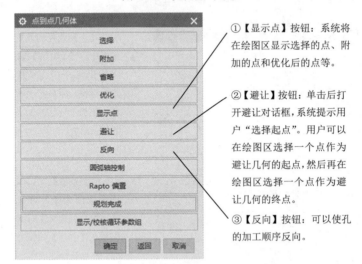

① 【显示点】按钮：系统将在绘图区显示选择的点、附加的点和优化后的点等。

② 【避让】按钮：单击后打开避让对话框，系统提示用户"选择起点"。用户可以在绘图区选择一个点作为避让几何的起点，然后再在绘图区选择一个点作为避让几何的终点。

③ 【反向】按钮：可以使孔的加工顺序反向。

图 8-35 【显示点】、【避让】、【反向】按钮

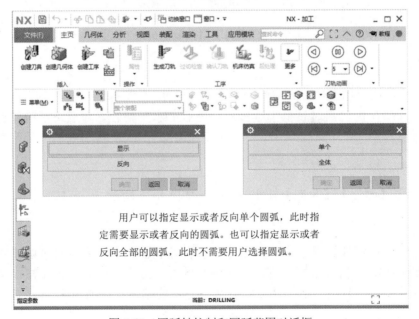

用户可以指定显示或者反向单个圆弧，此时指定需要显示或者反向的圆弧。也可以指定显示或者反向全部的圆弧，此时不需要用户选择圆弧。

图 8-36 圆弧轴控制和圆弧范围对话框

6. Rapto 偏置

在【点到点几何体】对话框中单击【Rapto 偏置】按钮，系统打开如图 8-37 所示的【RAPTO 偏置】对话框。

用户可以在【RAPTO 偏置】对话框中指定刀具快速移动时的偏置距离。可以首先在【RAPTO 偏置】文本框内输入偏置距离，然后再选择一个或者多个点、圆弧或者孔作为加工几何，最后在【RAPTO 偏置】对话框中单击【应用】按钮，即可指定加工该点、圆弧和孔时，刀具快速运动时的偏置距离。

图 8-37　【RAPTO 偏置】对话框

7. 规划完成、显示/校核循环参数组

【规划完成】、【显示/校核循环参数组】按钮的含义，如图 8-38 所示。

①【规划完成】：系统将返回到【钻孔】对话框。

②【显示/校核循环参数组】：在校核循环参数组对话框中选择一个循环参数组，然后显示或者校核该循环参数组，也可以选择所有的循环参数组，再显示或者校核所有循环参数组。

图 8-38　【规划完成】、【显示/校核循环参数组】按钮

8.2.3 课堂练习——设置钻孔固定循环

- 课堂练习开始文件：ywj /08/8-1.prt
- 课堂练习完成文件：ywj /08/8-2.prt
- 多媒体教学路径：多媒体教学→第 8 章→8.2 练习

Step1 选择【创建工序】命令，如图 8-39 所示。

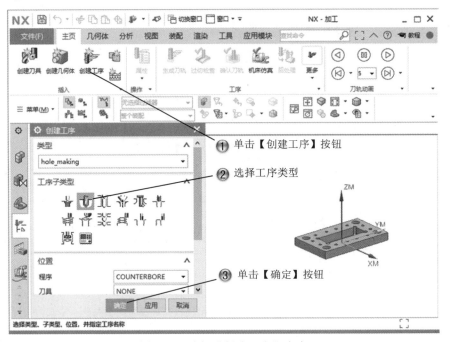

图 8-39 选择【创建工序】命令

Step2 选择指定特征几何体命令，如图 8-40 所示。

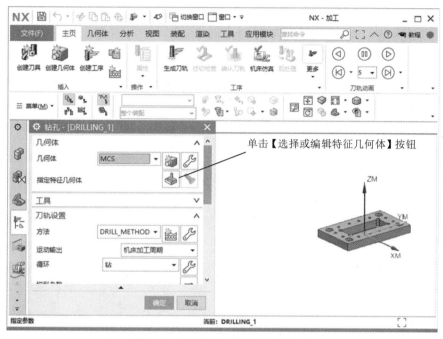

图 8-40　选择指定特征几何体命令

Step3 选择孔，如图 8-41 所示。

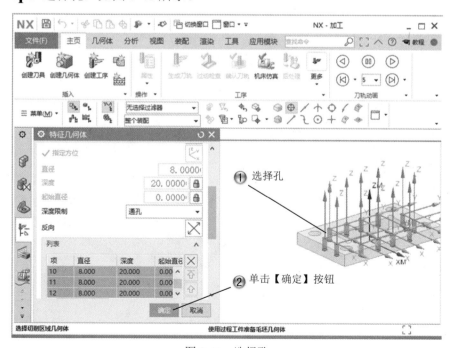

图 8-41　选择孔

Step4 设置刀轨参数，如图 8-42 所示。

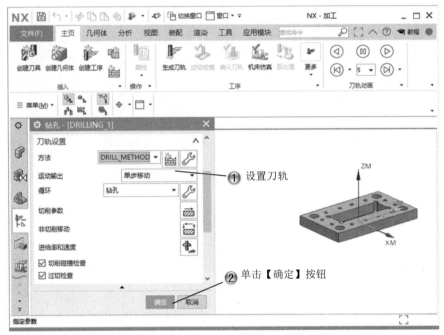

图 8-42　设置刀轨参数

Step5 完成孔加工工序，如图 8-43 所示。

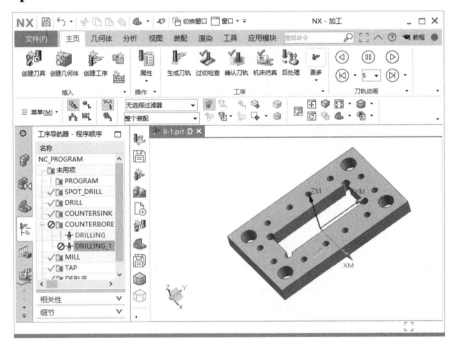

图 8-43　完成孔加工工序

8.3 切削参数

基本概念

钻孔的切削参数包括循环类型和安全距离的设置。

课堂讲解课时：2 课时

8.3.1 设计理论

【钻孔】对话框的【循环类型】下拉列表框中包括【无循环】、【啄钻…】、【断屑…】、【标准文本…】、【标准钻…】、【标准钻，埋头孔…】、【标准钻，深孔…】、【标准钻，断屑…】、【标准攻丝…】、【标准镗…】、【标准镗，快退…】、【标准镗，横向偏置后快退…】、【标准背镗…】和【标准镗，手工退刀…】14 种类型，如图 8-44 所示，下面介绍这 14 种循环类型的含义及其设置方法。

图 8-44 【循环】下拉列表框

点位加工还包括【最小安全距离】、【通孔安全距离】和【盲孔余量】参数的设置。

8.3.2 课堂讲解

1. 点位加工循环类型

（1）无循环

在【循环】下拉列表框中选择【无循环】选项，指定系统不使用循环，用户不需要设置循环参数组和循环参数，系统将直接生成刀具轨迹。

（2）啄钻

在【循环】下拉列表框中选择【啄钻…】选项，指定系统在每个加工几何，如点或者孔上产生一个啄钻循环。啄钻一般用来加工深度较大的孔，它的加工过程如下：在加工一个孔时，首先钻削到较浅的一个深度，然后退刀移动到安全点，接着再次进行该孔的钻削，钻削到比上一个深度更深的深度，再退刀，这样重复钻削完成一个孔的加工，如图8-45所示。

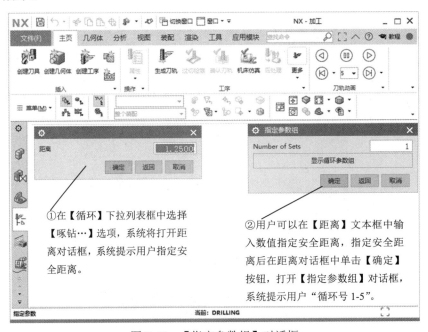

图 8-45　【指定参数组】对话框

用户可以在【指定参数组】对话框的【Number of Sets】文本框内输入参数组的编号1到5，也可以单击【显示循环参数组】按钮，打开循环参数组对话框，然后选择一个循环参数组。选择一个循环参数组后，在【指定参数组】对话框中单击【确定】按钮，打开如图8-46所示的【Cycle 参数】对话框。

（3）断屑、标准文本

【断屑】、【标准文本】的含义如图8-47所示。

（4）标准钻

在【循环】下拉列表框中选择【标准钻…】选项，系统打开【指定参数组】对话框。

在循环参数组对话框中选择一个循环参数组后，系统打开如图 8-48 所示的【Cycle 参数】对话框。

图 8-46　【Cycle 参数】对话框

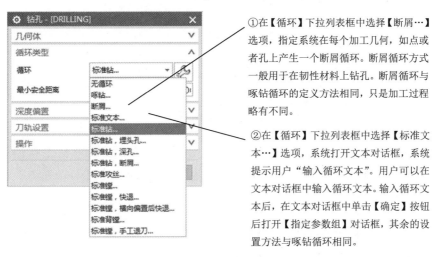

① 在【循环】下拉列表框中选择【断屑…】选项，指定系统在每个加工几何，如点或者孔上产生一个断屑循环。断屑循环方式一般用于在韧性材料上钻孔。断屑循环与啄钻循环的定义方法相同，只是加工过程略有不同。

② 在【循环】下拉列表框中选择【标准文本…】选项，系统打开文本对话框，系统提示用户"输入循环文本"。用户可以在文本对话框中输入循环文本。输入循环文本后，在文本对话框中单击【确定】按钮后打开【指定参数组】对话框，其余的设置方法与啄钻循环相同。

图 8-47　【断屑】、【标准文本】选项

① 在【指定参数组】对话框的【Number of Sets】文本框内输入参数组的编号或者单击【显示循环参数组】按钮。

② 可以在【Cycle 参数】对话框中设置标准钻的一些参数，如孔的直径、进给率和 Dwell 等。

图 8-48　【Cycle 参数】对话框

（5）标准钻，埋头孔；标准钻，深孔；标准钻，断屑；标准攻丝；标准镗

【标准钻，埋头孔】、【标准钻，深孔】、【标准钻，断屑】、【标准攻丝、标准镗】的含义，如图 8-49 所示。

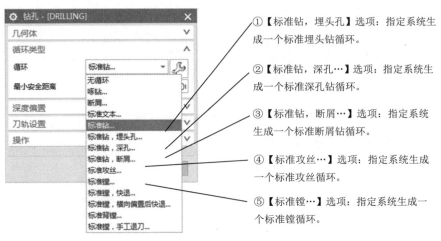

图 8-49　标准钻等选项

（6）标准镗，快退；标准镗，横向偏置后快退；标准背镗；标准镗，手工退刀

【标准镗，快退】、【标准镗，横向偏置后快退】、【标准背镗】、【标准镗，手工退刀】的含义，如图 8-50 所示。

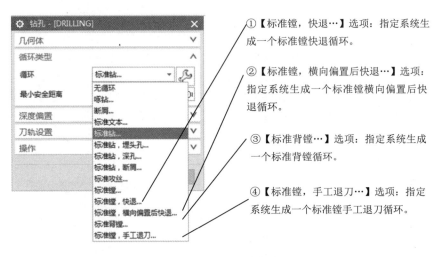

图 8-50　标准镗等选项

> **名师点拨**
>
> 在【循环】下拉列表框中选择【标准钻…】选项，输出的刀具轨迹列表信息框内显示的循环命令以 CYCLE/DRILL 开头，以 CYCLE/OFF 结尾。

2. 点位加工切削参数

【钻孔】对话框中的切削参数除了循环类型，还包括【最小安全距离】、【通孔安全距离】和【盲孔余量】等，如图 8-51 所示，这些参数的含义及其设置方法说明如下。

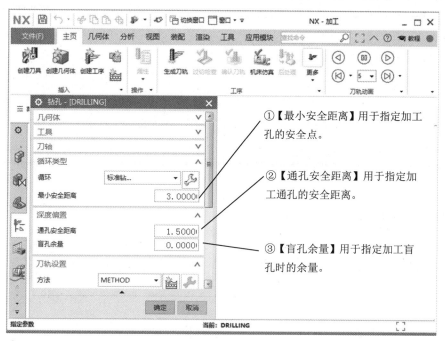

图 8-51　切削参数选项

（1）最小安全距离

安全点是指从部件表面沿着刀轴方向偏置最小安全距离，位于加工孔上方的位置。最小安全距离是为了防止刀具在钻削加工过程中与零件表面发生碰撞，如图 8-52 所示。

（2）通孔安全距离

通孔的安全距离是为了防止刀具在钻削时没有完全钻通孔，而使刀具钻到孔底后继续向下钻削的距离，如图 8-53 所示。

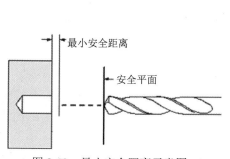

图 8-52　最小安全距离示意图

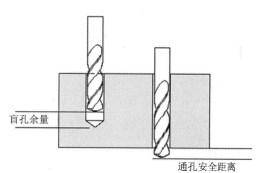

图 8-53　通孔安全距离示意图

8.3.3 课堂练习——设置切削参数

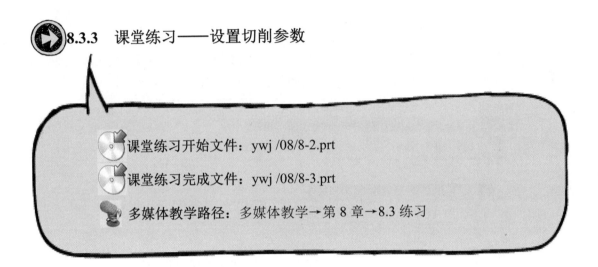

课堂练习开始文件：ywj /08/8-2.prt

课堂练习完成文件：ywj /08/8-3.prt

多媒体教学路径：多媒体教学→第 8 章→8.3 练习

Step1 选择【编辑】命令，如图 8-54 所示。

图 8-54 选择【编辑】命令

Step2 选择新建刀具命令,如图 8-55 所示。

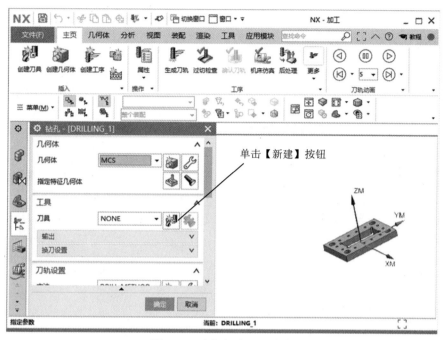

图 8-55 选择新建刀具命令

Step3 选择刀具类型,如图 8-56 所示。

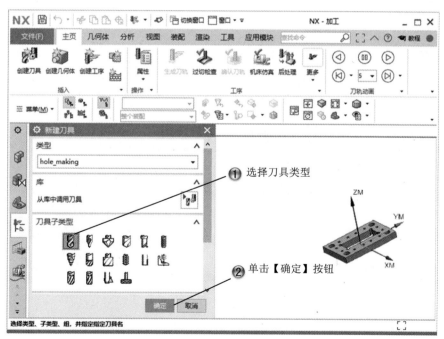

图 8-56 选择刀具类型

Step4 设置刀具参数,如图 8-57 所示。

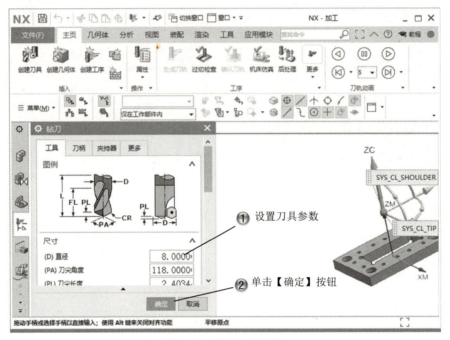

图 8-57 设置刀具参数

Step5 设置循环类型,如图 8-58 所示。

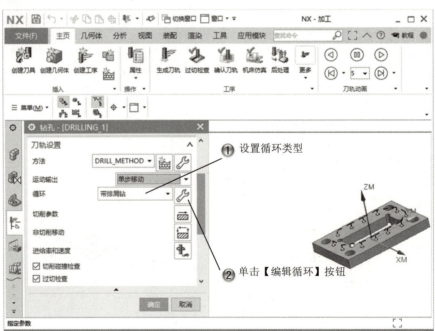

图 8-58 设置循环类型

Step6 指定参数组，如图 8-59 所示。

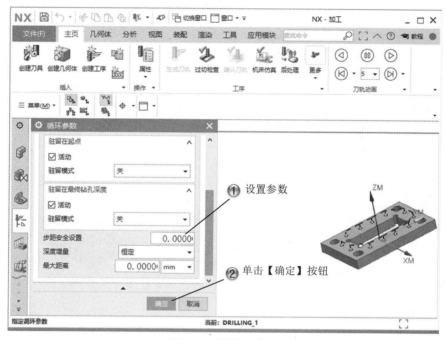

图 8-59　指定参数组

Step7 选择【切削参数】命令，如图 8-60 所示。

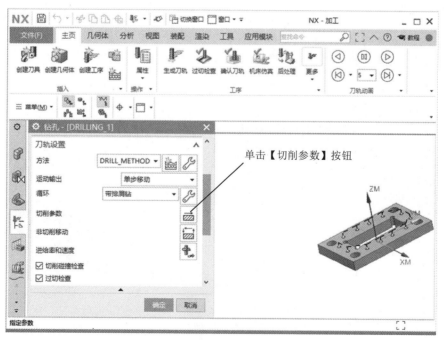

图 8-60　选择【切削参数】命令

Step8 设置切削参数，如图 8-61 所示。

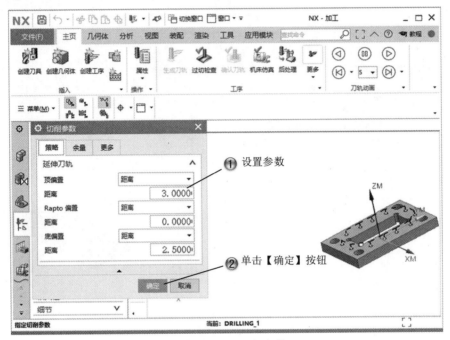

图 8-61 设置切削参数

Step9 生成刀轨，如图 8-62 所示。

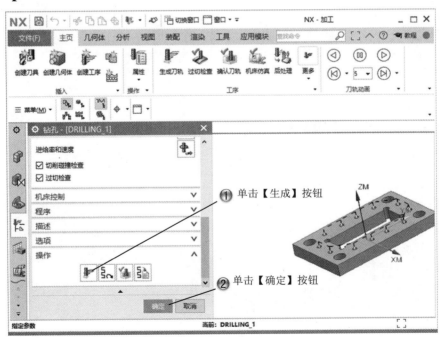

图 8-62 生成刀轨

Step10 完成切削参数设置，如图 8-63 所示。

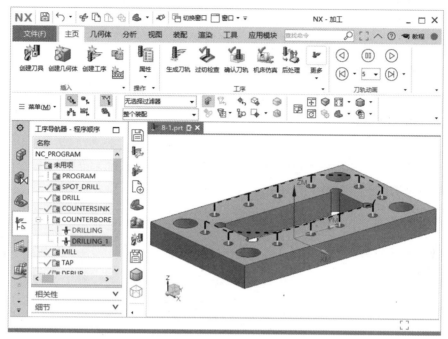

图 8-63　完成切削参数设置

8.4　专家总结

本章主要介绍了点位加工操作的创建方法和参数设置方法。课堂练习的点位加工工序创建了多种孔的循环类型，主要学习了【循环类型】的设置。

8.5　课后习题

8.5.1　填空题

（1）点位加工的创建方法是_____。
（2）点位加工的固定循环有_____。

8.5.2 问答题

（1）创建点位加工工序的步骤有哪几步？
（2）点位加工和普通铣削加工的区别是什么？

8.5.3 上机操作题

使用本章介绍的点位加工工序创建方法，在如图 8-64 所示的零件上创建加工工序。
操作步骤和方法：
（1）创建点位加工工序。
（2）选择孔。
（3）设置加工参数。
（4）生成加工刀轨。

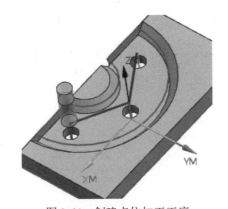

图 8-64　创建点位加工工序

第 9 章　数控车削加工

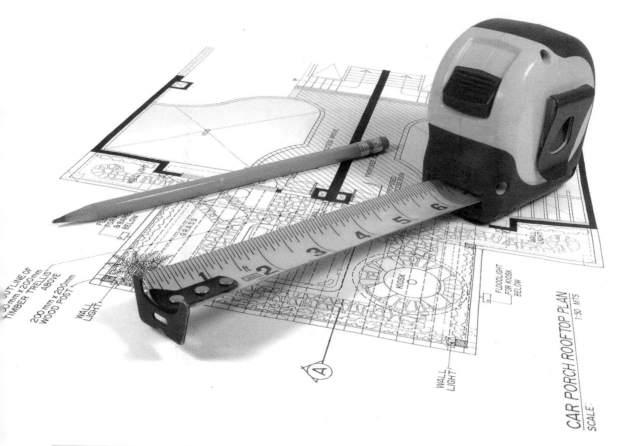

内　容	掌握程度	课　时
加工几何体	熟练运用	2
加工刀具	熟练运用	2
粗车操作	熟练运用	2
精车操作	熟练运用	2

课训目标

▶ 课程学习建议

车削加工有非常广泛的应用，很多零部件，如机械、航空和汽车等领域的一些零部件都是通过车削加工得到的。随着科学技术的不断进步，车削加工技术也发生了巨大的变化。新的车削加工设备的不断涌现，使得车削加工的零部件质量和精度也得到了很大的提高。

本章着重讲解加工几何体的指定方法、加工刀具的创建方法、粗车操作的创建方法和精车操作的创建方法，并同时介绍创建粗车和精车操作的练习。

本课程主要基于软件的数控加工模块进行讲解，其培训课程表如下。

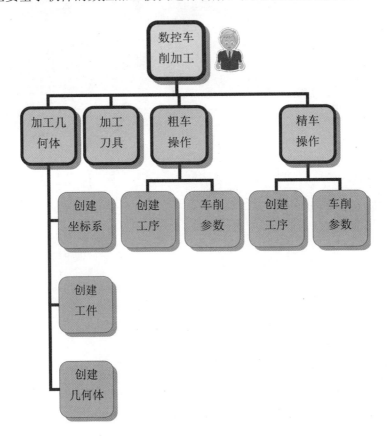

9.1 加工几何体

在创建一个车削加工操作时，可以指定 6 个不同类型的加工几何体，包括加工坐标系、

工件、车削工件、车削部件、空间范围和避让几何。在指定车削工件时，用户可以通过【曲线/边…】、【边界】、【面】和【点…】等几何体来指定部件几何和毛坯几何。空间范围可以用于进一步限制切削区域，它可以限制刀具切削指定区域以外的材料。用户可以通过半径、轴向剪切平面、剪切点和剪切角来定义空间范围。

9.1.1 设计理论

NX 的车削加工模块通过操作导航器来管理车削加工操作及其参数。用户可以在操作导航器中创建粗车加工操作、精车加工操作和中心钻孔加工操作等。一些操作参数，如定义主轴、加工几何体、加工方法和加工刀具等都被作为共享参数组显示在操作对话框中，其他的一些参数则显示在相应的操作对话框中。

由于很多部件都是通过多道加工工序完成的，因此部件的加工顺序对部件具有十分重要的意义。用户可以在操作导航器中观察部件的加工顺序。如果不满足加工要求，还可以在操作导航器中重新调整部件的加工顺序。

9.1.2 课堂讲解

1．创建加工坐标系

在【插入】选项卡中单击【创建几何体】按钮，系统打开如图 9-1 所示的【创建几何体】对话框，提示用户"选择类型、子类型、位置，并指定几何体的名称"。

①在【创建几何体】对话框的【类型】下拉列表框中选择【turning】选项，指定加工几何体的类型为车削加工。

②用户在创建一个车削加工操作时，可以指定 6 个不同类型的加工几何体，从左向右依次包括主轴加工坐标系、工件、车削工件、车削部件、空间范围和避让几何。

图 9-1　【创建几何体】对话框

在【创建几何体】对话框的【几何体子类型】选项组中单击【MCS_SPINDLE（加工

坐标系）】按钮，然后单击【确定】按钮，系统打开如图 9-2 所示的【MCS 主轴】对话框。在【MCS 主轴】对话框中，用户可以创建机床坐标系、参考坐标系、工作坐标系和工作平面等加工坐标系。

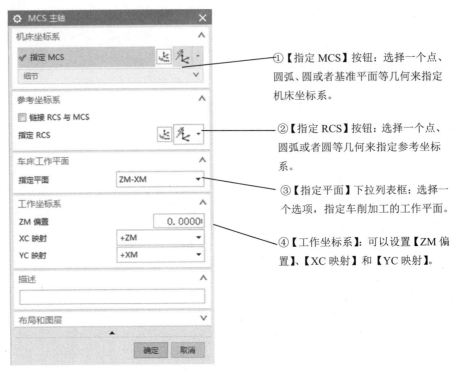

图 9-2 【MCS 主轴】对话框

> 机床坐标系是刀具实际加工零件时的加工坐标系。每个数控机床都有一个机床原点，这个原点在机床的制造过程中已经确定，用户可以根据机床供应商提供的数据来正确定义机床原点和机床坐标系。

名师点拨

2. 创建工件

工件几何体用于指定一个实体作为部件几何或者毛坯几何。选择实体后，系统将自动获取实体的 2D 形状，该 2D 形状将用于定义用户成员数据和投影到车削工作平面，以便创建车削操作的数控程序。

(1) 指定几何体

单击【插入】选项卡中的【创建几何体】按钮，可以打开【创建几何体】对话框。在【创建几何体】对话框的【几何体子类型】选项组中单击【WORKPIECE（工件）】按钮，然后单击【确定】按钮，系统打开如图 9-3 所示的【工件】对话框。

图 9-3 【工件】对话框

在【几何体】选项组中单击【选择或编辑部件几何体】按钮，系统打开如图 9-4 所示的【部件几何体】对话框，系统提示用户"选择部件几何体"。在绘图区选择一个部件后，在【部件几何体】对话框中单击【确定】按钮，此时系统将返回【工件】对话框。

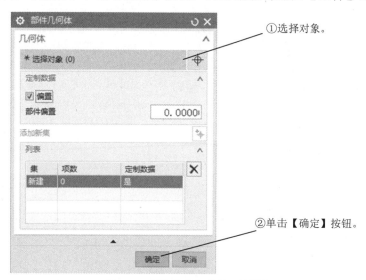

图 9-4 【部件几何体】对话框

（2）指定车削几何体

车削工件几何体用于指定部件边界或者毛坯边界。

在【创建几何体】对话框的【几何体子类型】选项组中单击【TURNING_WORKPIECE（车削工件）】按钮，然后再单击【确定】按钮，此时系统将打开如图 9-5 所示的【车削工件】对话框。

图 9-5 【车削工件】对话框

在【几何体】选项组中单击【选择或编辑部件边界】按钮 ，系统打开如图 9-6 所示的【部件边界】对话框。

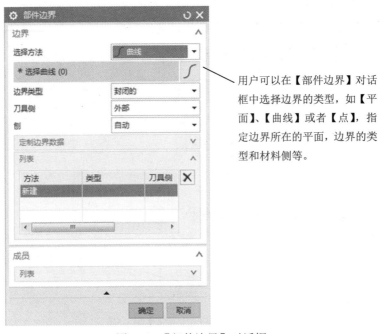

图 9-6 【部件边界】对话框

在【几何体】选项组中单击【选择或编辑毛坯边界】按钮 ，系统打开如图 9-7 所示的【毛坯边界】对话框。在【毛坯边界】对话框中，可以选择 4 种不同类型的毛坯，分别是【棒料】、【管材】、【曲线】和【工作区】4 种类型。

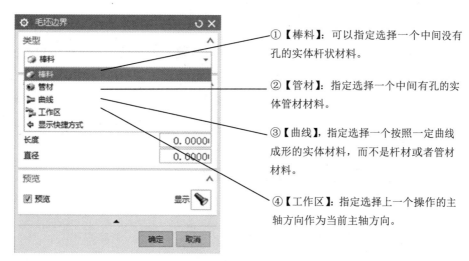

图 9-7 【毛坯边界】对话框

① 【棒料】：可以指定选择一个中间没有孔的实体杆状材料。

② 【管材】：指定选择一个中间有孔的实体管材材料。

③ 【曲线】：指定选择一个按照一定曲线成形的实体材料，而不是杆材或者管材材料。

④ 【工作区】：指定选择上一个操作的主轴方向作为当前主轴方向。

3. 创建其他几何体

（1）创建车削部件

车削工件几何体可以用于指定车削部件几何体。用户可以指定部件的边界作为部件几何的 2D 形状，系统将利用该 2D 形状定义用户成员数据和投影到车削工作平面，以便创建车削工序的数控程序。

在【创建几何体】对话框的【几何体子类型】选项组中单击【TURNING_PART（车削部件）】按钮，然后单击【确定】按钮，此时系统打开如图 9-8 所示的【车削部件】对话框。

选择按钮，指定部件边界。

图 9-8 【车削部件】对话框

(2) 创建空间范围

空间范围可以用于进一步限制切削区域,它可以限制刀具切削指定区域以外的材料。用户可以通过半径、轴向修剪平面、修剪点和剪切角来定义空间范围。

在【创建几何体】对话框的【几何体子类型】选项组中单击【CONTAINMENT(空间范围)】按钮,然后单击【确定】按钮,系统打开如图 9-9 所示的【空间范围】对话框。

在【空间范围】对话框中设置两个径向修剪平面、两个轴向修剪平面和两个修剪点。

图 9-9 【空间范围】对话框

(3) 创建避让

避让几何体用于指定刀具不需要切削加工的区域或者指定其他几何体,如部件和夹具等,以防止刀具与这些几何体发生碰撞。

在【创建几何体】对话框的【几何体子类型】选项组中单击【AVOIDANCE(避让)】按钮,然后单击【确定】按钮,此时系统打开如图 9-10 所示的【避让】对话框。用户可以在【避让】对话框中指定出发点、运动起点、进刀点、退刀点和回零点等刀具运动的一些运动位置。

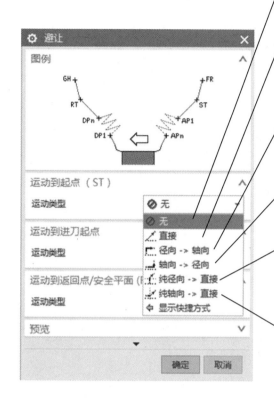

①【无】选项：指定不设置运动类型，这是系统默认的选项。

②【直接】选项：指定加工刀具直接运动到出发点、运动起点、进刀点、退刀点和回归零点等位置，而不需要进行碰撞检查，即检查加工刀具是否与部件和夹具等发生碰撞。

③【径向→轴向】选项：指定加工刀具的运动方向为先沿着刀轴的垂直方向运动，然后再平行于刀轴方向运动。

④【轴向→径向】选项：指定加工刀具的运动方向为先平行于刀轴方向运动，然后再沿着刀轴的垂直方向运动。

⑤【纯径向→直接】选项：指定加工刀具的运动方向为先沿着刀轴的垂直方向运动到径向平面，再从径向平面直接运动到出发点、运动起点、进刀点、退刀点和回归零点等位置。

⑥【纯轴向→直接】选项：指定加工刀具的运动方向为先平行于刀轴方向运动到轴向平面，再从轴向平面直接运动到出发点、运动起点、进刀点、退刀点和回归零点等位置。

图 9-10　【避让】对话框

9.1.3　课堂练习——设置加工几何体

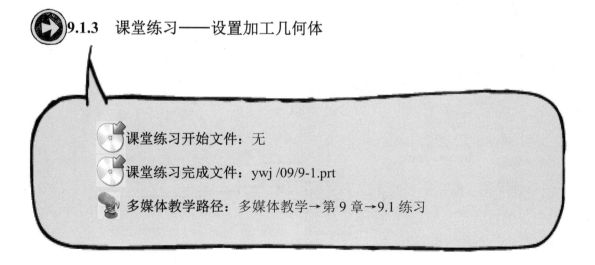

课堂练习开始文件：无

课堂练习完成文件：ywj /09/9-1.prt

多媒体教学路径：多媒体教学→第 9 章→9.1 练习

Step1 选择草绘面，如图 9-11 所示。

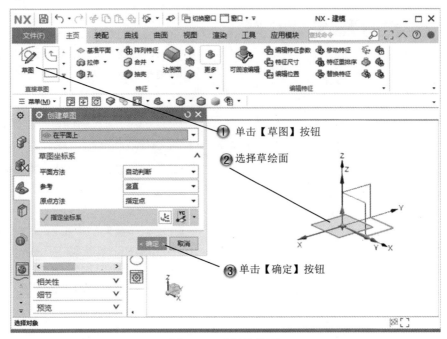

图 9-11　选择草绘面

Step2 绘制直线，如图 9-12 所示。

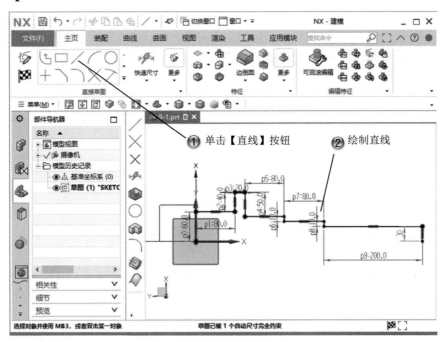

图 9-12　绘制直线

Step3 绘制封闭直线，如图 9-13 所示。

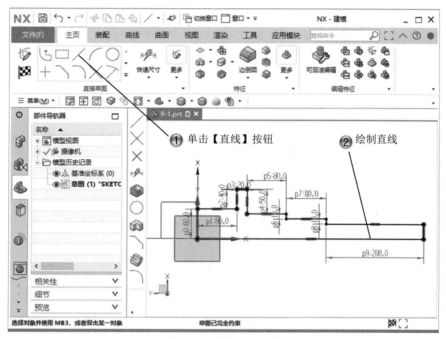

图 9-13　绘制封闭直线

Step4 旋转草图，如图 9-14 所示。

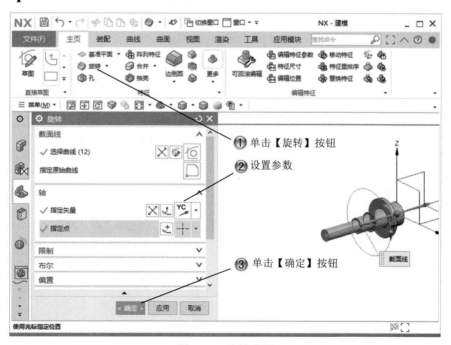

图 9-14　旋转草图

Step5 创建倒斜角，如图 9-15 所示。

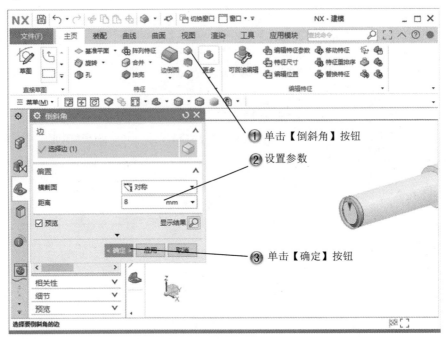

图 9-15　创建倒斜角

Step6 选择草绘面，如图 9-16 所示。

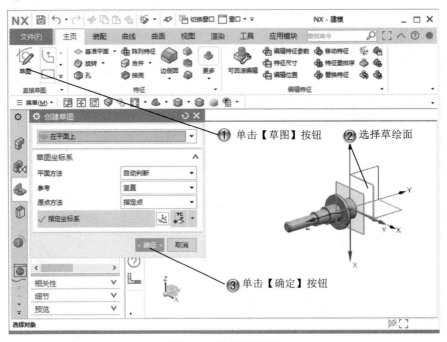

图 9-16　选择草绘面

Step7 绘制矩形，如图 9-17 所示。

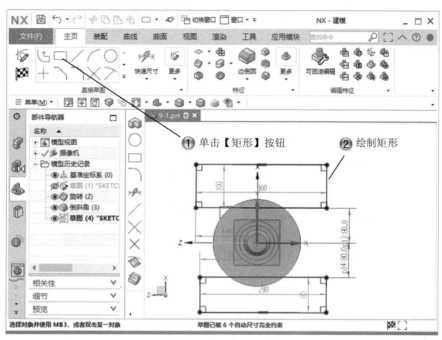

图 9-17　绘制矩形

Step8 创建拉伸特征，如图 9-18 所示。

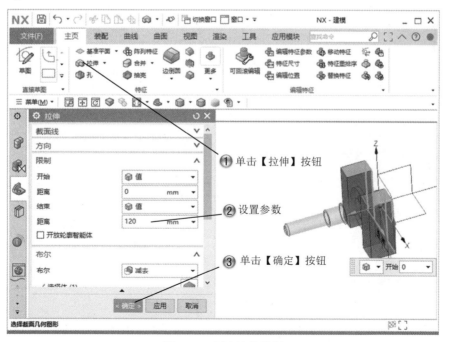

图 9-18　创建拉伸特征

Step9 选择【加工】命令，如图 9-19 所示。

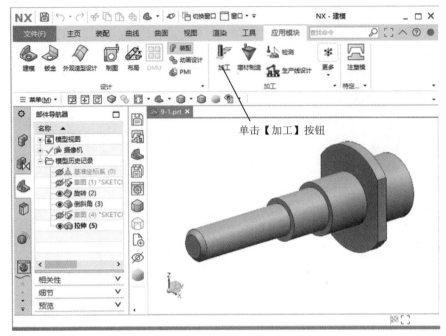

图 9-19　选择【加工】命令

Step10 设置加工环境，如图 9-20 所示。

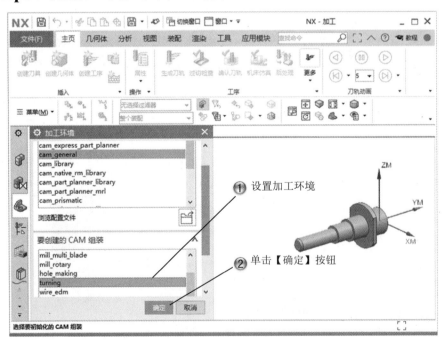

图 9-20　设置加工环境

第 9 章
数控车削加工

Step11 选择【创建几何体】命令，如图 9-21 所示。

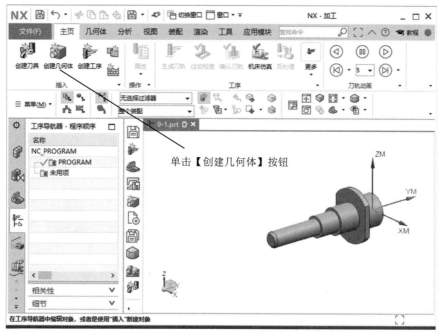

图 9-21　选择【创建几何体】命令

Step12 设置几何体类型，如图 9-22 所示。

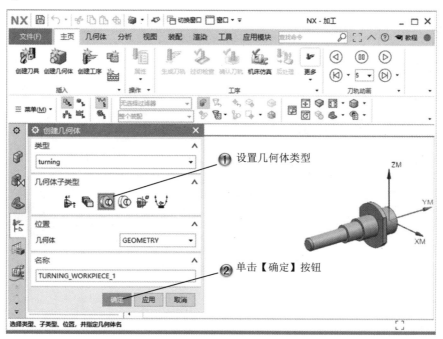

图 9-22　设置几何体类型

Step13 选择指定部件边界命令，如图 9-23 所示。

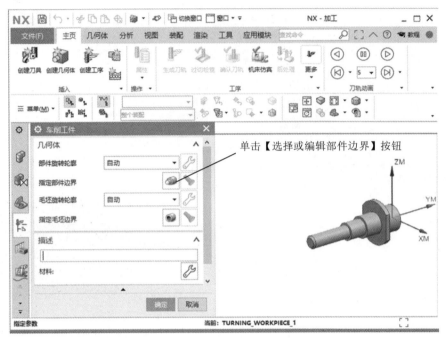

图 9-23　选择指定部件边界命令

Step14 选择部件边界，如图 9-24 所示。

图 9-24　选择部件边界

Step15 选择指定毛坯边界命令，如图 9-25 所示。

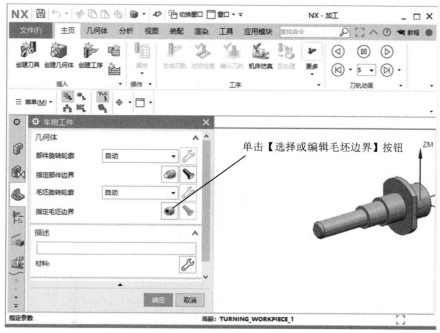

图 9-25　选择指定毛坯边界命令

Step16 设置毛坯边界，如图 9-26 所示。

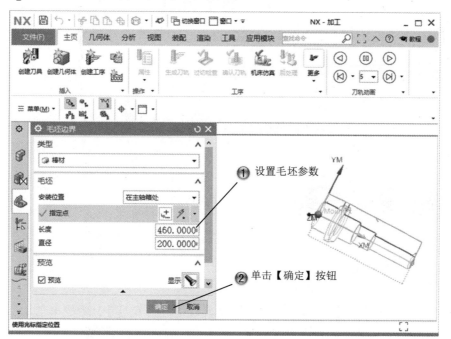

图 9-26　设置毛坯边界

Step17 完成加工几何体设置，如图9-27所示。

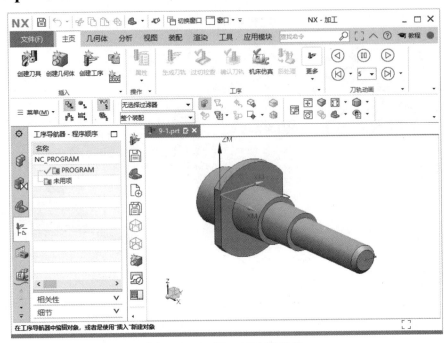

图9-27 完成加工几何体设置

9.2 加工刀具

在创建一个加工刀具时，用户可以从刀库中调用刀具，也可以自定义刀具并指定刀具的参数。

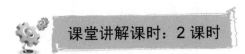

9.2.1 设计理论

可以创建的刀具类型包括标准车刀、螺纹车刀和切槽车刀等。数控车削加工的工序流程如下。

1. 准备工作

（1）获取实体模型，该模型将作为车削加工工序的部件几何和毛坯几何。

（2）设置加工坐标系的零点。

（3）指定车削加工工序的部件几何和毛坯几何。

（4）选择车削加工工序的加工刀具。

2. 创建车削加工操作

（1）创建一个端面车削加工工序。

（2）创建一个中心钻孔加工工序。

（3）创建一个粗车加工工序。

（4）创建一个精车加工工序。

3. 后续工作

（1）检查和验证车削加工工序（包括放大局部区域、可视化和切削加工 3D 模拟等）。

（2）后处理。

（3）创建车间文档。

9.2.2 课堂讲解

1. 从刀库调用刀具

在【插入】选项卡中单击【创建刀具】按钮，系统打开【创建刀具】对话框，如图 9-28 所示，提示用户"选择类型、位置、组，并指定刀具名或从库中调用刀具"。

在刀具库中，系统提供了很多标准的加工刀具和一些常用的加工刀具。用户可以直接从刀库中调用一把合适的加工刀具。在调用刀具时，用户需要选择加工刀具的加工类型，然后输入一些参数，系统将按照用户指定的加工类型和刀具参数，在刀具库中搜索与条件匹配的加工刀具，最后用户在其中选择一把加工刀具即可，具体的操作方法说明如下。

（1）打开刀具库

在【创建刀具】对话框中单击【从库中调用刀具】按钮，系统打开如图 9-29 所示的【库类选择】对话框。

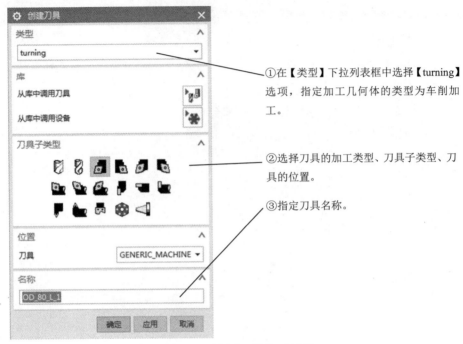

图 9-28 【创建刀具】对话框

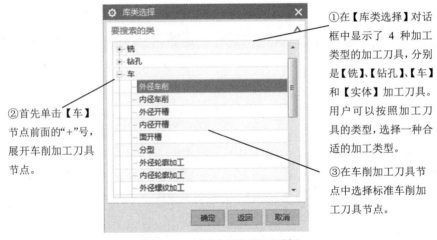

图 9-29 【库类选择】对话框

(2) 选择刀具的加工类型

在【库类选择】对话框中单击【确定】按钮,系统打开如图 9-30 所示的【搜索准则】对话框。在【搜索准则】对话框中,用户可以输入一些刀具参数作为搜索条件,如刀尖半径、刀尖角度、方向角度和切削边长等。

图 9-30 【搜索准则】对话框

2. 自定义刀具

除了可以从刀库中调用加工刀具外，用户还可以自定义刀具并指定刀具的参数。用户自定义刀具的具体操作方法说明如下。

（1）打开【车刀-标准】对话框

在【创建刀具】对话框的【刀具子类型】选项组中单击【OD_80_L（标准车削加工刀具）】按钮，然后单击【确定】按钮，此时系统打开如图 9-31 所示的【车刀-标准】对话框。可以在【车刀-标准】对话框中指定一些参数，这些参数主要是刀片形状、尺寸和刀片尺寸。

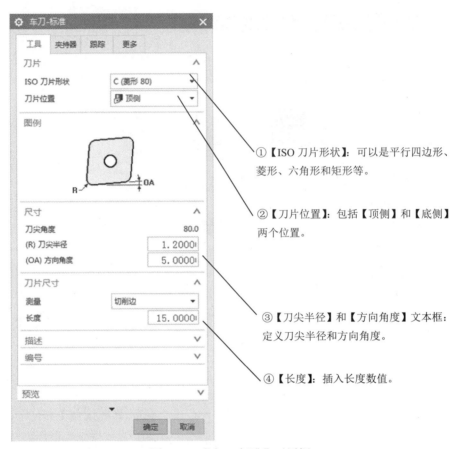

图 9-31 【车刀-标准】对话框

> 刀具的刀尖半径不能在【车刀-标准】对话框中进行修改。刀尖半径在用户选择刀具子类型时已经确定。

名师点拨

（2）定义刀具的夹持器参数

在【车刀-标准】对话框中完成加工刀具的参数设置后，用户还可以定义加工刀具的夹持器参数。在【车刀-标准】对话框中单击【夹持器】标签，切换到【夹持器】选项卡，如图 9-32 所示。

（3）定义跟踪点

【车刀-标准】对话框中除了上面介绍的【刀具】选项卡和【夹持器】选项卡外，还有【跟踪】和【更多】选项卡，下面介绍跟踪点的定义方法。

在【车刀-标准】对话框中单击【跟踪】标签，切换到【跟踪】选项卡，如图 9-33 所示。用户可以在【车刀-标准】对话框中定义跟踪点，系统根据用户定义的跟踪点计算刀具轨迹。

第 9 章
数控车削加工

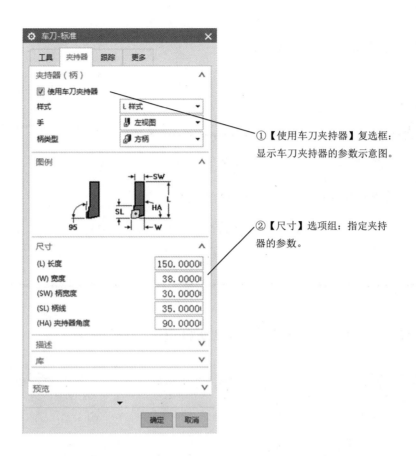

图 9-32 【夹持器】选项卡

图 9-33 【跟踪】选项卡

· 367 ·

9.2.3 课堂练习——设置刀具

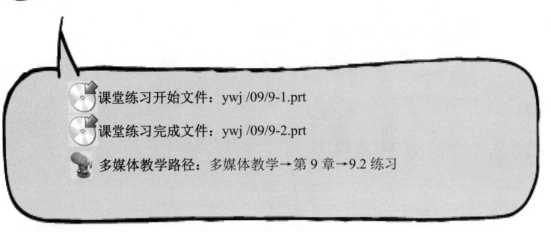

课堂练习开始文件：ywj /09/9-1.prt

课堂练习完成文件：ywj /09/9-2.prt

多媒体教学路径：多媒体教学→第 9 章→9.2 练习

Step1 选择【创建刀具】命令，如图 9-34 所示。

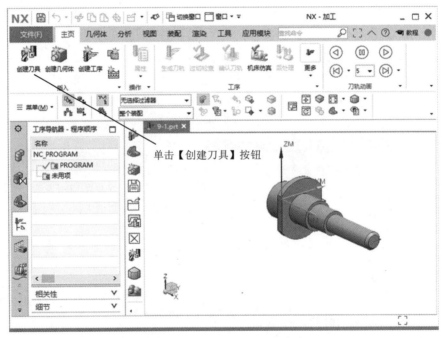

图 9-34　选择【创建刀具】命令

第 9 章
数控车削加工

Step2 选择刀具类型，如图 9-35 所示。

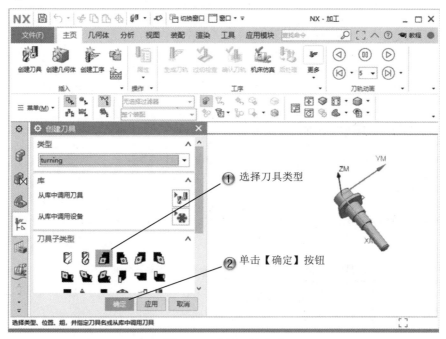

图 9-35　选择刀具类型

Step3 设置刀具参数，如图 9-36 所示。

图 9-36　设置刀具参数

Step4 设置夹持器参数，如图 9-37 所示。

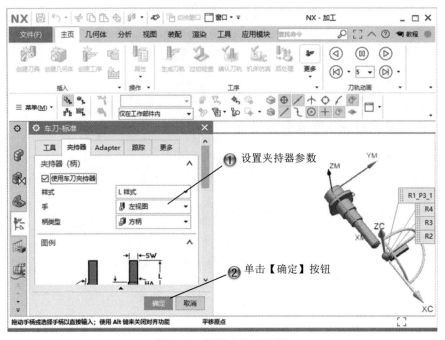

图 9-37　设置夹持器参数

Step5 创建工序，如图 9-38 所示。

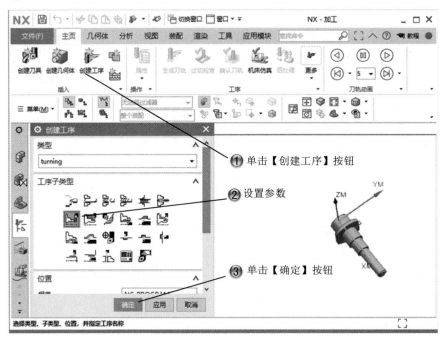

图 9-38　创建工序

Step6 设置切削策略，如图 9-39 所示。

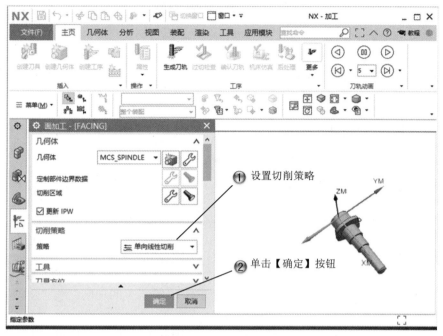

图 9-39　设置切削策略

Step7 完成刀具设置，如图 9-40 所示。

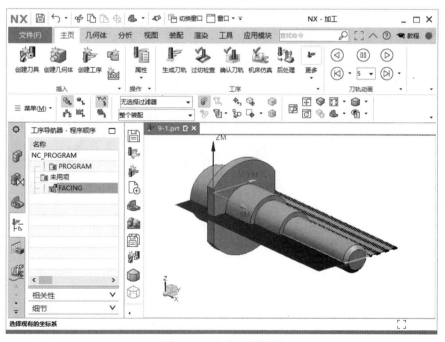

图 9-40　完成刀具设置

9.3 粗车操作

粗车操作主要用于快速切除工件的大量材料。

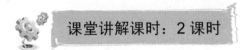

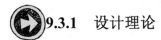

9.3.1 设计理论

在粗车操作时，用户可以选择"单向线性切削""倾斜单向切削"和"单向轮廓切削"等 12 种粗车切削方式。

由于很多部件都是通过多道加工工序完成的，因此部件的加工顺序对部件具有十分重要的意义。用户可以在导航器中观察部件的加工顺序。如果不满足加工要求，还可以在导航器中重新调整部件的加工顺序。

9.3.2 课堂讲解

1. 创建粗车工序

在【插入】选项卡中单击【创建工序】按钮，打开如图 9-41 所示的【创建工序】对话框，系统提示用户"选择类型、子类型、位置，并指定工序名"。

完成操作后，在【创建工序】对话框中单击【确定】按钮，打开如图 9-42 所示的【外径粗车 OD】对话框，系统提示用户"指定参数"。

2. 粗车车削参数

在【外径粗车】对话框的【切削策略】选项组的【策略】下拉列表框中显示了 12 种车削策略，如图 9-43 所示。

第 9 章
数控车削加工

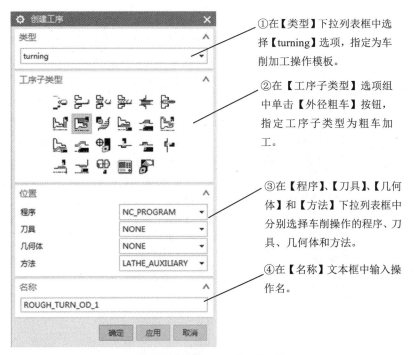

图 9-41 【创建工序】对话框

图 9-42 【外径粗车】对话框

①【单向线性切削】选项：指定系统在每一次切削过程中，刀具的切削深度不变，并且沿着同一个方向切削。

②【线性往复切削】选项：指定系统在每一次切削过程中，刀具的切削深度不变，但是方向发生交替变化。

③【倾斜单向切削】选项：指定系统在每一次切削过程中，刀具的切削深度从刀具轨迹的起点到刀具轨迹的终点逐渐增大或者减小，并且沿着同一个方向切削。

④【倾斜往复切削】选项：指定系统在每一次切削过程中，刀具的切削深度从刀具轨迹的起点到刀具轨迹的终点逐渐增大或者减小，但是方向发生交替变化。

⑤【单向轮廓切削】选项：指定系统刀具沿着部件的轮廓进行切削，并且沿着同一个方向切削。

⑥【轮廓往复切削】选项：指定刀具沿着部件的轮廓进行切削，并且方向发生交替变化。

⑦【单向插削】选项：指定系统在每一次切削过程中，刀具沿着同一个方向单向插削。

⑧【往复插削】选项：指定系统在每一次切削过程中，刀具往复插削直到插削切削区域的底部。

⑨【交替插削】选项：指定系统下一次切削的位置处于上一次切削的另一边。

⑩【交替插削（余留塔台）】：指定在切削过程中，通过偏置连续插削在刀片两侧实现对称刀具磨平。

⑪【部件分离】选项：指定系统部件和刀具分开。

⑫【毛坯单向轮廓切削】选项：指定刀具的切削深度从毛坯方向逐渐增大或者减小。

图 9-43　12 种车削策略

9.3.3 课堂练习——创建粗车工序

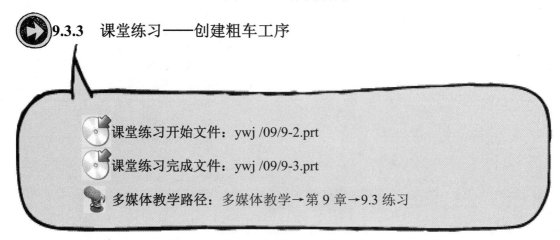

课堂练习开始文件：ywj /09/9-2.prt

课堂练习完成文件：ywj /09/9-3.prt

多媒体教学路径：多媒体教学→第 9 章→9.3 练习

Step1 选择【创建工序】命令，如图 9-44 所示。

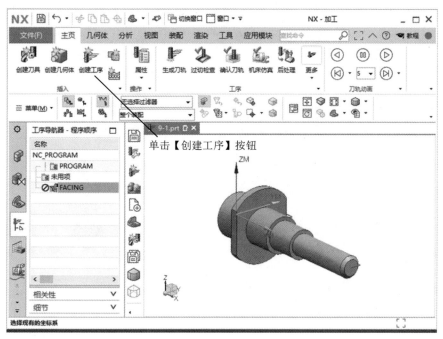

图 9-44　选择【创建工序】命令

Step2 设置工序类型，如图 9-45 所示。

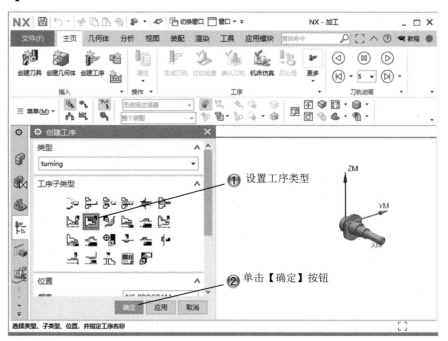

图 9-45　设置工序类型

Step3 设置切削策略，如图 9-46 所示。

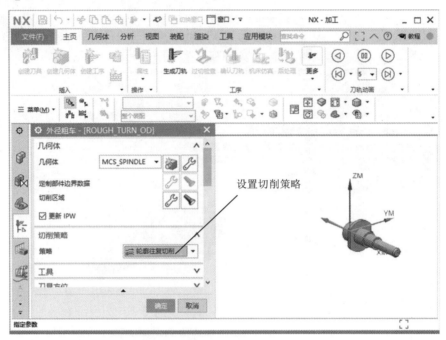

图 9-46　设置切削策略

Step4 选择【切削参数】命令，如图 9-47 所示。

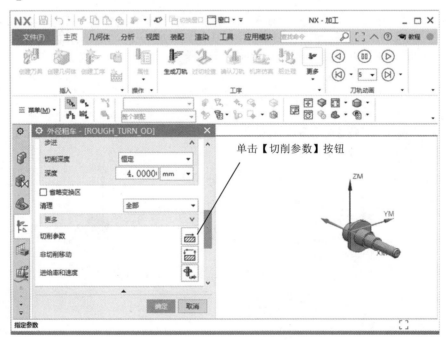

图 9-47　选择【切削参数】命令

Step5 设置切削参数，如图 9-48 所示。

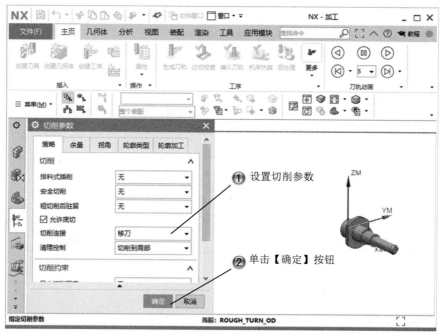

图 9-48　设置切削参数

Step6 选择【进给率和速度】命令，如图 9-49 所示。

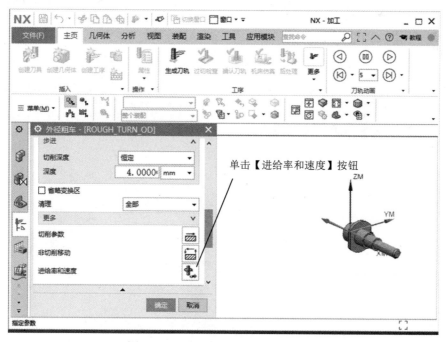

图 9-49　选择【进给率和速度】命令

Step7 设置进给率和速度，如图9-50所示。

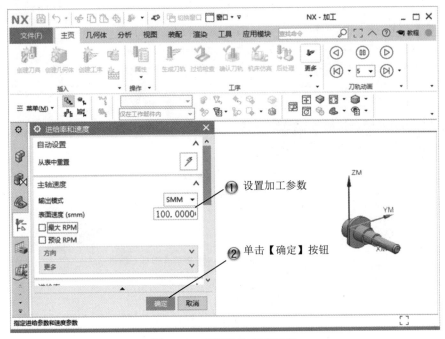

图9-50　设置进给率和速度

Step8 生成刀轨，如图9-51所示。

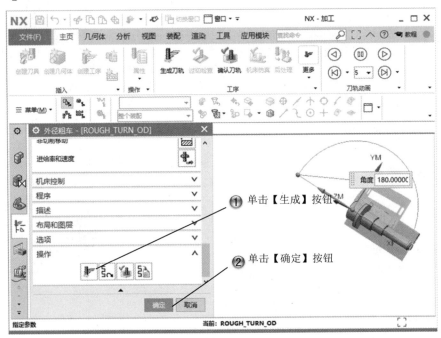

图9-51　生成刀轨

Step9 完成粗车工序,如图 9-52 所示。

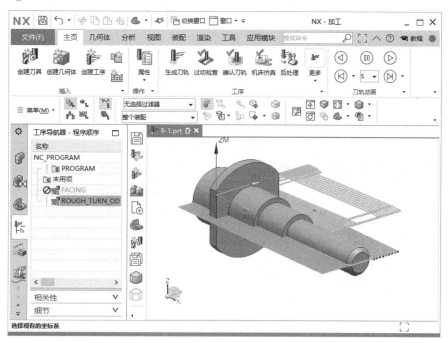

图 9-52 完成粗车工序

9.4 精车操作

精车操作主要用于在粗车加工的基础上精车部件的剩余材料。

9.4.1 设计理论

精车操作可以自动检查部件的剩余材料,并且提供了 8 种精车切削方式,方便用户根据剩余材料的位置和形状,选择合适的精车切削方式,加工得到满足设计要求的零件。在创建精车操作时,用户可以选择"仅面""仅周面"和"首先周面,然后面"等 8 种精车切削方式。

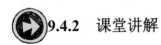 9.4.2 课堂讲解

1. 创建精车工序

在【插入】选项卡中单击【创建工序】按钮 ，打开如图 9-53 所示的【创建工序】对话框,系统提示用户"选择类型、子类型、位置,并指定工序名"。

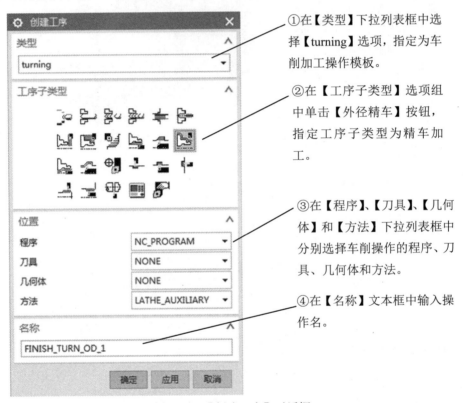

图 9-53 【创建工序】对话框

完成操作后,在【创建工序】对话框中单击【确定】按钮,打开如图 9-54 所示的【外径精车】对话框,系统提示用户"指定参数"。

2. 精车车削参数

在【外径精车】对话框【切削策略】选项组的【策略】下拉列表框中显示了 8 种车削方式,如图 9-55 所示。

图 9-54 【外径精车】对话框

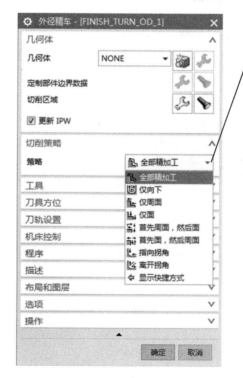

①【全部精加工】选项：指定系统在每一次精车过程中，不管是面还是周面，始终沿着部件的轮廓切削，完成所有面的切削。

②【仅向下】选项：指定系统在每一次精车过程中，刀具的切削方向仅向下。

③【仅周面】选项：指定系统在每一次精车过程中，只加工周面。

④【仅面】选项：指定系统在每一次精车过程中，只加工面。

⑤【首先周面，然后面】选项：指定系统在每一次精车过程中，首先加工周面，然后再加工面。

⑥【首先面，然后周面】选项：指定系统在每一次精车过程中，首先加工面，然后再加工周面。

⑦【指向拐角】选项：指定系统在每一次精车过程中，刀具的切削方向指向部件的拐角。

⑧【离开拐角】选项：指定系统在每一次精车过程中，刀具的切削方向背向部件的拐角，即沿着远离拐角的方向切削。

图 9-55 8 种车削方式

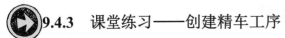

9.4.3 课堂练习——创建精车工序

- 课堂练习开始文件：ywj /09/9-3.prt
- 课堂练习完成文件：ywj /09/9-4.prt
- 多媒体教学路径：多媒体教学→第 9 章→9.4 练习

Step1 选择【创建工序】命令，如图 9-56 所示。

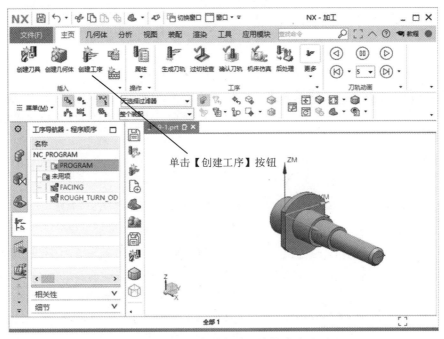

图 9-56　选择【创建工序】命令

Step2 选择工序类型，如图 9-57 所示。

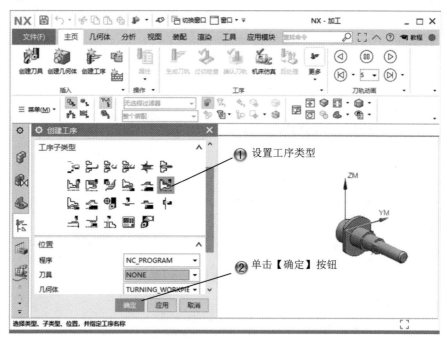

图 9-57　选择工序类型

Step3 选择新建刀具命令，如图 9-58 所示。

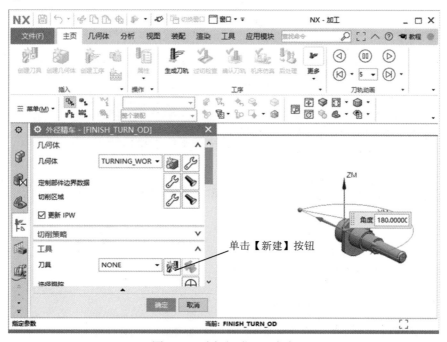

图 9-58　选择新建刀具命令

Step4 设置刀具类型，如图 9-59 所示。

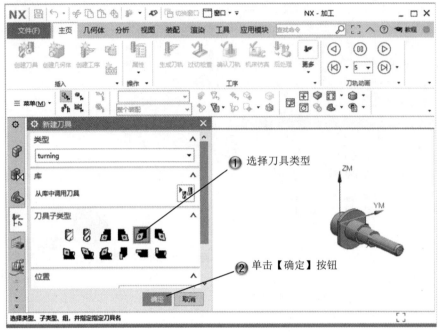

图 9-59　设置刀具类型

Step5 设置刀具参数，如图 9-60 所示。

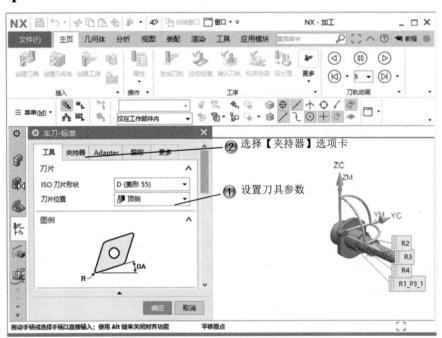

图 9-60　设置刀具参数

Step6 设置夹持器参数，如图 9-61 所示。

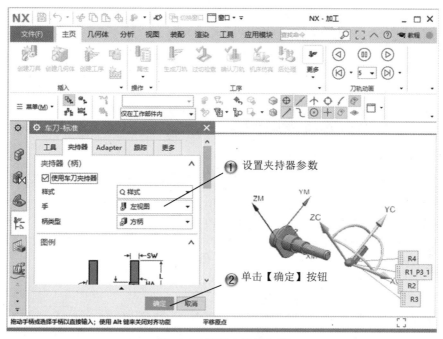

图 9-61　设置夹持器参数

Step7 选择【进给率和速度】命令，如图 9-62 所示。

图 9-62　选择【进给率和速度】命令

Step8 设置进给率和速度，如图 9-63 所示。

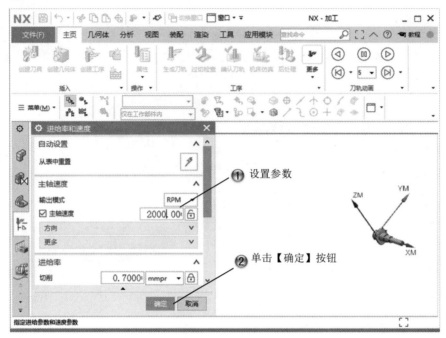

图 9-63　设置进给率和速度

Step9 生成刀轨，如图 9-64 所示。

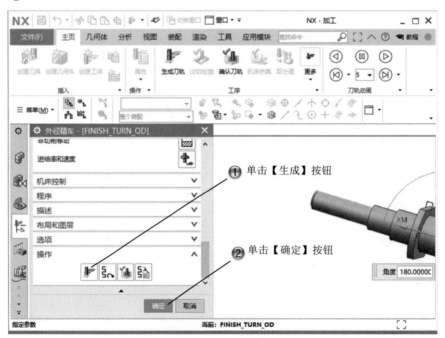

图 9-64　生成刀轨

Step10 完成精车工序，如图 9-65 所示。

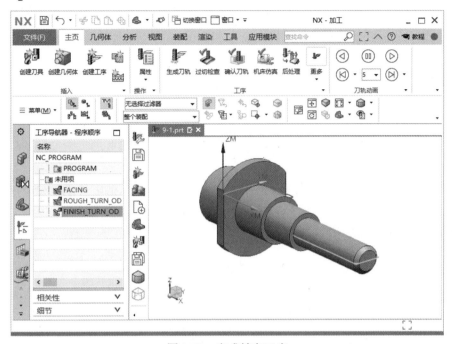

图 9-65　完成精车工序

9.5　专家总结

本章主要介绍了数控车削加工的创建方法和参数设置方法。在创建车削加工时，用户需要指定加工几何体和加工刀具。加工几何体和加工刀具需要在创建车削加工之前指定，即在【创建工序】对话框中的【刀具】下拉列表框中选择加工刀具，在【几何体】下拉列表框中选择加工几何体。

数控车削加工在机械、航空航天和汽车等领域具有非常广泛的应用，随着科学技术的不断进步，车削加工技术也发生了巨大的变化，车削加工的零部件质量和精度也得到了很大提高。本章介绍了整个车削工序的创建方法。

9.6　课后习题

9.6.1　填空题

（1）车削加工几何体的设置方法是_____。

（2）车削加工刀具类型有____、____、____、____、____、____。

9.6.2 问答题

（1）创建粗车工序的步骤有哪几步？
（2）粗车加工和精车加工的区别是什么？

9.6.3 上机操作题

使用本章介绍的车削加工工序创建方法，在如图 9-66 所示的零件上创建工序。
操作步骤和方法：
（1）创建车削加工工序。
（2）设置加工几何体。
（3）设置车削刀具。
（4）生成加工刀轨。

图 9-66　创建车削加工工序

第 10 章　后处理和车间文档

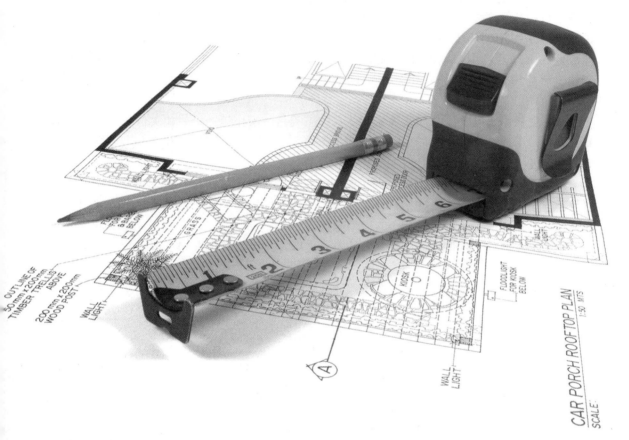

	内　容	掌握程度	课　时
课训目标	后处理	熟练运用	2
	车间文档	熟练运用	2
	综合范例	熟练运用	2

课程学习建议

后处理操作是将 NX 12 加工模块创建操作的刀具轨迹文件，与特定数控机床联系起来的桥梁。通过后处理操作，NX 12 加工模块创建操作的刀具轨迹文件就可以转换为特定数控机床的控制指令代码，进而加工部件。NX 12 为用户提供了两种后处理方式，一种是在加工环境内部进行后处理，另一种是在加工环境外部进行后处理。在进行后处理操作时，用户需要选择合适的后处理器，如 3 轴铣削加工后处理器和 2 轴车削加工后处理器等。此外，用户还可以指定输出文件的名称和路径，指定后处理文件的输出单位。

车间文档主要以文档的形式显示和储存加工刀具、操作等的一些相关信息。在创建车间文档时，用户可以指定选择车间文档的报告格式，如操作列表格式和刀具列表格式等，而这些列表格式又都可以输出为 TEXT 格式和 HTML 格式。

本章首先介绍后处理操作的含义并详细介绍后处理操作的两种方式；接着讲解车间文档及创建车间文档的方法，并结合课堂练习，介绍在加工环境内部，进行后处理和创建车间文档的方法；最后介绍一个综合的应用范例。

本课程主要基于软件的数控加工模块进行讲解，其培训课程表如下。

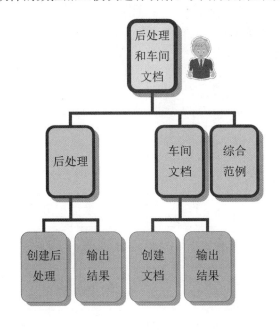

10.1 后处理

基本概念

后处理包括对加工后续的文件输出。在生成刀具轨迹文件后，NC 加工的编程基本完成，后面需要进行一些后置处理，从而进入加工的过程。

课堂讲解课时：2 课时

10.1.1 设计理论

用户使用 NX 加工模块的主要目的就是得到部件的刀具轨迹，然后在数控机床上切削加工部件。但是，用户并不能把 NX 加工模块创建的一些操作，如平面铣加工、型腔铣加工和固定轴曲面轮廓铣加工等的刀具轨迹直接发送到数控机床上，加工得到零件。这是因为数控机床的种类很多，每个数控机床的一些初始参数和加工特性都不相同。例如，有些数控机床可以进行 2 轴加工，而有些数控机床则可以进行 3 轴加工。此外，数控机床都是通过一些计算机或者其他控制器来控制操纵的，这些计算机和控制器的参数和特性也不相同。

因此，用户需要把刀具轨迹文件转换为特定数控机床能够识别的数控程序，这个转换过程就称为后处理，它的英文为"post processing"。刀具轨迹文件经过后处理，生成特定数控机床能识别的数控程序，才能发送到特定数控机床上进行加工，切削得到满足加工要求的部件。

10.1.2 课堂讲解

用户可以通过两种方法对 NX 刀具轨迹文件进行后处理，一种是在加工环境内部进行后处理，另一种是在加工环境外部进行后处理。这两种后处理方法分别说明如下。

（1）在加工环境内部

在 NX 12 加工环境中，在【工序】选项卡中单击【后处理】按钮 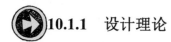，系统打开如图 10-1 所示的【后处理】对话框，提示用户"选择机床并指定输出文件"。

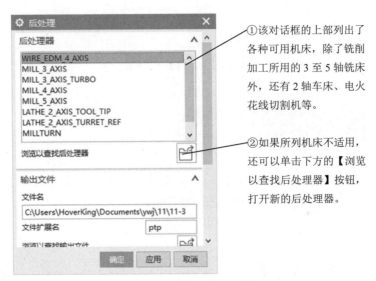

图 10-1 【后处理】对话框

在【后处理】对话框中，用户可以在【文件名】文本框中输入输出文件的名称和路径。指定后处理器和输出文件后，还需要指定输出单位。在【后处理】对话框的【单位】下拉列表框中有 3 种单位选项，分别是【经后处理定义】、【英寸】和【公制/部件】。

在进行刀具轨迹的后处理操作时，首先需要指定后处理器。根据刀具轨迹的加工类型，选择合适的后处理器。单击【浏览以查找后处理器】按钮，弹出【打开后处理器】对话框，如图 10-2 所示。

图 10-2 【打开后处理器】对话框

输出 NC 程序的一般操作步骤如下：

（1）将要输出的程序节点下的操作的排列顺序重新检查一遍，保证符合加工工艺规程。

（2）从【操作导航器】中选取要输出的程序。

（3）单击【后处理】按钮 ，打开【后处理】对话框。

（4）选取符合工艺规程的机床。

（5）在【输出文件】选项组中单击【浏览以查找输出文件】按钮 ，打开【指定 NC 输出】对话框，如图 10-3 所示，选定存放 NC 文件的文件夹。

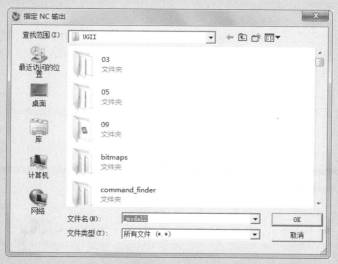

图 10-3 【指定 NC 输出】对话框

（6）选定输出单位，一般使用公制部件。

（7）单击【应用】按钮，完成输出。

> 用户在选择后处理输出文件的单位时，选择的输出文件单位应该与刀具轨迹文件的单位一致，否则会导致后置处理生成的数控程序中数据的单位与刀具轨迹文件的数据单位不一致，造成零件尺寸的放大或缩小。

名师点拨

完成上述参数设置后，在【后处理】对话框中单击【确定】按钮，关闭【后处理】对话框。关闭【后处理】对话框后，系统在进行一定的处理后，将自动打开如图 10-4 所示的【信息】窗口。在【信息】窗口中显示了进行后处理器操作后的数控程序。

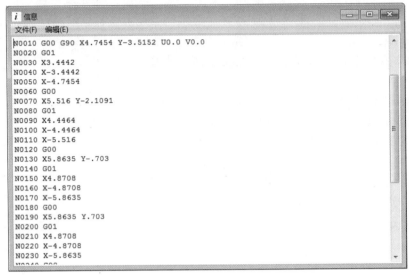

图 10-4 【信息】窗口

> 【信息】窗口中显示的数控程序是 2 轴车削加工的一些机床指令。随着用户选择的后处理器不同，输出的数控程序也不相同。

（2）在加工环境外部

在加工环境内部进行后处理需要用户启动 NX，然后打开模型，进入【加工】模块。而在加工环境外部进行后处理则不需启动 NX，而是启动 NX 后处理器 ugpost。启动后处理器 ugpost 的具体方法如下。

在 Windows 环境中，选择【开始】|【程序】|【Siemens NX 12】|【加工】|【ugpost】命令，即可启动 NX 后处理器。

启动 NX 后处理器后，系统将打开如图 10-5 所示的【Run UGPost】对话框。

在【Run UGPost】对话框【Post Processor】下拉列表框中显示用户可以选用的后处理类型，如图 10-6 所示。

第 10 章 后处理和车间文档

① 系统默认选择 NX 后处理器 "ugpost.exe" 的路径，同时系统也默认选择 NX 后处理模板文件的路径。

③ 单击右侧的【Browse】按钮，选择用户需要进行后处理的部件文件的路径和名称。

② 用户需要指定部件文件、后处理类型、数控程序的文件名称及其存储路径。

图 10-5　【Run UGPost】对话框

完成上述参数设置后，在【Run UGPost】对话框中单击【Ok】或者【Apply】按钮，关闭【Run UGPost】对话框。系统进行一定的处理后，将在用户指定的存储路径生成数控程序文件。打开该数控程序文件，将显示如图 10-7 所示的后处理结果。

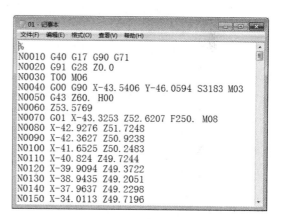

```
"WIRE_EDM_4_AXIS"
"MILL_3_AXIS"
"MILL_3_AXIS_TURBO"
"MILL_4_AXIS"
"MILL_5_AXIS_SINUMERIK_ACTT_IN"
"MILL_5_AXIS_SINUMERIK_ACTT_MM"
"MILL_5_AXIS"
"MILL_5_AXIS_ACTT_IN"
"LATHE_2_AXIS_TOOL_TIP"
"LATHE_2_AXIS_TURRET_REF"
"MILLTURN"
"MILLTURN_MULTI_SPINDLE"
```

图 10-6　【Post Processor】下拉列表框　　图 10-7　后处理结果

10.1.3 课堂练习——创建后处理

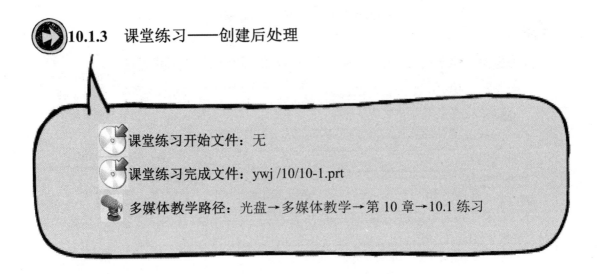

- 课堂练习开始文件：无
- 课堂练习完成文件：ywj /10/10-1.prt
- 多媒体教学路径：光盘→多媒体教学→第 10 章→10.1 练习

Step1 选择草绘面，如图 10-8 所示。

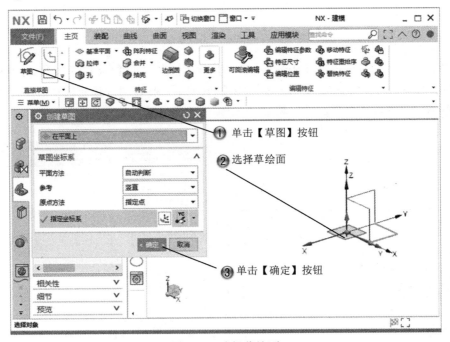

图 10-8 选择草绘面

Step2 绘制圆形,如图 10-9 所示。

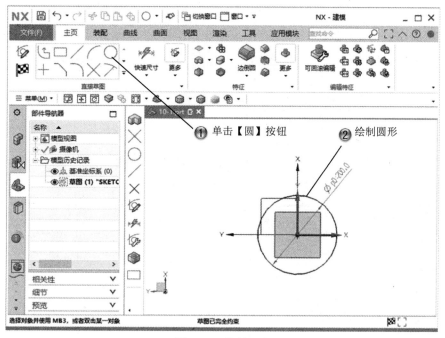

图 10-9　绘制圆形

Step3 创建拉伸特征,如图 10-10 所示。

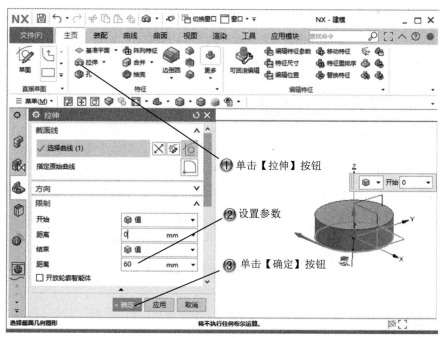

图 10-10　创建拉伸特征

Step4 创建倒斜角，如图 10-11 所示。

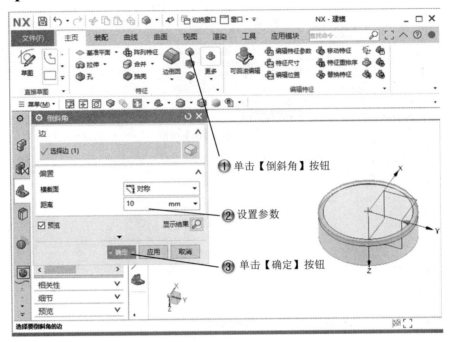

图 10-11　创建倒斜角

Step5 创建抽壳特征，如图 10-12 所示。

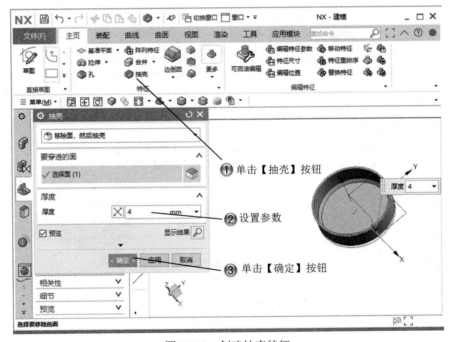

图 10-12　创建抽壳特征

Step6 选择草绘面,如图 10-13 所示。

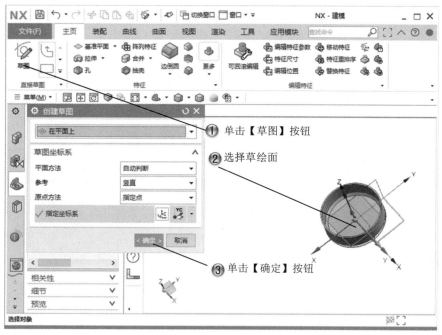

图 10-13　选择草绘面

Step7 绘制圆形,如图 10-14 所示。

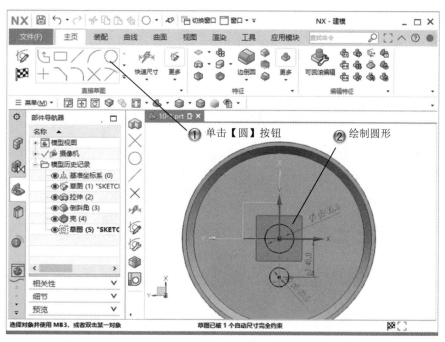

图 10-14　绘制圆形

Step8 创建阵列曲线，如图 10-15 所示。

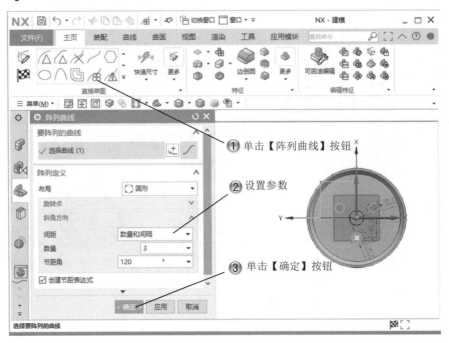

图 10-15　创建阵列曲线

Step9 绘制圆形，如图 10-16 所示。

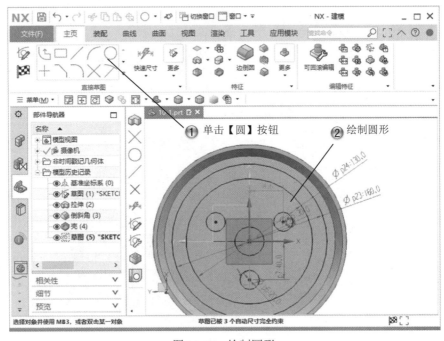

图 10-16　绘制圆形

Step10 绘制斜线，如图 10-17 所示。

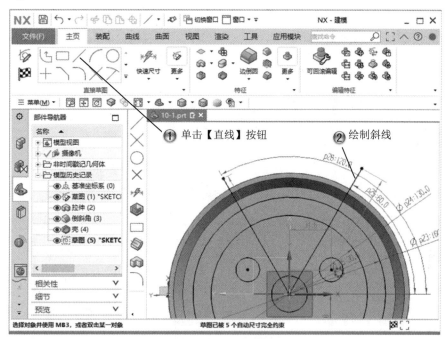

图 10-17　绘制斜线

Step11 修剪图形，如图 10-18 所示。

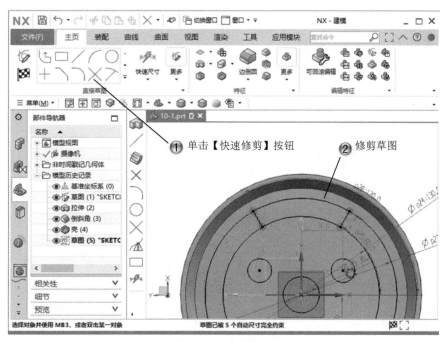

图 10-18　修剪图形

Step12 绘制圆形,如图 10-19 所示。

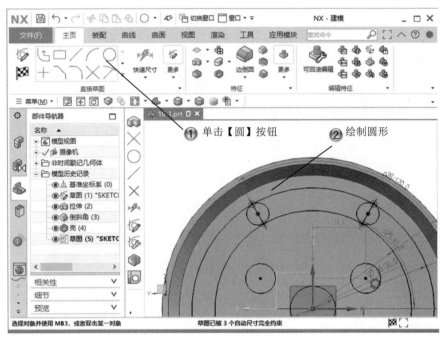

图 10-19　绘制圆形

Step13 修剪草图,如图 10-20 所示。

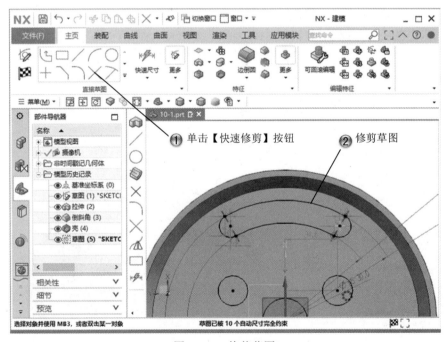

图 10-20　修剪草图

Step14 创建阵列曲线,如图 10-21 所示。

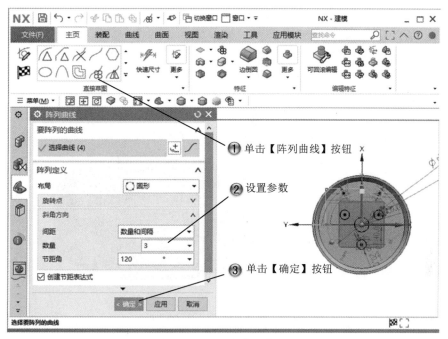

图 10-21 创建阵列曲线

Step15 创建拉伸特征,如图 10-22 所示。

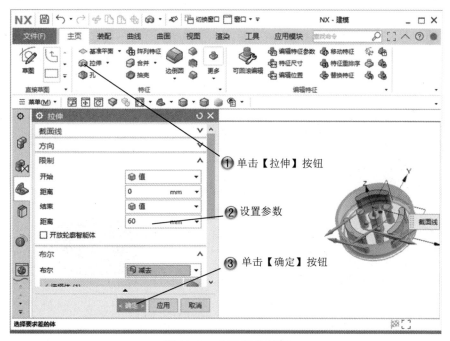

图 10-22 创建拉伸特征

Step16 进入加工环境，如图 10-23 所示。

图 10-23　进入加工环境

Step17 设置加工环境，如图 10-24 所示。

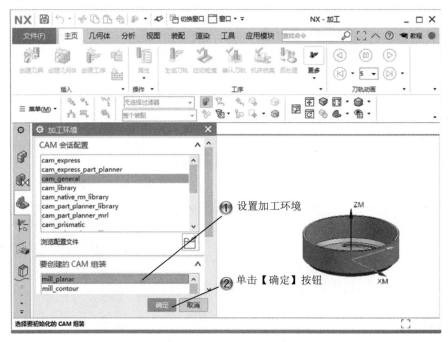

图 10-24　设置加工环境

Step18 创建工序,如图 10-25 所示。

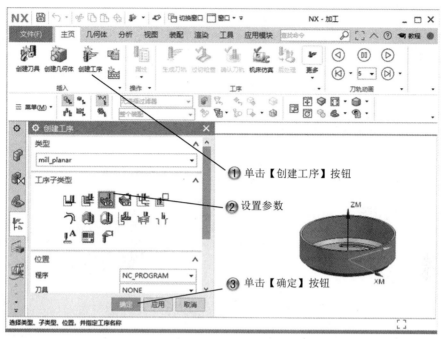

图 10-25 创建工序

Step19 选择指定部件命令,如图 10-26 所示。

图 10-26 选择指定部件命令

Step20 选择部件几何体，如图 10-27 所示。

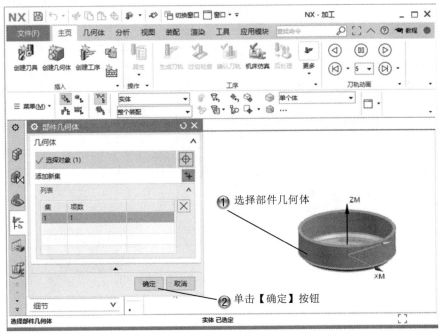

图 10-27　选择部件几何体

Step21 选择面边界命令，如图 10-28 所示。

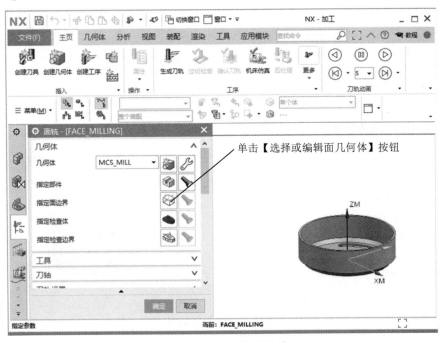

图 10-28　选择面边界命令

Step22 选择毛坯边界，如图 10-29 所示。

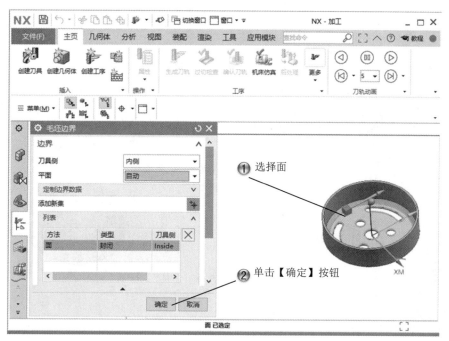

图 10-29　选择毛坯边界

Step23 选择新建刀具命令，如图 10-30 所示。

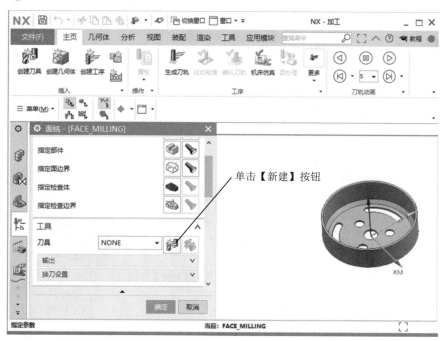

图 10-30　选择新建刀具命令

Step24 设置刀具类型，如图10-31所示。

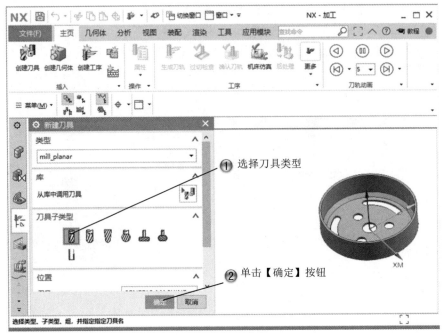

图10-31 设置刀具类型

Step25 设置刀具参数，如图10-32所示。

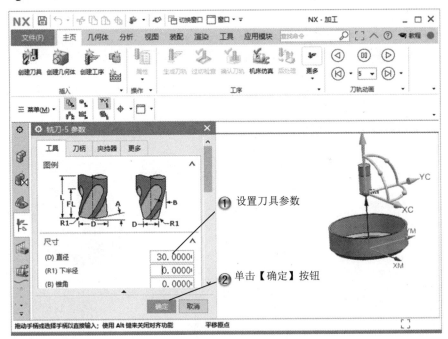

图10-32 设置刀具参数

Step26 生成刀轨，如图 10-33 所示。

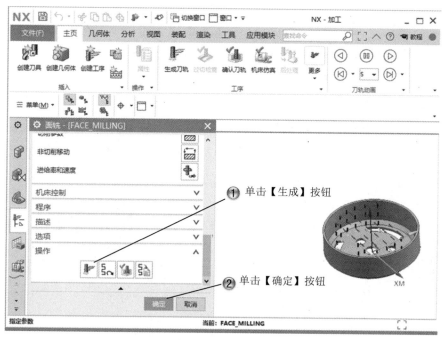

图 10-33　生成刀轨

Step27 选择【后处理】命令，如图 10-34 所示。

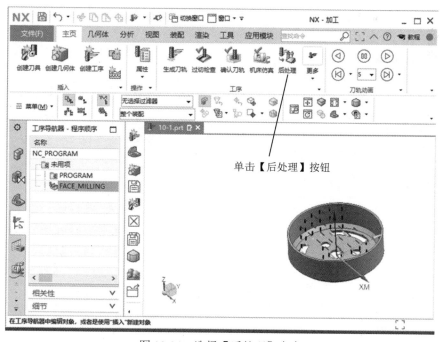

图 10-34　选择【后处理】命令

Step28 设置工序后处理，如图 10-35 所示。

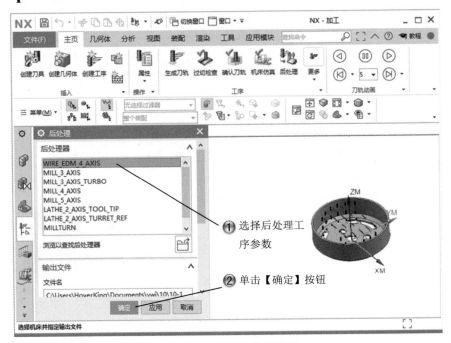

图 10-35　设置工序后处理

Step29 查看后处理文档，如图 10-36 所示。

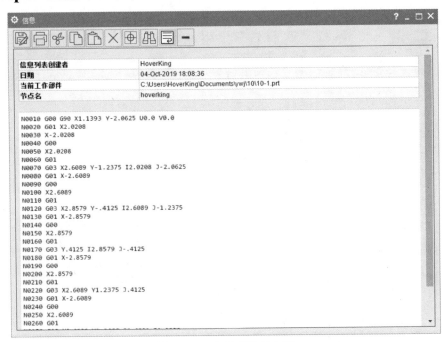

图 10-36　查看后处理文档

Step30 选择【后处理】命令,如图 10-37 所示。

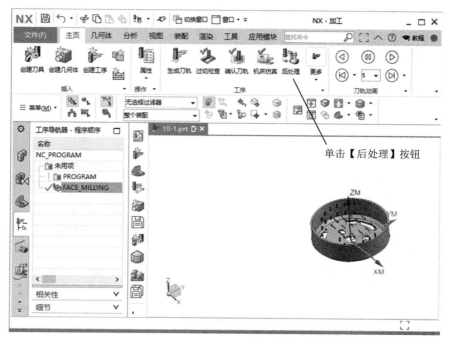

图 10-37　选择【后处理】命令

Step31 设置工序后处理,如图 10-38 所示。

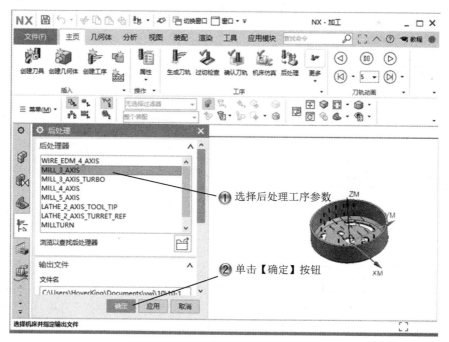

图 10-38　设置工序后处理

Step32 查看后处理文档，如图 10-39 所示。

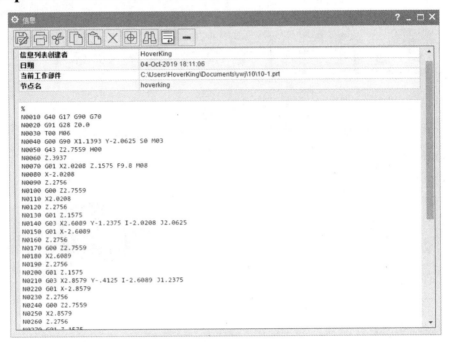

图 10-39　查看后处理文档

10.2　车间文档

车间文档可以自动生成车间工艺文档并以各种格式进行输出。

10.2.1　设计理论

车间文档主要用来以文档的形式显示和储存加工刀具、操作等的一些相关信息。车间文档将显示创建车间文档的部件文件的名称和路径、程序名称、加工刀具、操作名称及操作类型（如车削加工、点位加工和铣削加工）等信息。

10.2.2 课堂讲解

用户可以通过在【工序】选项卡中单击【车间文档】按钮，来创建一个车间文档。在创建车间文档时，可以指定选择车间文档的报告格式，如操作列表格式、刀具列表格式、根据加工方法的操作列表格式和根据程序的刀具列表格式等，而这些列表格式又都可以输出为 TEXT 格式和 HTML 格式。

> 在创建车间文档之前，用户首先需要指定创建车间文档的部件文件的名称和路径，否则加工【工序】选项卡中的【车间文档】按钮显示为灰色，不可选用。
>
> 名师点拨

车间文档的创建方法如下。
（1）打开【车间文档】对话框

在 NX 加工环境中，在【工序】选项卡中单击【车间文档】按钮，系统打开如图 10-40 所示的【车间文档】对话框。

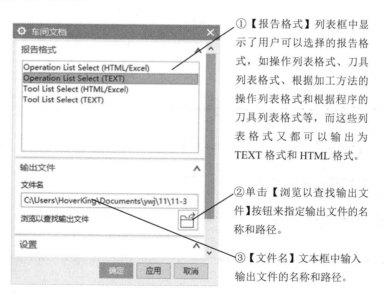

① 【报告格式】列表框中显示了用户可以选择的报告格式，如操作列表格式、刀具列表格式、根据加工方法的操作列表格式和根据程序的刀具列表格式等，而这些列表格式又都可以输出为 TEXT 格式和 HTML 格式。

② 单击【浏览以查找输出文件】按钮来指定输出文件的名称和路径。

③ 【文件名】文本框中输入输出文件的名称和路径。

图 10-40 【车间文档】对话框

（2）打开【信息】对话框

完成参数设置后，在【车间文档】对话框中单击【确定】按钮，关闭【车间文档】对话框，系统打开如图 10-41 所示的【信息】对话框。

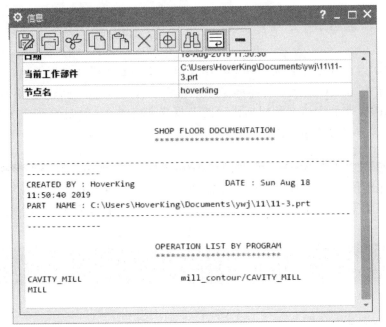

图 10-41 【信息】对话框

10.2.3 课堂练习——创建车间文档

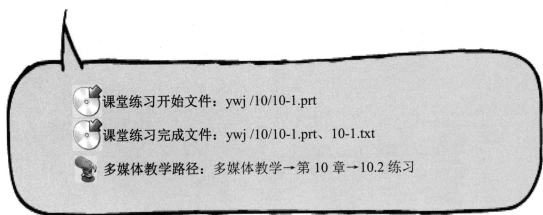

课堂练习开始文件：ywj /10/10-1.prt

课堂练习完成文件：ywj /10/10-1.prt、10-1.txt

多媒体教学路径：多媒体教学→第 10 章→10.2 练习

第 10 章
后处理和车间文档

Step1 打开零件模型，如图 10-42 所示。

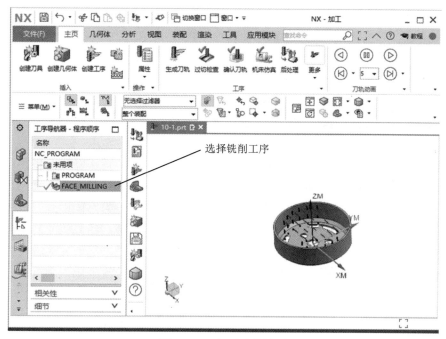

图 10-42　打开零件模型

Step2 选择【车间文档】命令，如图 10-43 所示。

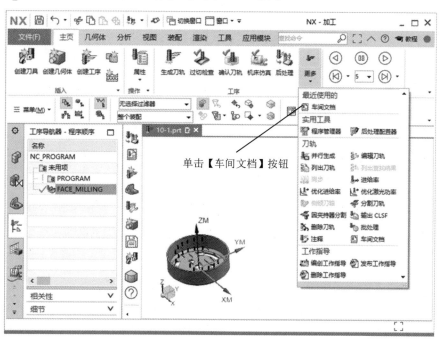

图 10-43　选择【车间文档】命令

· 415 ·

Step3 创建车间文档，如图 10-44 所示。

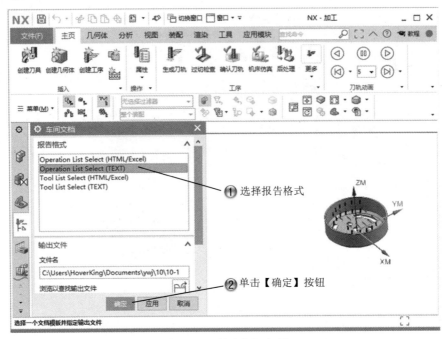

图 10-44　创建车间文档

Step4 完成车间文档，如图 10-45 所示。

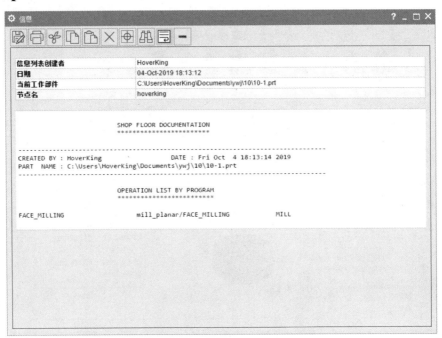

图 10-45　完成车间文档

Step5 选择铣削工序,如图 10-46 所示。

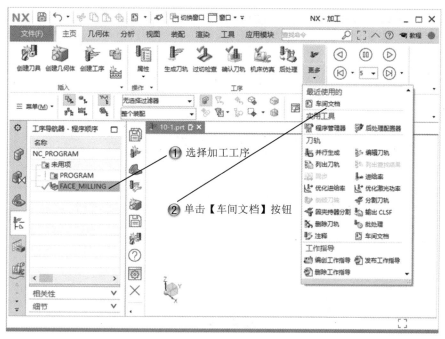

图 10-46　选择铣削工序

Step6 创建车间文档,如图 10-47 所示。

图 10-47　创建车间文档

Step7 完成车间文档,如图 10-48 所示。

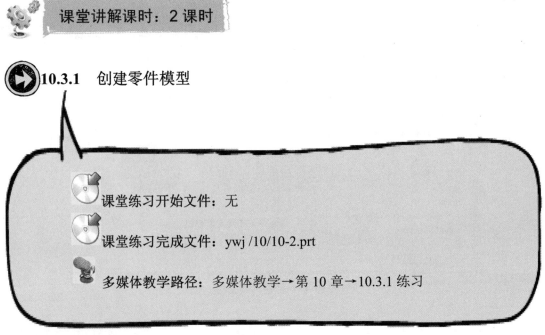

图 10-48 完成车间文档

10.3 综合范例

课堂讲解课时:2 课时

10.3.1 创建零件模型

课堂练习开始文件:无

课堂练习完成文件:ywj /10/10-2.prt

多媒体教学路径:多媒体教学→第 10 章→10.3.1 练习

Step1 选择草绘面，如图 10-49 所示。

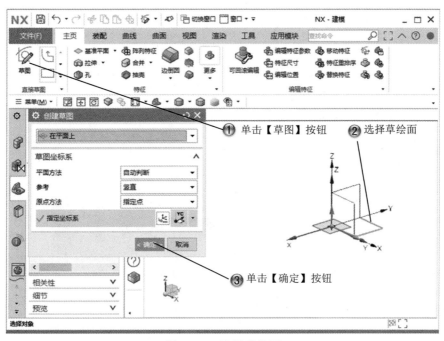

图 10-49　选择草绘面

Step2 绘制圆形，如图 10-50 所示。

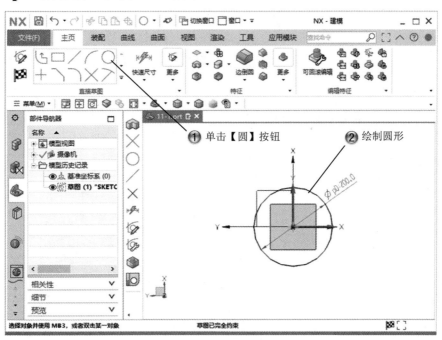

图 10-50　绘制圆形

Step3 创建拉伸特征，如图 10-51 所示。

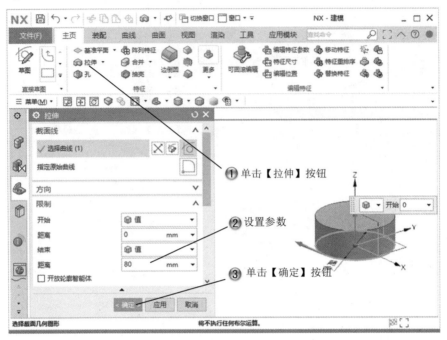

图 10-51　创建拉伸特征

Step4 选择草绘面，如图 10-52 所示。

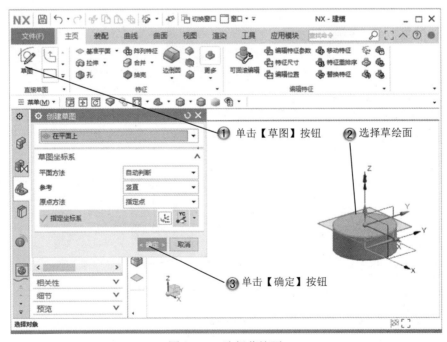

图 10-52　选择草绘面

Step5 绘制圆形，如图 10-53 所示。

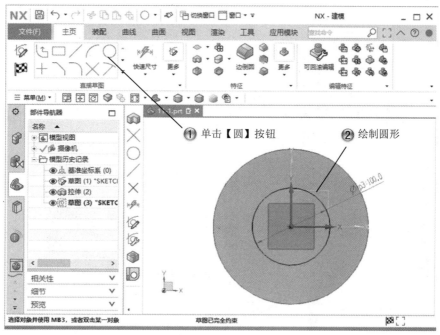

图 10-53　绘制圆形

Step6 创建拉伸特征，如图 10-54 所示。

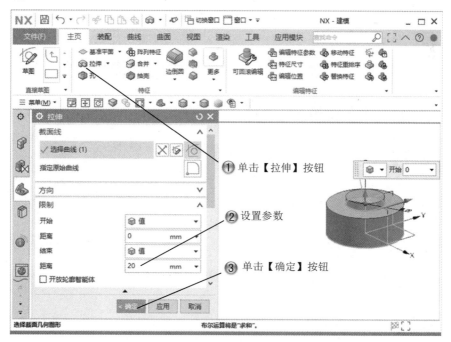

图 10-54　创建拉伸特征

Step7 创建拔模特征，如图 10-55 所示。

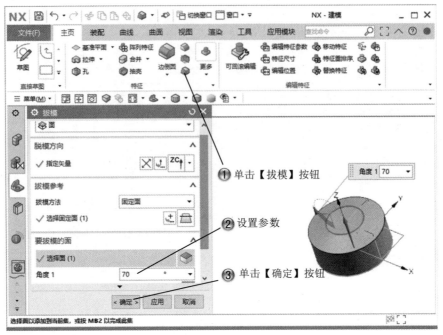

图 10-55　创建拔模特征

Step8 创建边倒圆，如图 10-56 所示。

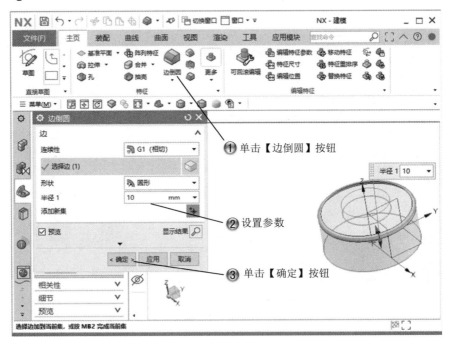

图 10-56　创建边倒圆

Step9 创建抽壳特征，如图 10-57 所示。

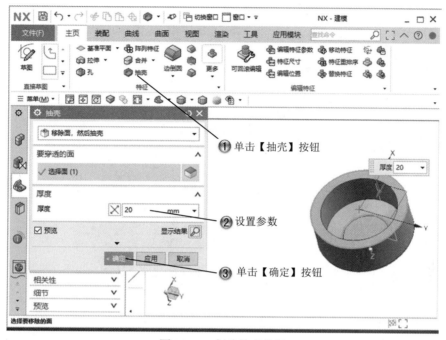

图 10-57　创建抽壳特征

Step10 选择草绘面，如图 10-58 所示。

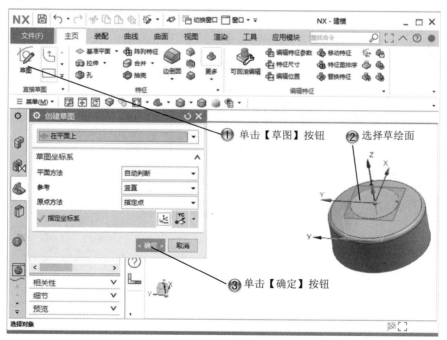

图 10-58　选择草绘面

Step11 绘制圆形，如图 10-59 所示。

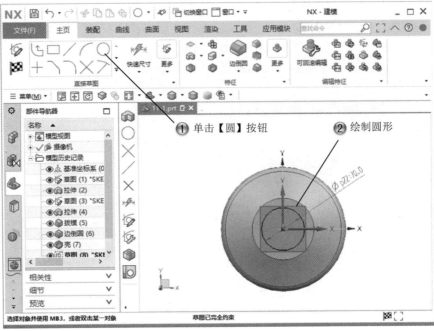

图 10-59　绘制圆形

Step12 创建拉伸特征，如图 10-60 所示。

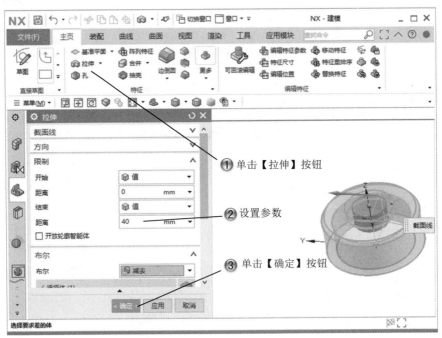

图 10-60　创建拉伸特征

Step13 选择草绘面，如图 10-61 所示。

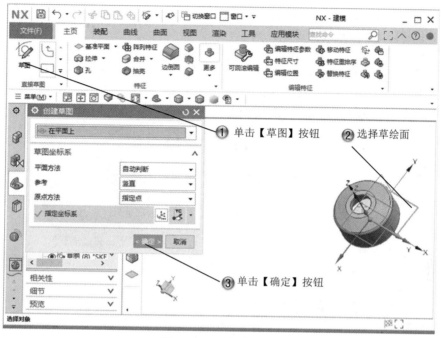

图 10-61 选择草绘面

Step14 绘制圆形，如图 10-62 所示。

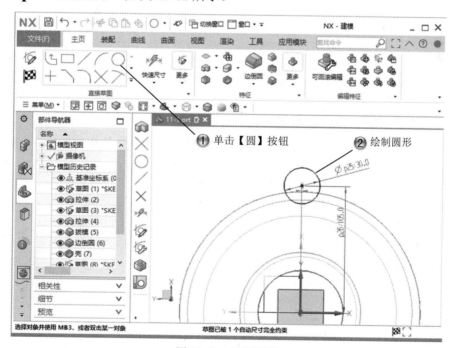

图 10-62 绘制圆形

Step15 创建拉伸特征，如图 10-63 所示。

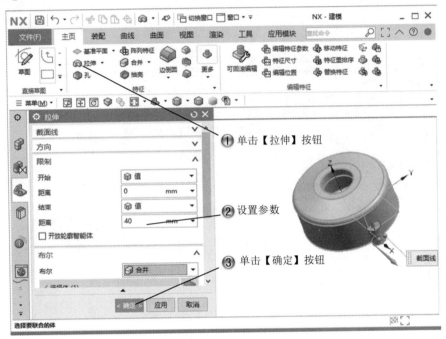

图 10-63　创建拉伸特征

Step16 选择草绘面，如图 10-64 所示。

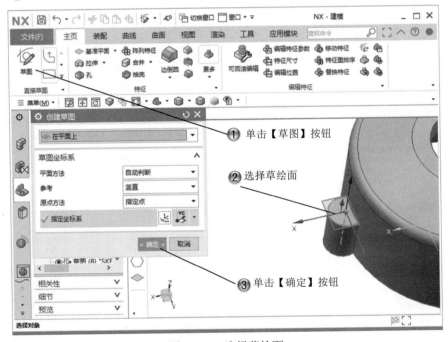

图 10-64　选择草绘面

Step17 绘制圆形，如图 10-65 所示。

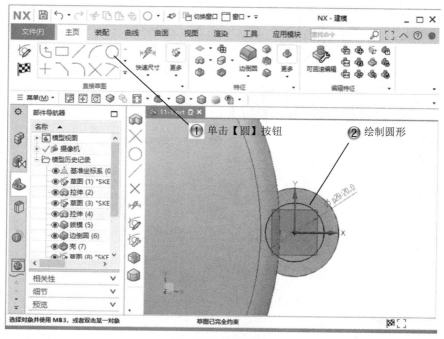

图 10-65　绘制圆形

Step18 创建拉伸特征，如图 10-66 所示。

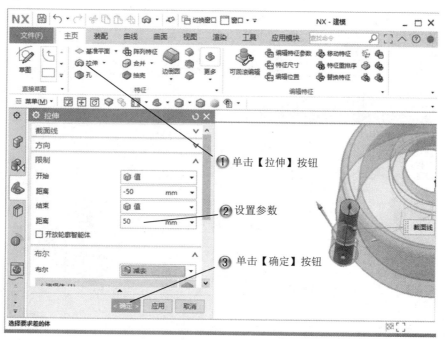

图 10-66　创建拉伸特征

Step19 创建阵列特征，如图 10-67 所示。

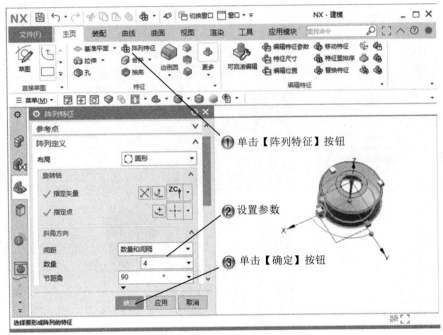

图 10-67　创建阵列特征

Step20 创建基准平面，如图 10-68 所示。

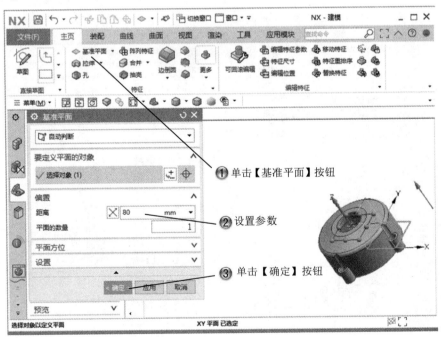

图 10-68　创建基准平面

Step21 选择草绘面，如图 10-69 所示。

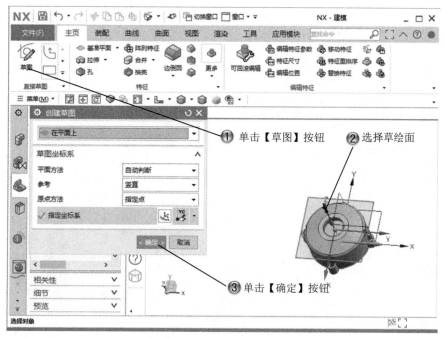

图 10-69　选择草绘面

Step22 绘制圆形，如图 10-70 所示。

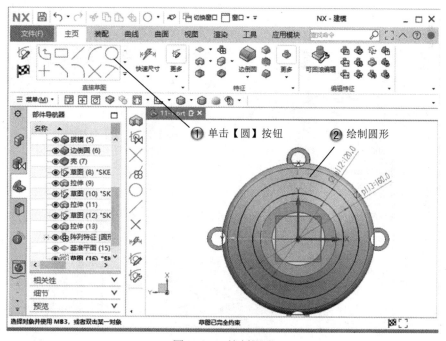

图 10-70　绘制圆形

Step23 绘制斜线，如图 10-71 所示。

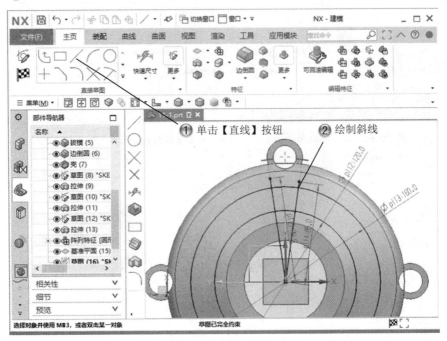

图 10-71 绘制斜线

Step24 修剪草图，如图 10-72 所示。

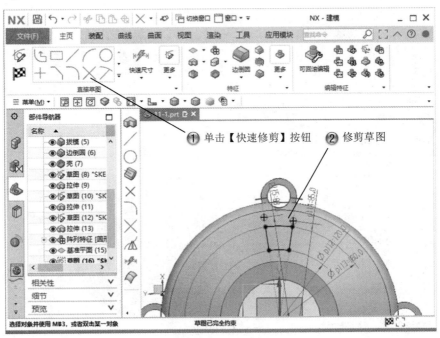

图 10-72 修剪草图

Step25 创建阵列曲线，如图 10-73 所示。

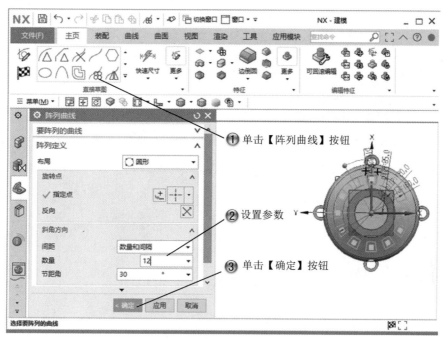

图 10-73　创建阵列曲线

Step26 创建拉伸特征，如图 10-74 所示。

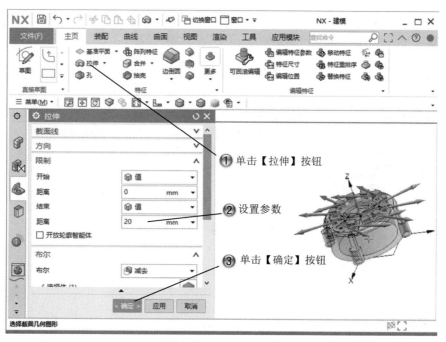

图 10-74　创建拉伸特征

Step27 选择草绘面，如图 10-75 所示。

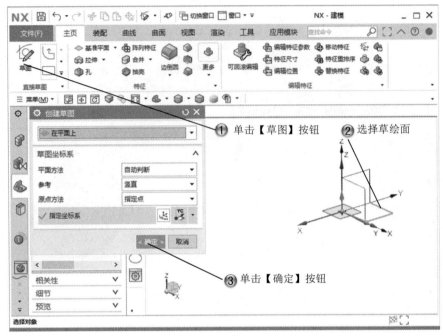

图 10-75　选择草绘面

Step28 绘制圆形，如图 10-76 所示。

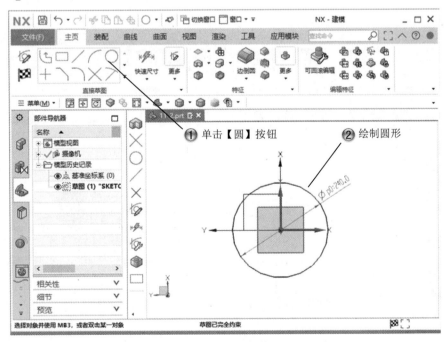

图 10-76　绘制圆形

Step29 创建拉伸特征，如图 10-77 所示。

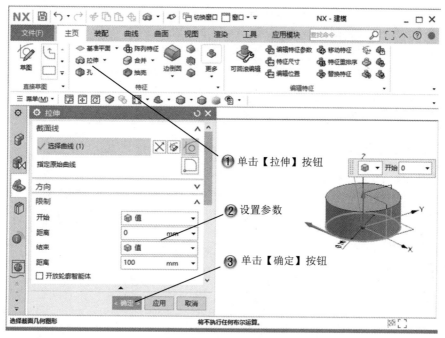

图 10-77　创建拉伸特征

Step30 创建装配模型，如图 10-78 所示。

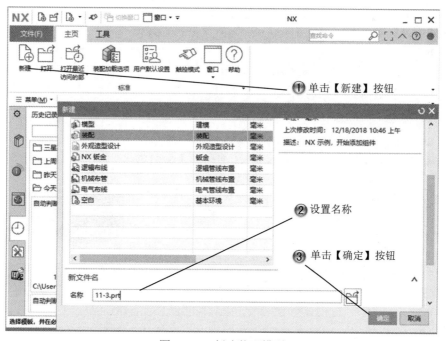

图 10-78　创建装配模型

Step31 添加组件 1，如图 10-79 所示。

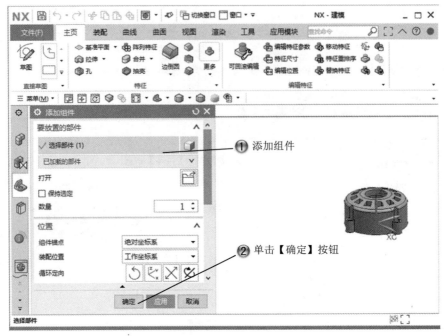

图 10-79　添加组件 1

Step32 添加组件 2，如图 10-80 所示。

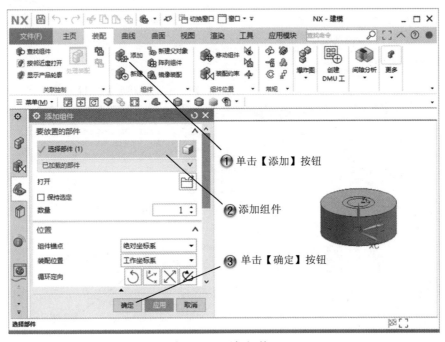

图 10-80　添加组件 2

Step33 完成零件装配模型,如图 10-81 所示。

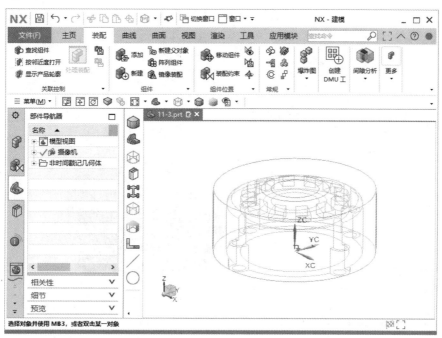

图 10-81 完成零件装配模型

10.3.2 创建型腔铣削加工

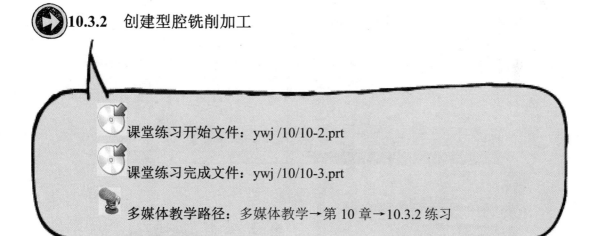

课堂练习开始文件:ywj /10/10-2.prt

课堂练习完成文件:ywj /10/10-3.prt

多媒体教学路径:多媒体教学→第 10 章→10.3.2 练习

Step1 选择【加工】命令，如图 10-82 所示。

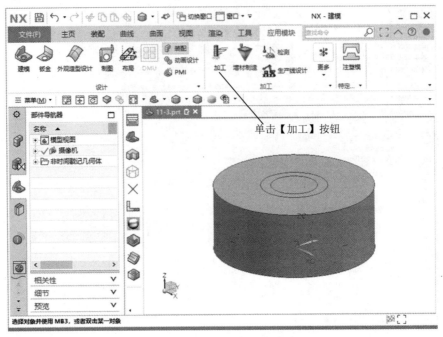

图 10-82　选择【加工】命令

Step2 设置加工环境，如图 10-83 所示。

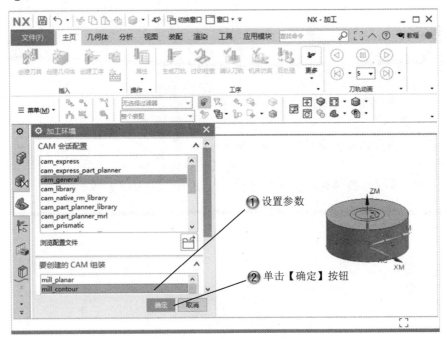

图 10-83　设置加工环境

Step3 设置工序参数，如图 10-84 所示。

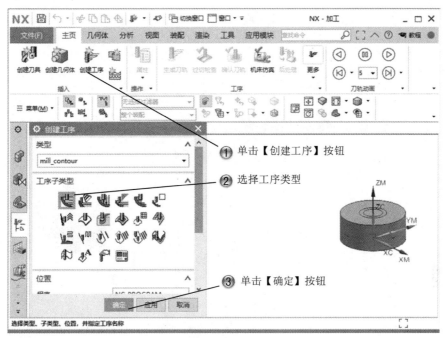

图 10-84　设置工序参数

Step4 选择指定部件命令，如图 10-85 所示。

图 10-85　选择指定部件命令

Step5 选择部件几何体，如图 10-86 所示。

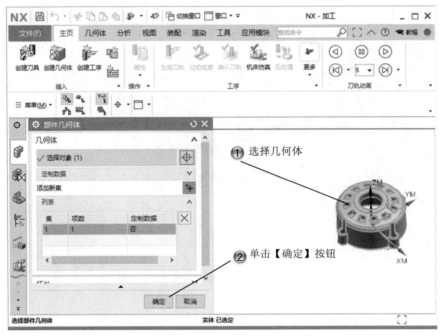

图 10-86　选择部件几何体

Step6 选择指定毛坯命令，如图 10-87 所示。

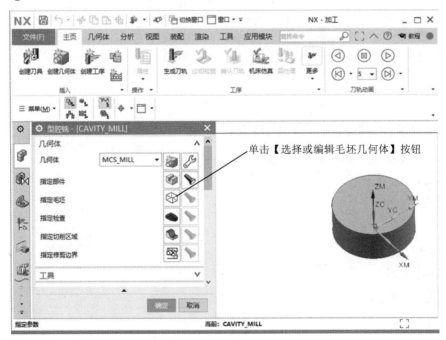

图 10-87　选择指定毛坯命令

Step7 选择毛坯几何体,如图10-88所示。

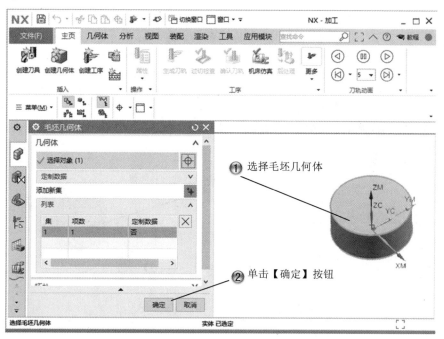

图10-88　选择毛坯几何体

Step8 选择指定检查命令,如图10-89所示。

图10-89　选择指定检查命令

Step9 选择检查几何体,如图 10-90 所示。

图 10-90　选择检查几何体

Step10 选择指定切削区域命令,如图 10-91 所示。

图 10-91　选择指定切削区域命令

第 10 章
后处理和车间文档

Step11 选择切削区域，如图 10-92 所示。

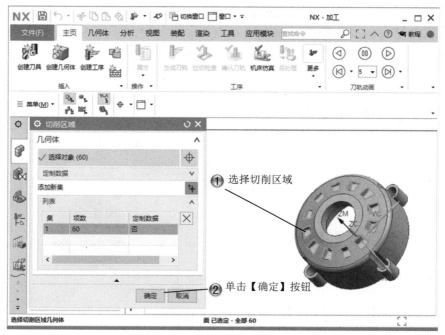

图 10-92　选择切削区域

Step12 选择新建刀具命令，如图 10-93 所示。

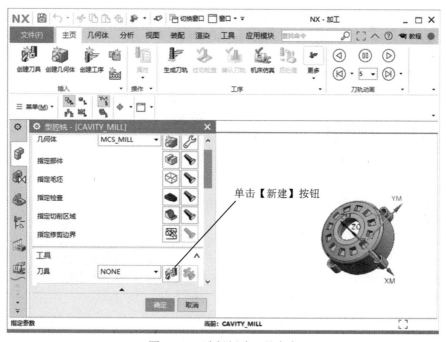

图 10-93　选择新建刀具命令

·441·

Step13 设置刀具类型，如图 10-94 所示。

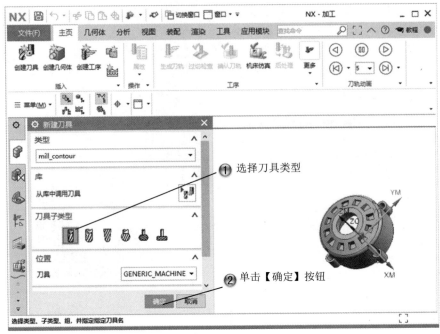

图 10-94　设置刀具类型

Step14 设置刀具参数，如图 10-95 所示。

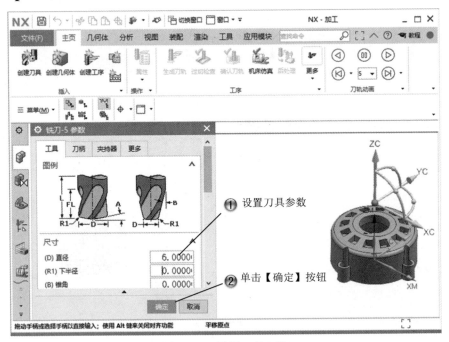

图 10-95　设置刀具参数

Step15 生成刀轨,如图 10-96 所示。

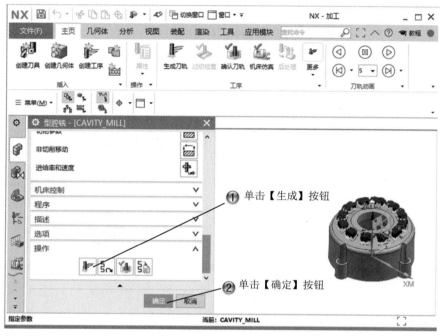

图 10-96　生成刀轨

Step16 创建工序,如图 10-97 所示。

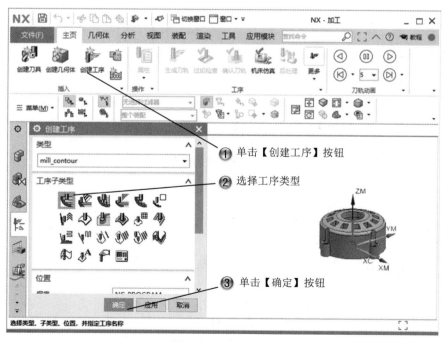

图 10-97　创建工序

Step17 选择指定部件命令，如图 10-98 所示。

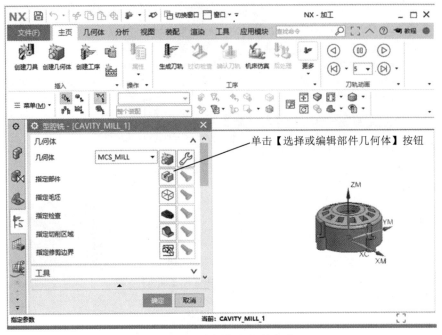

图 10-98　选择指定部件命令

Step18 选择部件几何体，如图 10-99 所示。

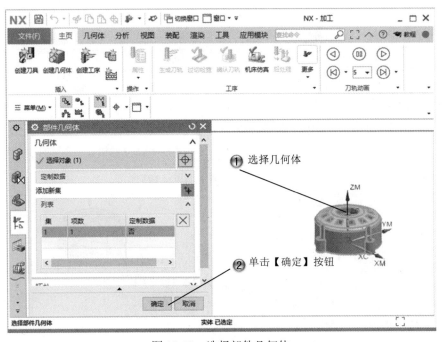

图 10-99　选择部件几何体

Step19 选择指定毛坯命令，如图 10-100 所示。

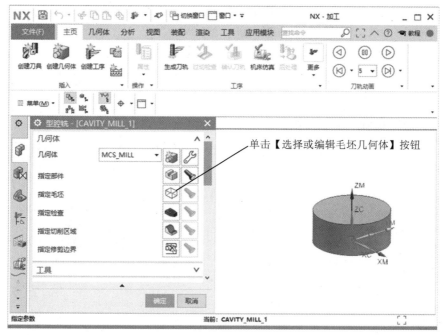

图 10-100　选择指定毛坯命令

Step20 选择毛坯几何体，如图 10-101 所示。

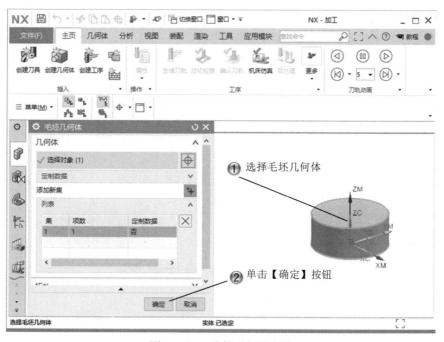

图 10-101　选择毛坯几何体

Step21 选择指定检查命令,如图 10-102 所示。

图 10-102 选择指定检查命令

Step22 选择检查几何体,如图 10-103 所示。

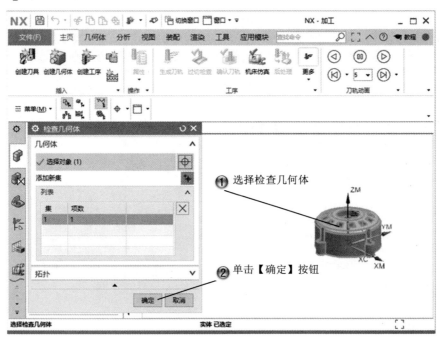

图 10-103 选择检查几何体

Step23 选择指定切削区域命令,如图 10-104 所示。

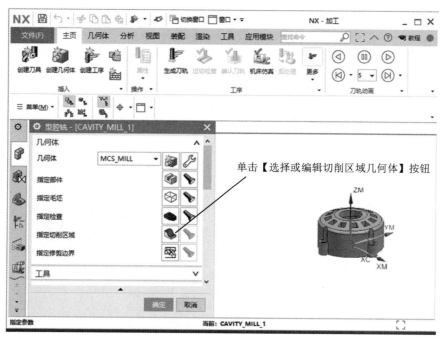

图 10-104　选择指定切削区域命令

Step24 选择切削区域,如图 10-105 所示。

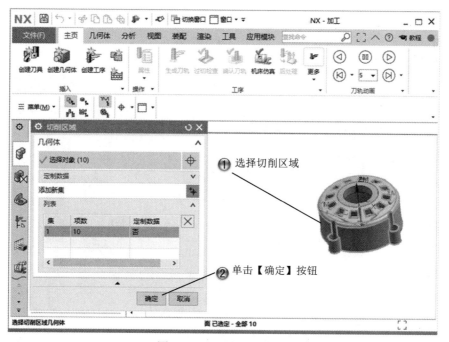

图 10-105　选择切削区域

Step25 选择新建刀具命令，如图 10-106 所示。

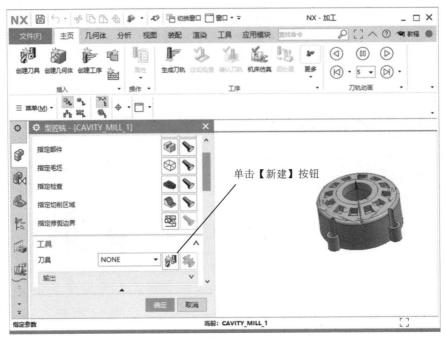

图 10-106　选择新建刀具命令

Step26 设置刀具类型，如图 10-107 所示。

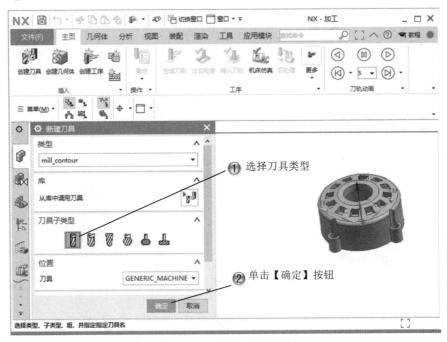

图 10-107　设置刀具类型

Step27 设置刀具参数,如图 10-108 所示。

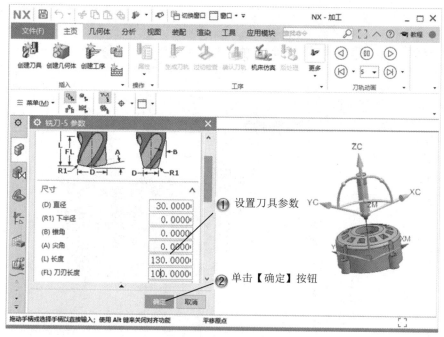

图 10-108　设置刀具参数

Step28 生成刀路,如图 10-109 所示。

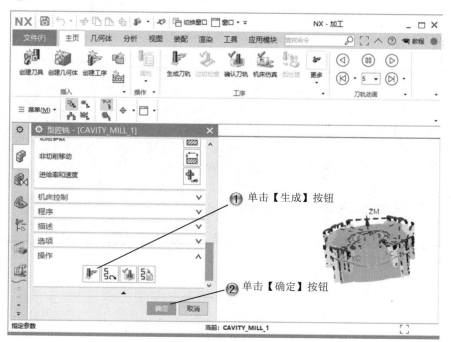

图 10-109　生成刀路

Step29 完成型腔铣削工序，如图 10-110 所示。

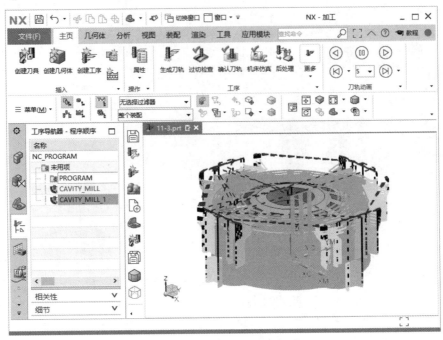

图 10-110　完成型腔铣削工序

10.3.3　创建平面铣削加工

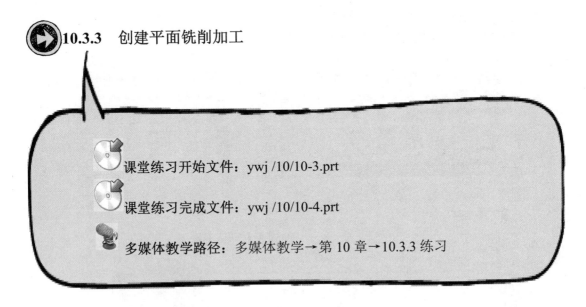

课堂练习开始文件：ywj /10/10-3.prt

课堂练习完成文件：ywj /10/10-4.prt

多媒体教学路径：多媒体教学→第 10 章→10.3.3 练习

Step1 创建工序，如图 10-111 所示。

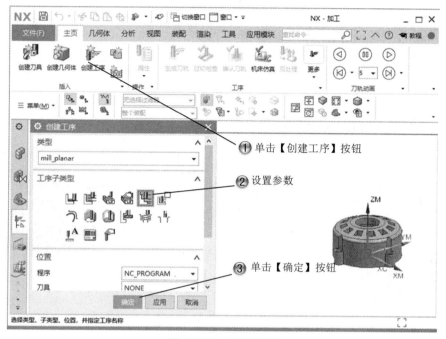

图 10-111　创建工序

Step2 选择指定部件边界命令，如图 10-112 所示。

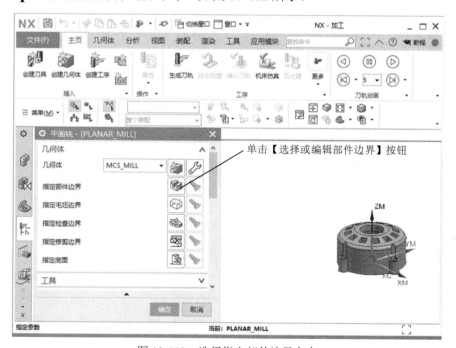

图 10-112　选择指定部件边界命令

Step3 选择部件边界，如图 10-113 所示。

图 10-113　选择部件边界

Step4 选择指定底面命令，如图 10-114 所示。

图 10-114　选择指定底面命令

Step5 设置底面参数，如图 10-115 所示。

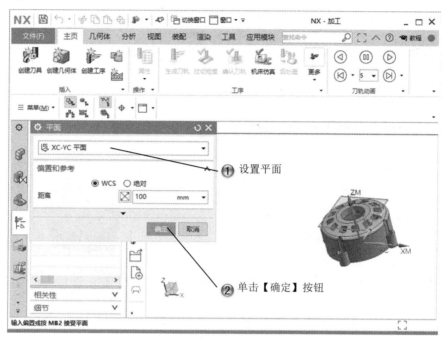

图 10-115　设置底面参数

Step6 选择新建刀具命令，如图 10-116 所示。

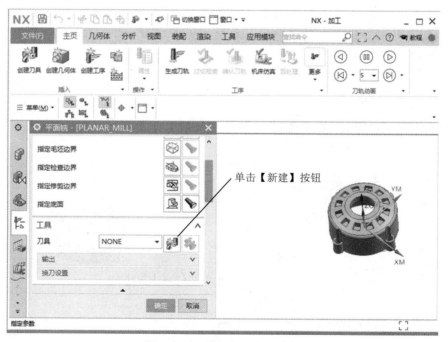

图 10-116　选择新建刀具命令

Step7 设置刀具类型，如图 10-117 所示。

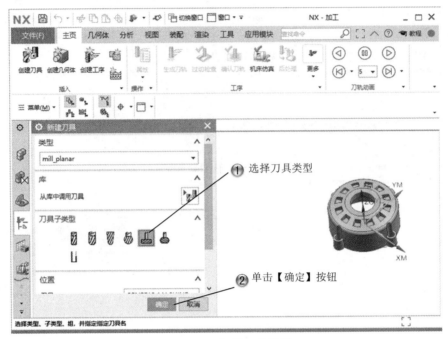

图 10-117　设置刀具类型

Step8 设置刀具参数，如图 10-118 所示。

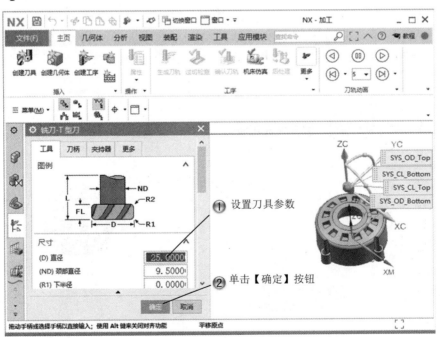

图 10-118　设置刀具参数

Step9 生成刀轨，如图 10-119 所示。

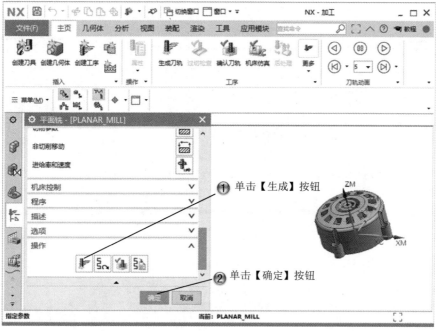

图 10-119　生成刀轨

Step10 完成平面铣削加工工序，如图 10-120 所示。

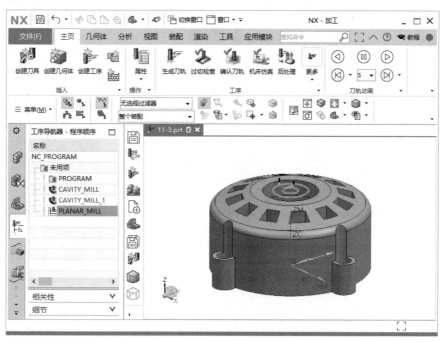

图 10-120　完成平面铣削加工工序

10.3.4 创建点位加工

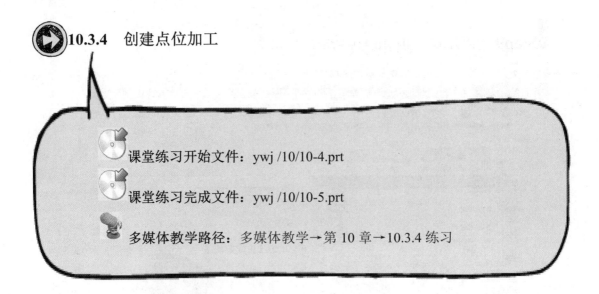

课堂练习开始文件：ywj /10/10-4.prt

课堂练习完成文件：ywj /10/10-5.prt

多媒体教学路径：多媒体教学→第 10 章→10.3.4 练习

Step1 创建工序，如图 10-121 所示。

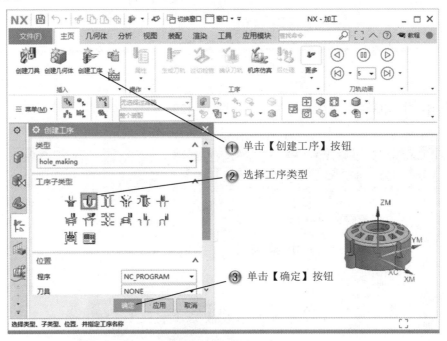

图 10-121　创建工序

Step2 选择指定特征几何体命令，如图 10-122 所示。

图 10-122　选择指定特征几何体命令

Step3 选择加工孔，如图 10-123 所示。

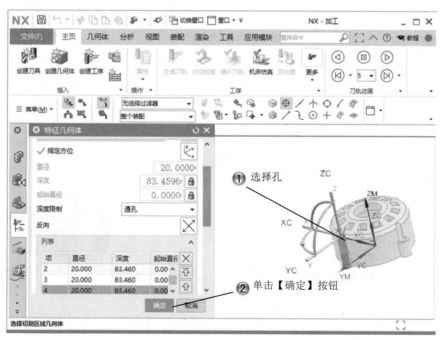

图 10-123　选择加工孔

Step4 选择新建刀具命令，如图 10-124 所示。

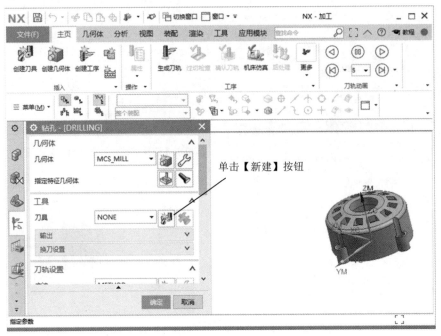

图 10-124 选择新建刀具命令

Step5 选择刀具类型，如图 10-125 所示。

图 10-125 选择刀具类型

• 458 •

Step6 设置刀具参数，如图 10-126 所示。

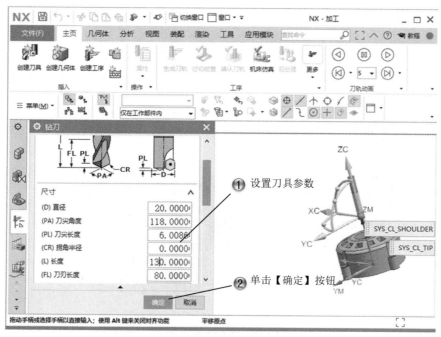

图 10-126　设置刀具参数

Step7 生成刀轨，如图 10-127 所示。

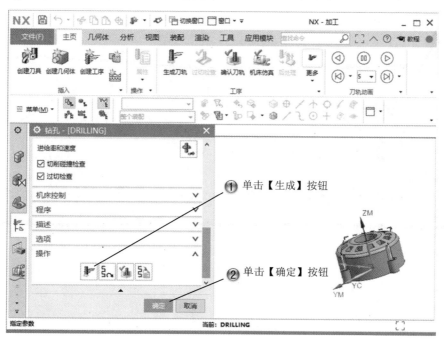

图 10-127　生成刀轨

Step8 完成孔加工工序，如图 10-128 所示。

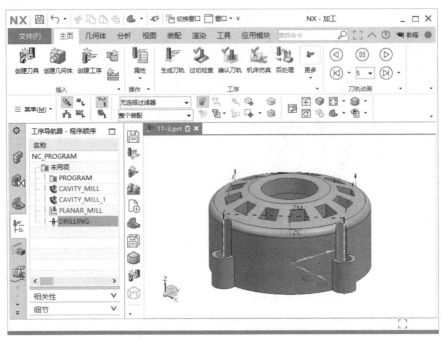

图 10-128 完成孔加工工序

10.3.5 后处理和车间加工

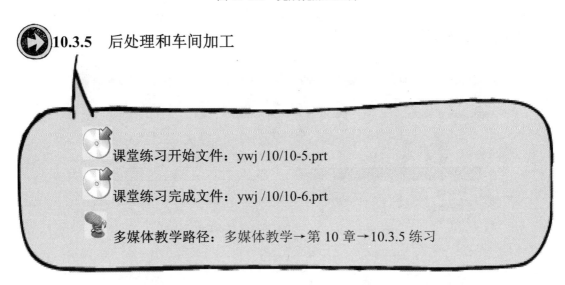

课堂练习开始文件：ywj /10/10-5.prt

课堂练习完成文件：ywj /10/10-6.prt

多媒体教学路径：多媒体教学→第 10 章→10.3.5 练习

第 10 章
后处理和车间文档

Step1 选择【后处理】命令，如图 10-129 所示。

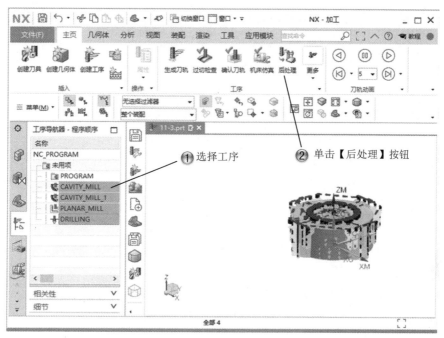

图 10-129　选择【后处理】命令

Step2 设置工序后处理，如图 10-130 所示。

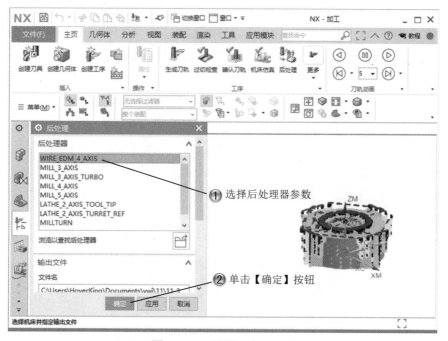

图 10-130　设置工序后处理

Step3 查看后处理文档，如图 10-131 所示。

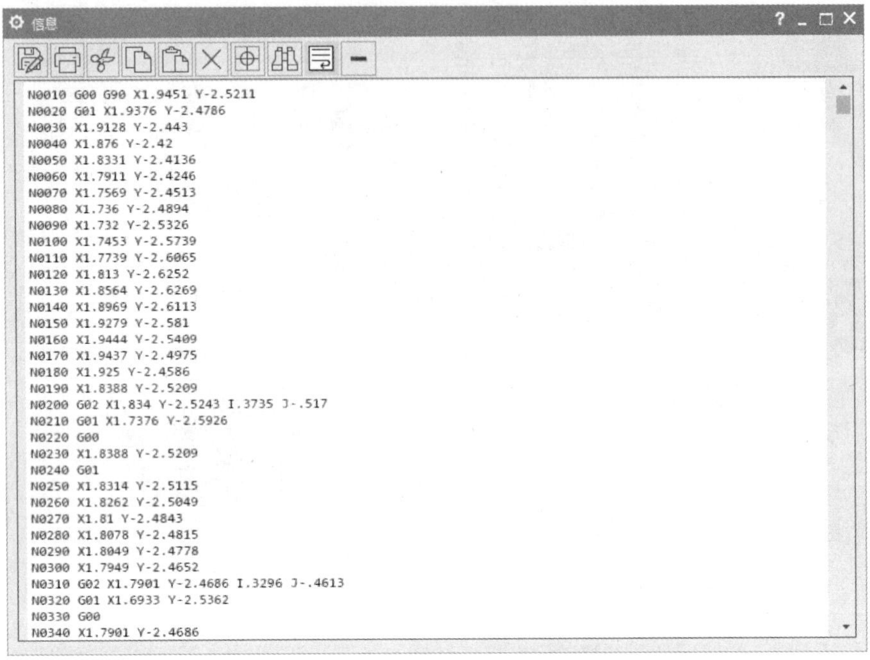

图 10-131　查看后处理文档

Step4 选择【车间文档】命令，如图 10-132 所示。

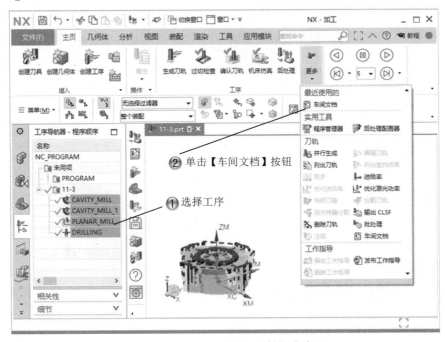

图 10-132　选择【车间文档】命令

第 10 章
后处理和车间文档

Step5 设置车间文档，如图 10-133 所示。

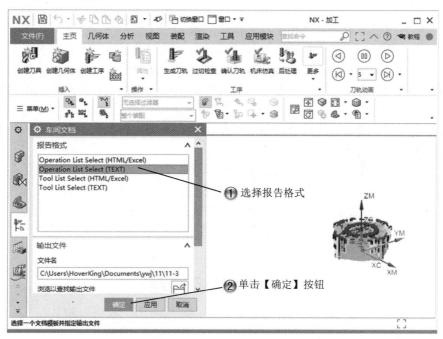

图 10-133　设置车间文档

Step6 查看车间文档，如图 10-134 所示。

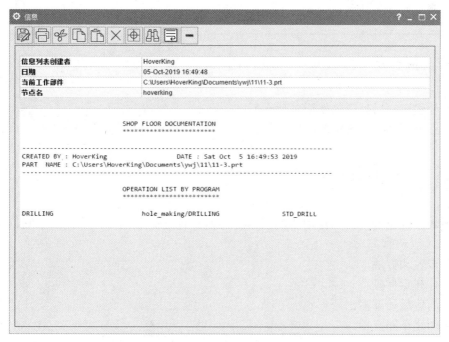

图 10-134　查看车间文档

10.4 专家总结

本章主要介绍了后处理操作和车间文档的创建。

后处理操作是用户完成刀具轨迹的创建后，需要将刀具轨迹文件转换为数控程序时进行的操作。用户不能把 NX 加工模块创建操作的刀具轨迹文件直接发送到数控机床上进行加工，而需要把刀具轨迹文件转换为特定数控机床能够识别的数控程序，这个转换过程称为后处理。由于数控机床的种类很多，每个数控机床的一些初始参数和加工特性都不相同。此外，数控机床都是通过一些计算机或者其他控制器来控制操纵的，这些计算机和控制器的参数和特性也不相同。

车间文档主要用来以文档的形式显示和储存加工刀具、操作等的一些相关信息。车间文档将显示创建车间文档的部件文件的名称和路径、程序名称、加工刀具、操作名称及操作类型（如车削加工、点位加工和铣削加工）等信息。

最后本章还介绍了一个实际应用的综合范例，读者可以通过练习进一步进行学习。

10.5 课后习题

10.5.1 填空题

（1）创建后处理的前提是_____。
（2）创建车间文档的步骤是____、____、____、____。

10.5.2 问答题

（1）创建工序后处理的作用是什么？
（2）后处理和车间文档的区别是什么？

10.5.3 上机操作题

使用本章的范例文件，使用不同的后处理器进行后处理操作，并输出不同格式的车间文档。

操作步骤和方法：
（1）打开零件模型。
（2）创建后处理输出。
（3）创建车间文档。